云南金花茶
保护与开发利用

唐军荣　张贵良　李斌　平艳梅　等 著

化学工业出版社
·北京·

内容简介

《云南金花茶保护与开发利用》对云南金花茶形态特征、野生资源分布及数量、遗传多样性、种苗培育技术、丛生芽发育的转录及代谢特点、人工栽培技术、人工林的微生物特征以及开发利用等方面进行了介绍，读者可通过本书认识濒危植物云南金花茶的外形特征、资源特点、研究现状以及未来的发展趋势。

本书适合作为高等农林院校园艺、茶学、林学、农学、植物学专业师生参考教材，也可作为从事金花茶相关科研、种植、销售、管理人员的参考用书。

图书在版编目（CIP）数据

云南金花茶保护与开发利用 / 唐军荣等著. --北京：化学工业出版社，2024.8

ISBN 978-7-122-45767-7

Ⅰ.①云… Ⅱ.①唐… Ⅲ.①山茶科-药用植物-植物保护-研究-云南②山茶科-药用植物-植物资源-资源利用-研究-云南 Ⅳ.①S567.1

中国国家版本馆CIP数据核字（2024）第108072号

责任编辑：尤彩霞
责任校对：李雨晴　　　装帧设计：韩　飞

出版发行：化学工业出版社
（北京市东城区青年湖南街13号　邮政编码100011）
印　　装：北京天宇星印刷厂
710mm×1000mm　1/16　印张15　字数234千字
2025年3月北京第1版第1次印刷

购书咨询：010-64518888
售后服务：010-64518899
网　　址：http://www.cip.com.cn
凡购买本书，如有缺损质量问题，本社销售中心负责调换。

定　　价：78.00元

本书著作者名单

主要著者：

唐军荣　西南林业大学

张贵良　云南大围山国家级自然保护区管护局

李　斌　贵州生态能源职业学院

平艳梅　河口瑶族自治县林业和草原局

其他著者（按姓名汉语拼音排序）**：**

刘　云　西南林业大学

母德锦　西南林业大学

孙大宽　泸水市林业和草原局

向建英　西南林业大学

辛　静　云南林业职业技术学院

辛培尧　西南林业大学

叶　鹏　内蒙古自治区浑善达克规模化林场

前言

云南金花茶（*Camellia fascicularis* Hung T. Chang），又称簇蕊金花茶、云南显脉金花茶，为山茶科（Theaceae）山茶属（*Camellia*）茶亚属的一个种。云南金花茶呈灌木或小乔木，高2～10m，是云南特有、极小种群植物。花色金黄，在山茶属花中独具一色，其蒴果橙黄或紫红，酷似成熟的桃子，令人赏心悦目，具有较高观赏价值，是培育茶花优良品种的重要种质基因材料。目前，云南金花茶野外数量极少，分布范围狭窄，仅分布于河口、个旧、马关三县市，已列入云南省珍贵树种，被收录在《云南省极小种群野生植物保护名录》中，同时也列为《云南省极小种群物种拯救保护规划纲要（2021—2030）》保护对象。此外，按照世界自然保护联盟（IUCN，International Union for Conservation of Nature）评估标准，云南金花茶属于“极危种”（CR，Critically Endangered）等级。2013—2014年，云南大围山国家级自然保护区河口管护分局和河口瑶族自治县林业和草原局对云南金花茶野生资源进行调查，结果显示野生资源数量不到700株。

云南金花茶属国家二级保护植物，在2021年发布的《国家重点保护野生植物名录》中，山茶属金花茶组的所有种均被列为国家二级保护植物。金花茶植物花色金黄，非常漂亮，有“植物界大熊猫”和“茶族皇后”的美誉，具有很高的观赏价值。此外，金花茶植物的花和叶片中富含丰富的活性物质，如黄酮、多糖、多酚、皂苷等，具有药用价值和良好的保健功效。1998年出版的《中国植物志》，收录了我国分布的16种金花茶植物。然而，随着金花茶植物新类群的不断被发现，金花组植物的数量不断增加，这为开展金花茶植物的相关研究奠定较好的基础。先前的金花茶组植物分类是根据形态上的某些差异进行划分，使得部分种的分类命名上仍有争议，但是这并不影响金花茶组植物的开发利用。在金花茶组植物的研究中，当前主要集中在金花茶（*Camellia fascicularis*）这个种，且产业化程度最高，而对于该组植物的其他种的研究相对较少。如何保护和利用好金花茶组植物的宝贵资源，是相关研究工作者共同的努力目标。

为了保护好这一特色资源，云南相关地区积极采取有效措施，开展云南金花茶的保护工作。自2010年以来，云南大围山国家级自然保护区河口管护分局、河口瑶族自治县林业和草原局一直在推动云南金花茶的保护和宣传工作。为了更好地保护云南金花茶，推动云南金花茶朝着产业化的方向发展，云南相关机构联合西南林业大学一起开展云南金花茶的基础研究工作。通过大家的共同努力，云南金花茶的野生资源得到了很好的保护，人工繁育技术也得以解决，个体数量得以增加，并逐渐开始人工栽培。

如上所述，研究小组对前几年的研究成果进行了梳理，编著了《云南金花茶保护与开发利用》一书，该书将进一步丰富金花茶组植物的研究资料，也有助于该组植物的保护参考。本书的完成是编写工作者共同努力的结果。全书分为6章，具体编写分工为：第1章由张贵良、平艳梅编写，第2章由辛培尧、李斌、辛静、叶鹏编写，第3章由张贵良、平艳梅、唐军荣、李斌编写，第4章由唐军荣、向建英、孙大宽编写，第5章由唐军荣、母德锦编写，第6章由刘云、唐军荣编写。

本书相关内容的实验，得到了西南林业大学林学院、西南林业大学西南地区生物多样性保育国家林业和草原局重点实验室、云南大围山国家级自然保护区河口管护分局、河口瑶族自治县林业和草原局等单位的大力支持。在此一并表示衷心的感谢。

由于编者水平有限，书中不妥之处在所难免，还望读者批评指正。

著　者

2023年12月于昆明

目 录

第 1 章

云南金花茶概述

1.1 云南金花茶简介

1.1.1 形态特征

云南金花茶（*Camellia fascicularis* Hung T. Chang），又称簇蕊金花茶、云南显脉金花茶，为山茶科山茶属茶亚属的一个种。云南金花茶呈灌木或小乔木，高2～10m（图1-1）。幼枝紫褐色，无毛，一年生枝灰褐色。叶柄1～1.5cm，无毛；叶薄革质，椭圆形、倒卵状椭圆形或长圆状椭圆形，长10～19.5cm，宽5～9.5cm，先端急缩短尾尖，尾长约1cm，基部楔形至阔楔形，边缘疏生细钝锯齿，表面深绿色，几乎无光泽，背面淡绿色，散生褐色细腺点，两面无毛，中脉在表面平或略凸，背面隆起，侧脉9～10对，纤细，在表面微凹，背面凸起。花单生于小枝上部叶腋或近顶生，偶有双生花或老茎生花，鲜黄色，径3.0～4.5cm（图1-2）；花梗长6～8mm，粗壮，向上增粗，具5～6枚小苞片；小苞片不遮盖花梗，卵形或半圆形，长1～2mm，宽2～3mm，外面无毛或疏生微柔毛，里面被白色短柔毛，边缘具睫毛；萼片5，革质，近圆形，长7～9mm，外面疏生微柔毛或近无毛，里面被白色短柔毛，边缘具睫毛；花瓣7～8枚，外方2枚较小，近圆形，长1.3～1.5cm，宽1.1～1.5cm，内凹，里面被白色短柔毛，其余的椭圆形或长圆状椭圆形，长2～3cm，宽1.5～2cm，无毛，基部连生，长2～5mm；雄蕊长约1.8cm，无毛，外轮花丝下部合生，长约5mm；子房卵球形，长约3mm，无毛，具纵向3浅沟，先端3裂，3室，花柱3，离生，长约2cm。蒴果球形或扁球形，径（4-）6～10cm，高4～6cm，干后果皮厚3～6mm（图1-3）；种子半球形，棕色，密被黄色长柔毛。花期9～11月份，果期翌年9～11月份。云南金花茶染色体数目2n=30。

图 1-1　云南金花茶植株

(a) 花的侧面

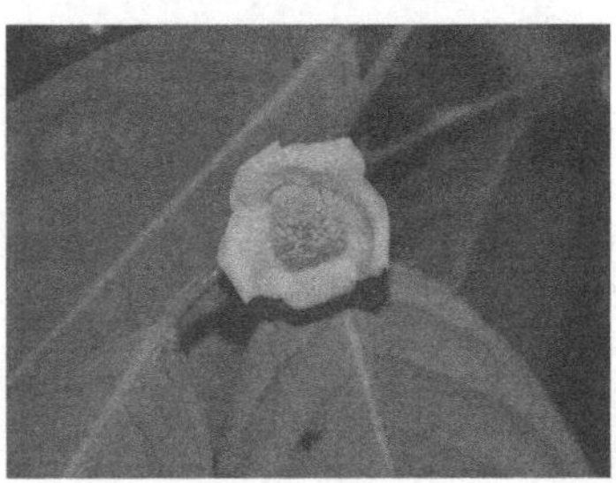

(b) 花的正面

图 1-2　云南金花茶的花

(a) 主枝挂果

(b) 侧枝挂果

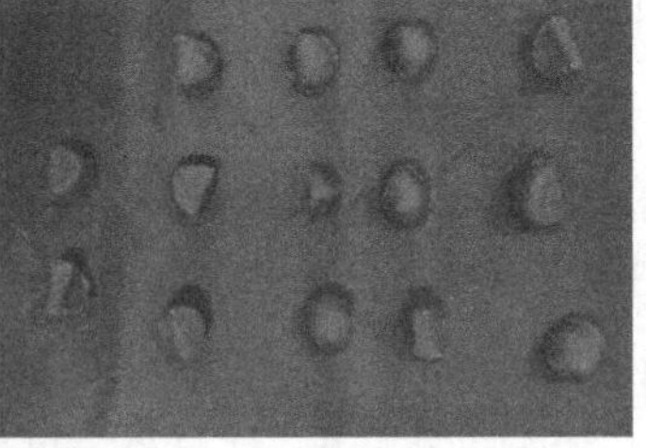

(c) 去除果皮的种子

图 1-3　云南金花茶的果

云南金花茶是云南特有、极小种群植物，是名贵观赏花卉，花色金黄，且花大，在山茶属中独具一色；蒴果橙黄或紫红，酷似成熟的桃子，令人赏心悦目，具有较高观赏价值，是培育茶花优良品种的重要种质基因材料。目前，云南金花茶野外数量极少，分布范围狭窄，仅分布于云南河口、个旧、马关三县市，已列入云南省珍贵树种，按照IUCN评估标准，该种属于“极危种”（CR）等级。2020年4月29日，河口瑶族自治县第十四届人大常委会第32次会议审议通过《河口瑶族自治县人民政府关于提请审议河口县“县树”“县花”评选结果的议案》，云南金花茶成为河口瑶族自治县的县花。2021年8月公布的《国家重点保护野生植物名录》，云南金花茶列为国家二级重点保护野生植物。

野生云南金花茶结实率低（坐果率低）。成熟植株花期9～11月份。9月份属于早花期，若花期的雨水较多，一般2～3天花开始腐烂，不能授粉；10～11月份属主花期，很少观察到其传粉的媒介，坐果率在5% ～10%。果实成熟后，有老鼠或松鼠食用其种子，剩余部分种子可能会生根发芽。种子脱落一周后，失水严重，发芽率几乎为零，只有那些被枯枝落叶覆盖的种子才会萌发，实现更新。云南金花茶对光照和水分适应能力较差，从而影响了对整体环境的适应能力，导致种群数量较少，且零星分布，不利于种群生存和繁衍。人为干扰，主要有采叶、采花，受市场的影响，有的年份叶、花被大量采摘，严重影响野外更新。

1.1.2 叶片解剖结构

1.1.2.1 样品采集

本研究中云南金花茶野生植株叶片，分别采自云南省河口县、马关县、个旧市（表1-1）。取材部位均为云南金花茶顶芽下第3片成熟叶。沿叶片中部靠近叶脉两侧剪取5mm×10mm左右的组织块，然后置于FAA固定液中固定3d后备用。FAA固定液的配制为38%甲醛∶冰醋酸∶70%乙醇=1∶1∶18（以配制100mL为例：38%甲醛5mL，冰醋酸5mL，70%乙醇90mL）。

表1-1 采集地基本信息

地点	生境	海拔/m	年日照时数/h
马关县篾厂乡	非石灰岩的石山常绿阔叶林下	1531	1804.0
河口县南溪农场	石灰岩季节雨林下	118	1285.2
个旧市蛮耗镇	石灰岩季节雨林下	830	2272.3

1.1.2.2 切片制作及观测

采用石蜡切片法对所取叶片组织样品进行处理，主要过程包括固定、脱水、浸蜡、包埋、切片、贴片与烤片、脱蜡、染色、封片等。使用光学显微镜（DM750，德国莱卡）进行观察，并选择有代表性的切片，使用AxioVision Rel 4.8软件对切片进行拍照和测量。主要测定指标包括叶片的上下表皮厚度、栅栏组织厚度、海绵组织厚度，每项指标均测定30组数据，取其平均值进行统计分析。

1.1.2.3 叶片内部结构特征

从图1-4中可以看出，云南金花茶叶片的上下表皮都是由单层细胞构成，上表皮细胞平实且排列较为整齐，下表皮细胞形状则不规则。通过对个旧市、马关县、河口县3个地区的云南金花茶叶片数据进行测定，结果见表1-2。云南金花茶的叶片上表皮平均厚度变化在17.44～21.22μm，栅栏组织平均厚度变化在49.49～58.96μm，海绵组织平均厚度变化在125.93～134.28μm，下表皮厚度变化在19.74～21.66μm。对三个地区云南金花茶的各指标比较发现，马关县的云南金花茶上表皮、下表皮、栅栏组织、海棉组织等指标值均最大。个旧的栅海比（即栅栏组织与海绵组织厚度比值）比值最小（0.38），马关的栅海比比值最大（0.44）；个旧的栅栏组织厚度∶叶片厚度比值最小（0.23），而马关县和河口县的值一样，均为0.25。以上结果表明，马关县的云南金花茶叶片与个旧市、河口县的区别最大。这些差别，可能与各个分布点的地理位置差别有关，其中河口县、个旧市的云南金花茶分布较为邻近，且海拔均小于1000m，而马关县的云南金花茶分布距离最远，且海拔最高，超过了1500m。这些差异可能由于海拔不同，其气候差异所致。

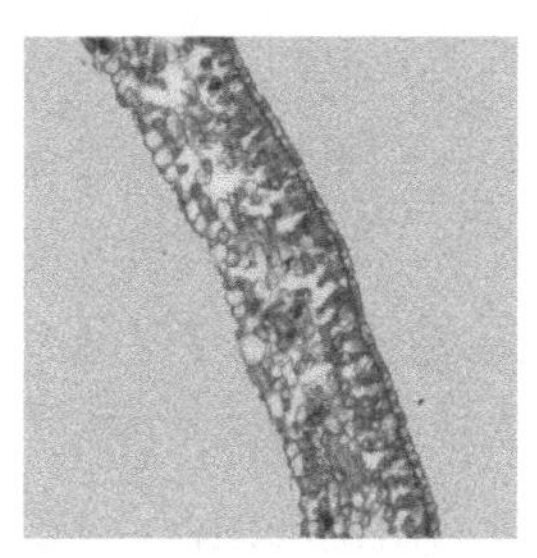

(a) 个旧市云南金花茶叶片

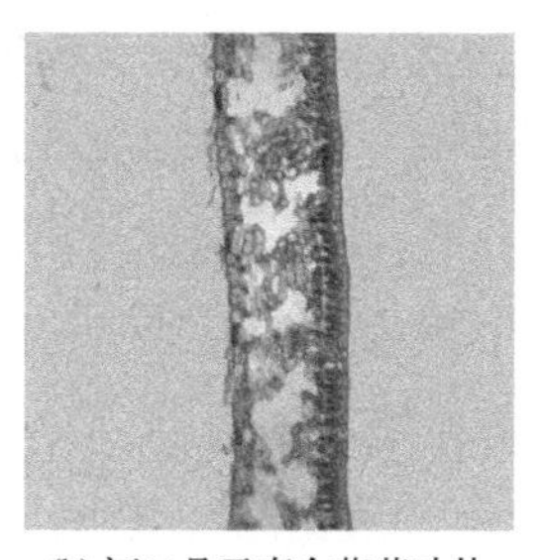

(b) 河口县云南金花茶叶片

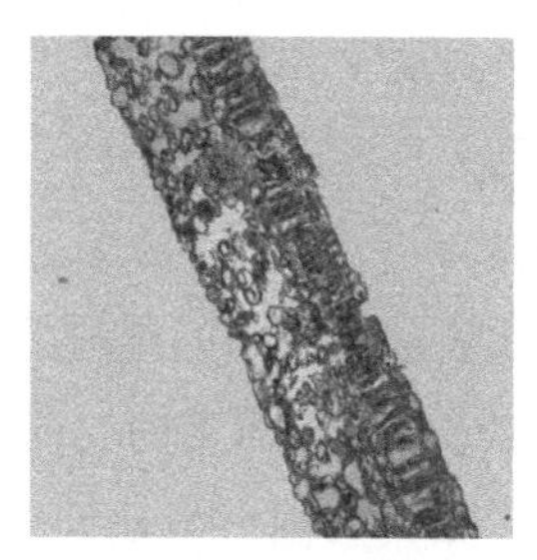

(c) 马关县云南金花茶叶片

图 1-4　云南金花茶叶片解剖结构

标尺=200μm

表 1-2　叶片解剖数据

地点	上表皮厚度/μm	栅栏组织厚度/μm	海绵组织厚度/μm	下表皮厚度/μm	栅栏组织：海绵组织	栅栏组织：叶片厚度
马关	21.22±2.02 a	58.96±9.61 a	134.28±30.36 a	21.66±1.97 a	0.44	0.25
个旧	17.44±1.42 b	49.49±4.42 c	129.22±14.71 a	19.78±1.44 b	0.38	0.23
河口	17.83±2.38 b	53.24±7.79 b	125.93±13.11 a	19.74±1.52 b	0.42	0.25

1.2　云南金花茶分布区自然环境特点

野生云南金花茶在云南省个旧市、河口县、马关县均有分布，其中个旧市、河口县的分布点属于云南大围山国家级自然保护区，而马关县的分布区位于古林箐省级自然保护区内。云南金花茶的野生分布主要以云南大围山国家级自然保护区内为主，其自然环境特点主要如下。

1.2.1　地质地貌

云南大围山自然保护区地处扬子陆块的西南侧，隔红河断裂带与印支地块相邻。受红河—哀牢山大型走滑断裂的控制，主要构造形迹基本呈西北—东南向延伸。

保护区出露的地层以元古界和古生界为主，中生界和新生界第三系（N）与第四系（Q）仅有小面积分布。元古界有瑶山群，中生界仅有三叠系下统和中统。

保护区出露的岩石包括岩浆岩、变质岩和沉积岩三大类型。其中变质岩分布最广，主要为板岩、千枚岩、片麻岩和大理岩等。沉积岩次之，包括碳酸盐岩、泥岩（页岩）、砂岩和粉砂岩。岩浆岩出露最少，为花岗岩侵入体和喷发玄武岩。第四纪松散沉积物有冲积、残积、残坡积等类型，零星分布于河谷及坡麓、剥夷面、山顶等地貌部位。

云南大围山山地为受红河及其支流新现河、南溪河所围绕的西北-东南走向的构造侵蚀中山山地，北起新现、和平一带，南至河口县北，南北长约60km，地势亦随山脉走向为西北高、东南低。整个地形可分为西南和东北两大坡面。内部地形分割破碎，起伏较大，山脊明显，河谷深幽，坡度多在30°以上，属中切割中山地貌，而山体两侧有起伏蜿蜒的丘陵地貌。

保护区内最高峰为大尖山，海拔2354m，次高峰为大围山，海拔2341m。最低处在南溪河上，海拔100m。

1.2.2 气候

大围山保护区山地的地势西北高、东南低。山地两侧相夹峙的南溪河谷、新现河谷，也是源于西北部的滇中高原边缘，向东南流向，敞口亦向南与东南方，正对着距离不远的中国南海北部湾和源于太平洋洋面上的东南季风的前进方向，同时受西南季风影响，西部虽有山地阻隔，但有通道可进入本区，因此大围山虽处于回归线附近，受回归线高压的下降气流的控制，本应为干热少雨的沙漠气候，但实际上是一种湿润型的亚热带气候。具体气候特征表现为：低纬山地北热带季风气候显著，太阳辐射较弱，日照时数偏低；气温高，降水量丰富，湿度大，干湿季分明；气候垂直分异显著。年平均气温12.0～22.9℃，年≥10℃的积温2800.0～8000.0℃，最冷月（1月）均温5.0～15.5℃。年降水量均超过1500mm，南部河口达1777.7mm，雨季可占全年降水的80%左右，旱季仅占20%左右。雾日较多，月平均8～15d，年干燥度＜0.8，各月相对湿度82% ～89%，但干季有浓雾的补偿，使区内终年湿度较大，年均相对湿度达85%，故保护区是云南省多雾潮湿的地区之一。垂直气候带谱为：450m以下为北热带，450～1050m为山地南亚热带，1050～1500m为山地中亚热带，1500～1800m为山地北亚热带，1800～2354m为山地暖温带。

1.2.3 土壤

（1）成土母质

保护区地层复杂，元古界、古生界、中生界、新生界地层均有分布，以元古界、古生界地层发育较系统，白河一带分布着寒武界沉积的板岩、页岩；玉屏镇一带分布着属元古界屏边群沉积的板岩、细砂岩、片岩；瑶山乡、老范寨一带分布着元古界瑶山群以及震旦界屏边群的板岩、片麻岩、花岗岩。保护区母质主要为泥质岩类残积如坡积母质，这是以板岩和千枚岩为主的岩石经风化后残留原处或经动力作用而搬运至山麓堆积形成的。

（2）土壤类型及分布

由于保护区地势起伏大，垂直高差达2254m，故土壤的垂直分布规律相当明显，从低海拔到高海拔，热量不断减少，雨量逐渐增加，土壤分布规律从低海拔至高海拔，依次为：600m以下的红河、南溪河河谷、低山地区为砖红壤带；600～1100m的低山地区为赤红壤带；1100～2150m的中山地区为红壤、黄壤带，以黄壤为主，红壤多为黄红壤，面积较小；2150～2354m的山顶部位为黄棕壤带。

保护区发育的土壤均属自然森林土壤，因成土的自然生态环境条件优越，土壤发育大多处于老年土壤或成熟土壤阶段，初育土壤所占比例较小，土体深厚，理化性质好，养分丰富，肥力高，保障了各类森林群落、动植物的生长发育，维持了保护区丰富的生物多样性。

1.2.4 水文

整个保护区地处红河流域，流经保护区的河流主要为南溪河、新现河、绿水河、清水河及子母河等。保护区的西南坡为红河及新现河水系，东北坡为南溪河水系。新现河在西南坡新街附近注入红河，南溪河在大围山脉末端与红河汇合，故整个大围山自然保护区均属红河水系。

红河古称礼社江，也称元江。上游礼社河源于哀牢山北部的巍山彝族回族自治县，流经新平、元江、石屏、建水、红河、元阳、个旧、金平、河口等县市，于河口出境进入越南后称富良江或红河，到河内分支流入北部湾，长1280km，在我国境内长772km，流域面积约77600km^2。红河水资源丰富，径流丰沛，全流域水资源总量为484亿立方米，单位面积产水量64.7万m^3/km^2。在西南4条主要河流中仅次于雅鲁藏布江，大于怒江和澜沧江，居第二位。流域内有地下水资源129.3亿立方米，占水资源总量的30%，其中元江干流为43.8亿立方米，李仙江为50.7亿立方米，盘龙河为34.8亿立方米。流域水资源地域分布不均匀，水资源地域分布与降水量分布大致相同。与干流相通的主要支流有南溪河、绿汁江、李仙江、藤条江、盘龙河、普梅江等。该水系在云南境内流域面积约占全省面积的19.5%，是云南6大水系中对全省地理条件影响较大的一条河流。

受季风气候的深刻影响，保护区年径流深度700～2000mm，属滇东南丰水带和多水带地区。保护区河流以雨水补给为主，地下水补给为辅。河川径流的季节分配极不均匀。汛期（5～10月份）径流量约占全年径流量的64.0%～83.0%，最大水的三个月都集中在7～9月份，为主汛期，其水量占全年径流量的42.0%～60.0%，最大水月份出现在降水最多的8月份，个别年份出现在9月份或10月份，水量占全年的17.0% ～33.0%。洪水均属暴雨洪水，洪峰暴涨暴落，历时较短，峰值较大，造成河流水位变幅很大。枯水期（11月～次年4月）径流量仅占年径流量的17.0% ～36.0%，最小水月份一般出现在3月份或4月份。四季水量相比较，夏季（6～8月份）水量最多，占全年径流量的34.0% ～57.0%；秋季（9～11月份）其次，占全年27.0% ～44.0%；冬季（12月～次年2月）较少，占全年的8.0% ～16.0%；春季（3～5月份）最少，仅占全年的5.0% ～12%。因此，保护区夏水最多，秋水充足，冬水较少，春水最少。

1.3 云南金花茶野生资源调查与分析

1.3.1 调查区域

本项目调查区域位于云南省个旧、河口、马关三县市之间，地理坐标为东经103°20′～104°03′，北纬22°36′～23°07′，由云南大围山自然保护区个旧片区、河口片区及马关古林箐、篾厂、大石板林区组成。调查区海拔110～1600m，降雨量1700～2200mm，属北热带和南亚热带气候。土壤主要有砖红壤、赤红壤。调查区以中山深切割地貌为主，包括以石灰岩为主的大围山个旧、河口、马关古林箐区域和以土石山为主的马关篾厂、大石板区域。调查区及周边居住的民族主要为汉族、壮族、瑶族、苗族，约3万人，以种植橡胶、香蕉、玉米、水稻等第一产业为经济来源，产品主要以原料形式出售，产业链短，经济发展处于较低阶段。

调查区域的主要植被类型有望天树-绒毛番龙眼林（*Parashorea chinensis-Pometia tomentosa*）、四树木-韶子林（*Tetrameles nudiflora-Nephelium chryseum*）、蚬木林（*Excentrodendron tonkinense*）、董棕林（*Caryota urens*）4种。组成群落的优势种类和建群种类有30多种，乔木层主要以望天树、绒毛番龙眼、四树木、韶子、蚬木、董棕、檬果樟（*Caryodaphnopsis tonkinensis*）、任豆（*Zenia insignis*）、龙眼参（*Lysidice rhodostegia*）等较多见。灌木层覆盖度80%～90%，云南金花茶在该层中不占优势，常见种有棒柄花（*Cleidion brevipetiolatum*）、苹婆（*Sterculia monosperma*）等。草本层常见的有柊叶（*Phrynium* sp.）、海芋（*Alocasia odora*）等，还有人工种植的砂仁（*Amomum* sp.）。

1.3.2 调查方法

2013—2014年，在全面踏查的基础上，按实测法与数据统计方法统计云南金花茶的现存资源数量，同时用1∶25000地形图勾绘分布面积。根据种群分布情况确定各县市的调查面积（张继方等，2013），个旧市、河口县和马关县的调查面积分别为267hm^2、667hm^{2}和200hm^2，记录云南金花茶的基径与树高。

1.3.2.1 种群基径记录方法

年龄结构是种群的重要特征，可通过记录种群基径以便研究。许多学者在研究种群结构和动态时，都采用了大小结构分析法（李先琨等，2002；康华靖等，2007；戴月等，2008；刘影等，2013），在缺乏解析资料的情况下，云南金花茶可采用立木级结构代替年龄结构分析种群动态。根据云南金花茶的生活史特点，将种群按表1-3划分为7个大小级。以此记录云南金花茶的所有个体，为研究种群结构和发展动态提供基础数据。

表1-3　种群大小级划分标准

级别	规格 /cm	级别	规格 /cm
Ⅰ	高度< 30	Ⅴ	3.5 ≤基径< 5.0
Ⅱ	高度≥ 30，基径< 1.5	Ⅵ	5.0 ≤基径< 10.0
Ⅲ	1.5 ≤基径< 2.5	Ⅶ	基径≥ 10.0
Ⅳ	2.5 ≤基径< 3.5		

1.3.2.2　种群高度记录方法

种群高度级的分布情况能直观地显示不同高度的个体在群落结构中的地位和作用，同时，种群高度的数量变动对分析种群年龄结构也是一种有益补充（戴月等，2008）。根据有关文献的分级依据和实际情况（韦美玲等，1994；苏宗明，1994；戴月等，2008；刘影等，2013；罗勇等，2014），将云南金花茶个体按表1-4划分为9个不同的高度级。根据此标准整理野外数据，以便探讨云南金花茶的高度分布情况。

表1-4　种群高度级划分标准

级别	规格 /m	级别	规格 /m
Ⅰ	高度< 0.3	Ⅵ	2.0 ≤高度< 3.0
Ⅱ	0.3 ≤高度< 0.5	Ⅶ	3.0 ≤高度< 4.0
Ⅲ	0.5 ≤高度< 1.0	Ⅷ	4.0 ≤高度< 5.0
Ⅳ	1.0 ≤高度< 1.5	Ⅸ	高度≥ 5.5
Ⅴ	1.5 ≤高度< 2.0		

1.3.3　结果与分析

1.3.3.1　种群资源量

野生云南金花茶在个旧、河口、马关3个县市的分布面积狭窄，资源量十分有限。个旧市的分布点主要在蔓耗镇的绿水河、沙珠底，现存280株，其中成年植株只有88株，占总量的31.4%；河口县的分布点较多，但每一个分布点的数量较少（只有小南溪半坡的数量较多），主要分布在莲花滩的清水河、母鸡坡、坝洒沙坝冲、南溪马场、安家河、花鱼洞、中央坪和龙塘山，现存255株，其中成年植株有160株，占总量的62.7%；马关县的主要分布点在古林箐金竹坪、白沙河、泡桐树、篾厂尖山脚和八寨大石板，现存128株，其中成年植株有101株，占总量的78.9%。3个县市总资源量为663株，成年植株有349株，占总量的52.6%。云南金花茶的野外种群濒临灭绝，无论在物种水平或基因水平都具有很高的保护价值（刘影等，2013）。

1.3.3.2 种群的大小级

云南金花茶个体的最大基径为40.0cm。由种群大小级统计可知（表1-5），个旧市分布的Ⅰ、Ⅱ级个体数量较多，占68.6%；而成年植株数量只占31.4%，从Ⅲ级到Ⅶ级变化不大，只有Ⅵ级数量较多，为25株。河口县分布的Ⅰ、Ⅱ级个体数量相对较少，占37.3%；而成年植株数量（Ⅲ～Ⅶ级）占62.7%，从Ⅲ级到Ⅶ变化较大，其中Ⅲ级最多，为58株，其次是Ⅵ级37株。马关县分布的Ⅰ、Ⅱ级个体数量较少，占21.1%；而成年植株数量占78.9%，从Ⅲ级到Ⅶ级变化不大，其中Ⅵ级最多，为38株。从整体来看Ⅵ级资源量最多，总计100株，占成熟植株总资源量的28.7%。

表1-5　云南金花茶的大小级统计

分布区	指标	Ⅰ	Ⅱ	Ⅲ	Ⅳ	Ⅴ	Ⅵ	Ⅶ	合计
个旧	数量/株	80	112	16	15	16	25	16	280
	百分率/%	28.6	40.0	5.7	5.4	5.7	8.9	5.7	100
河口	数量/株	6	89	58	29	21	37	15	255
	百分率/%	2.4	34.9	22.7	11.4	8.2	14.5	5.9	100
马关	数量/株	2	25	17	15	21	38	10	128
	百分率/%	1.6	19.5	13.3	11.7	16.4	29.7	7.8	100

1.3.3.3 种群的高度级

经野外测量，云南金花茶种群个体的最大高度为10.0m。根据高度级统计表（表1-6）来看，个旧市分布的云南金花茶Ⅰ、Ⅱ级幼苗最多，有177株，马关县分布的最少，仅有6株；高度1.0～5.0m的植株，河口县分布最多，有159株；而高度超过5.0m的植株，总计49株，占资源总量的7.39%。这反映了云南金花茶作为一种喜阴的小高位芽植物的特性，它所占据的生态位主要在灌木层（戴月等，2008）。

表1-6　云南金花茶的高度级统计

分布区	指标	Ⅰ	Ⅱ	Ⅲ	Ⅳ	Ⅴ	Ⅵ	Ⅶ	Ⅷ	Ⅸ	合计
个旧	数量/株	80	97	15	12	6	12	17	12	29	280
	百分率/%	28.6	34.6	5.4	4.3	2.1	4.3	6.0	4.3	10.4	100
河口	数量/株	6	42	32	40	35	37	35	12	16	255
	百分率/%	2.4	16.5	12.5	15.7	13.7	14.5	13.7	4.7	6.3	100
马关	数量/株	2	4	20	11	16	34	31	6	4	128
	百分率/%	1.6	3.1	15.6	8.6	12.5	26.6	24.2	4.7	3.1	100

1.3.3.4　分布特点

（1）水平分布

影响水平分布的主要生态因子有光照、温度、降水、土壤、地理隔离等。调查区域内光照、温度没有显著差异，降水的差异也不大，穿越调查区的南溪河，宽十几米到一百米，不足以成为分布上的地理隔离因素。石山/土山是调查区域内最显著的差异，石山上土壤瘠薄，生长树种为少数特化的耐旱种类；而土山则土层深厚、肥沃，适宜更多树种生长，其上层乔木稠密，林下阳光暗弱，只有少数耐阴种类才能得以生存。调查发现，云南金花茶的一些居群适应石山生境，另一些居群则石山、土山两种生境都适应，因此土壤是水平分布的主导因子。根据调查结果划分为两个水平分布群：①石山分布群，有535株，主要分布在个旧市蔓耗镇牛棚村；河口县连花滩乡地古白村、干龙井村，河口镇中寨村，南溪镇安家河村、龙堡村；马关县古林箐乡博甲村、篾厂乡岩头村；②无明显石山/土山水平分异的分布群，有128株，主要分布在马关篾厂尖山脚和八寨大石板。

（2）垂直分布

沿垂直方向变化的生态因子有光照、热量、降水、土壤。调查区海拔110～1600m，不足以形成光照强度上的显著差异。调查区内年降雨量1700～2200mm，云南金花茶是木本植物，这种水分变化显然对生于林下生长的云南金花茶影响甚微。土壤的垂直变化则是由于热量、生物、水分等外因造成的，反映的其实是热量等因子的变化，其自身母质并不呈现垂直方向的梯度变化。而热量则不同，每垂直上升100m，气温下降0.5℃，热量呈梯度变化。调查区内海拔高差达1490m，气温变幅达8℃。因此，热量足以成为植物垂直分布的主导因子。物种、植被、土壤都一样，是地球长期演变、发展的产物，土壤的形成长期与植物种类、植被相互关联，相互影响。根据相关资料记载，调查区域海拔600m以下为砖红壤，海拔600～1000m为赤红壤，海拔1000～1800m为黄壤，海拔1800m以上为黄棕壤，这从一个侧面反映了这一地区长期地史演变、发展中的热量垂直分界线。根据以上生态因子的变化情况，调查区内可划分成三个垂直分布群：①海拔600m以下的分布群有24株，主要分布在个旧绿水河及河口清水河、坝洒沙坝冲、南溪马场、花鱼洞；②海拔600～1000m的分布群有511株，主要分布在个旧市沙珠底及河口母鸡坡、小南溪、中央坪、龙塘山；③海拔1500m以上的分布群有128株，主要分布在马关县尖山脚、八寨大石板。

1.3.4 讨论与结论

2010年云南金花茶被列入云南省极小种群物种拯救保护，以前的调查记录显示云南金花茶主要分布在海拔300～1000m，野外种群数量分布不清楚。通过本次调查统计，发现云南金花茶在海拔110～1600m范围内均有分布，共统计663株。个旧、河口、马关均有云南金花茶集中分布的居群，个旧沙珠底278株、河口小南溪221株、马关尖山脚123株，这三个居群共计622株，占资源总量的93.8%。目前，这三个居群中破坏最严重的是马关尖山脚，每年到开花季节都有人把每株植物的花采完，导致无法结实、无法更新，本次调查发现0.5m以下高度的植株均有6株；同时，有的植株的叶子也被大量采集。这三个居群是云南金花茶的集中所在地，一旦遭到破坏，将面临灭绝的危险。

本次调查进一步查清了云南金花茶的地理分布、资源量现状、生境特点及伴生群落状态；进一步补充和完善了对云南金花茶生物学特征和个体生态学特征的描述。下一步将通过种群结构的研究，阐明云南金花茶所居住的特征，评估云南金花茶在群落中的地位，揭示云南金花茶种群在不同环境、不同生活史阶段的动态变化规律和濒危机制，并对该种群的发展趋势进行预测。

云南金花茶分布范围狭窄，仅分布于河口、个旧、马关，数量极少，云南金花茶存储了显著不同于广西、越南北部等地其他金花茶的遗传信息，对山茶科古茶组的形成、分化等方面的研究不可或缺。加强云南金花茶的保护和研究非常紧迫、重要。个旧、河口分布的云南金花茶均在云南大围山保护区内，而马关尖山脚、大石板分布的居群不在保护区内，建议设立保护小区进行有效的保护。

第 2 章

云南金花茶遗传多样性分析

2.1 云南金花茶转录组序列分析及功能注释

2.1.1 材料与方法

2.1.1.1 材料

本项目在云南省河口县（22° 52′N，103° 97′E）海拔1036m的阳坡地带采集云南金花茶植株，引种到西南林业大学温室大棚中，选用云南金花茶幼嫩叶片，用锡箔纸包好放入液氮中，备用。

2.1.1.2 方法

（1）转录组测序

首先提取云南金花茶样品的RNA，经检测合格后用于cDNA数据库的构建，继而利用Illumina HiseqTM 2000平台对云南金花茶进行转录组测序。此部分工作，由北京诺禾源科技股份有限公司完成。

（2）序列的组装

RNA-seq测序完成后，统计原始序列的数量和长度。原始数据中含有低质量序列、重复冗余序列、接头和无法确定碱基信息的序列，必须将上述序列去除，以获得高质量序列，继而统计高质量序列的数量、处理后不确定序列的所占比、N50（拼接转录本不小于总长50%的长度）以及Q20（处理后质量高于20的碱基）所占比例等。对高质量序列通过Trinity Software进行从头组装。首先利用高质量序列之间的重叠将其向两边伸展形成重叠群，再依据序列双末端的信息对重叠群进行再次连接，以此得到该样品的转录本，去除转录本冗余序列获得基因后，进行转录本和基因的分布和长度分析。

（3）基因功能注释、分类以及生物学通路的分析

将处理得到的基因在7个不同功能领域的公共数据库中进行基因功能注释和分类分析，从而获得较全面的云南金花茶基因功能信息。数据库包括：NR数据库、NT数据库、Pfam数据库、KOG数据库、Swiss-prot蛋白质序列数据库、KEGG数据库、GO数据库。选择对应的期望值（e-vlaue）为参数，使用BLAST软件将基因在NR、NT、Pfam等数据库中进行比对，获取相关基因注释。比对到NR数据库中，从而获取云南金花茶基因序列相似性和物种分布信息。依据NR中注释的结果，在Blast2GO数据库比对，得到GO功能注释信息。GO数据库包括三大类别，分别为生物过程、分子功能与细胞组分，以此可以宏观解读云南金花茶基因功能的分布及特征。将基因比对到KOG数据库中，并按可能的功能对获得结果的基因进行分类与统计；另外，对基因进行KEGG数据库相关通路（包括细胞过程、遗传信息处理、新陈代谢、环境信息处理、有机系统5大类别）分析，从而进一步了解云南金花茶的代谢通路以及各通路之间的关系。

（4）云南金花茶转录组基因的CDS预测

将基因序列依次比对到NR、Swiss-Prot、KEGG、KOG等蛋白数据库中，对于未比对上或未预测到结果的序列，则使用ESTScan（3.0.3）软件进行预测。

2.1.2 结果与分析

2.1.2.1 云南金花茶 RNA-seq 及 de novo 组装结果

通过RNA-seq，共得到云南金花茶57051836条原始序列。将原始序列中的接头、低质量序列、重复冗余以及不确定碱基含量超过10%的序列经处理后，获得54817600条有效序列，总长为8.22Gb，Q20、Q30高质量序列分别占96.39%和91.28%，GC含量占总碱基数的44.54%，碱基错误率为0.02%，说明由高通量测序平台获得了较高数量和质量的云南金花茶序列，有利于后续数据的组装，满足后期生物信息学的研究。处理得到的高质量序列经从头组装后，共获得155011条转录本，这些转录本经进一步组装之后，得到95979条基因，序列信息达107907727nt。对转录本的序列长度分析结果表明，其平均长度是807nt，N50是1411nt，其中以200～500nt的短序列居

多，有85904条，占总数的55.42%，500～1000nt长度的序列为30871条，占总数的19.92%；1000～2000nt的序列为23853条，占总数的15.39%；大于等于2000nt的长序列占总数的9.28%［图2-1（a）］。基因分析统计表明，其平均长度为1124nt，N50为1660nt，其中大于1000～2000nt的序列占总序列的24.84%，超过2000nt的序列占14.99%。通过对高通量RNA-seq得到的大量序列进行处理，经组装后的基因数据完整性明显提高，可进行下一步的分析统计［图2-1（b）］。

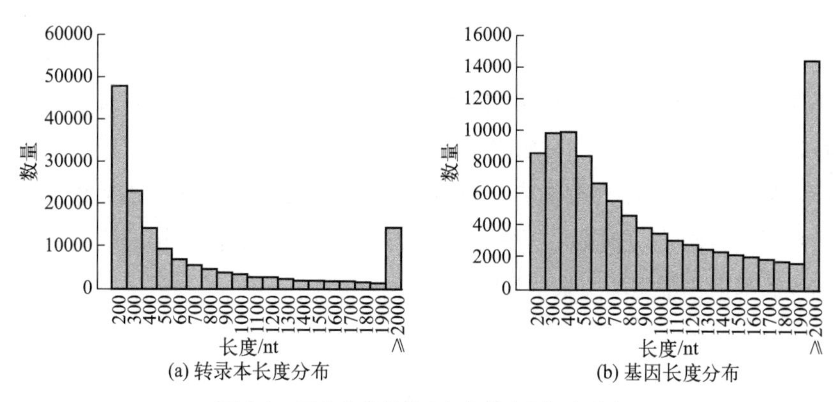

图2-1　云南金花茶转录组组装序列长度分布

2.1.2.2　云南金花茶转录组基因的功能注释及分类

将获得的95979条基因通过BLAST软件与7大数据库进行比对，共有63888（66.56%）条基因获得注释，其中，NR（e-value≤1×10^{-5}）注释成功的基因有58830条，占总基因的61.29%；NT（e-value≤1×10^{-5}）注释成功43623条，占总数的45.45%；KEGG（e-values≤1×10^{-10}）注释成功的有23214条（占总数的24.18%）；SwissProt（e-value≤1×10^{-5}）为44315条（占总数的46.17%）；Pfam（e-valueot有列）为41096条（占总基因的42.81%），而GO（e-values≤1×10^{-6}）注释成功的基因数目为41905条，占总基因的43.66%；KOG（e-value≤1×10^{-3}）为23499条，占总基因的24.48%。在7大数据库中均能得到成功注释的序列数目为11933条，占总数的12.43%；其中63888条序列至少在1个数据库中注释成功，占总数的66.56%。

（1）云南金花茶转录组基因的NR功能注释

通过NR库比对，云南金花茶有58830条基因在NR数据库中找到相似序列，注释匹配的物种主要有葡萄（*Vitis vinifera*）、中粒咖啡（*Coffea canephora*）、可可树（*Theobroma cacao*）、荷花（*Nelumbo nucifera*）、芝麻（*Sesamum indicum*）五类，其中获得注释基因最多的是葡萄，有29.9%，中粒咖啡、可可树、荷花、芝麻分别只占5.6%、5.3%、4.8%、4.7%，其余49.7%注释基因分布于其他物种。从这些注释的信息中可以得出，云南金花茶的大部分序列都可以在被子植物中得到相应的匹配。从e-value分布图［图2-2（a）］可以看到，有44.2%的e-value分布于1×10^{-100}～1×10^{-45}，有30%的e-value分布于1×10^{-45}～1×10^{-5}，当e-value值为0时占25.8%。此外，有49.5%的序列相似度可达80%～95%，甚至有9.3%的序列相似度达到95%～100%，只有7.7%的序列相似度在60%以下，可以看出物种的序列相似度较高。总体而言，从e-value和序列相似度分布情况可看出，云南金花茶在NR数据库中比对的匹配度较高，但是由于缺乏云南金花茶一些基因组及转录组信息，导致部分的基因在数据库中未得到匹配。

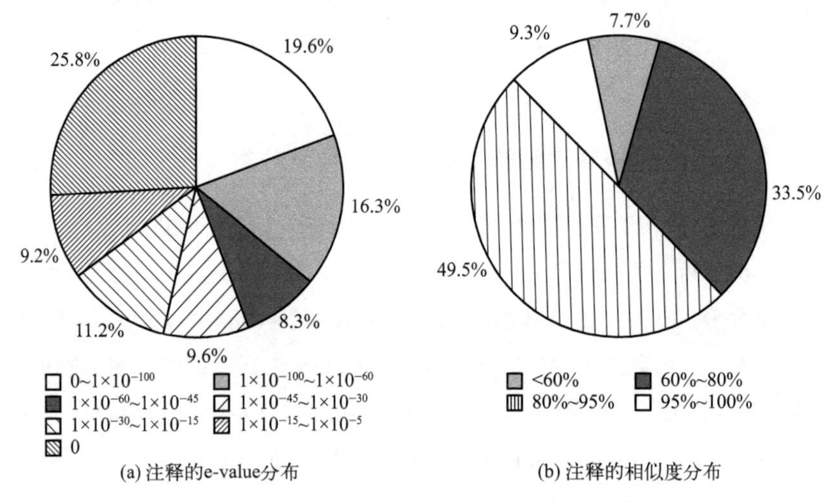

(a) 注释的e-value分布　　(b) 注释的相似度分布

图2-2　云南金花茶转录组基因的NR注释分类

（2）云南金花茶转录组基因的GO功能注释

根据Nr注释成功的基因进行GO功能分类注释。分析表明（图2-3），共有41905条基因注释了224129个GO功能，占总基因的43.66%。按3大功能类别划分，生物过程功能类别基因序列为107044条，占总数的47.76%；细胞组分功能类别65990条，占总数的29.44%；分子功能类别51095条，占总数的22.80%。由此可知，在生物过程功能类别中所注释的基因比例最大。3个功能大类进一步可划分为56个GO功能亚类，分别包括25、21和10个亚类。在生物过程包含的25个功能亚类中，获得注释偏多的分别是代谢过程、细胞过程、单一有机体过程，分别占该类型的20.97%、22.57%和16.75%，细胞聚合过程所得到注释的比例最少，只有0.008%。在细胞组分类别中，细胞、细胞组分所得到的注释居多，为12867条和12865条，两类分别占细胞组分的19.50%，而细胞外基质组分、拟核、共质体得到注释最少，分别占0.0061%、0.0076%、0.0061%。分子功能类别中，以结合、催化活性得到的注释较多，各占所属分类总数的46.83%和38.10%，而金属伴侣活性所得注释最少，只占0.0059%。从GO功能注释结果可以看出，在云南金花茶叶片中基因表达的基本情况，可以看出，在56个功能亚类中，与生物过程中代谢活动相关的基因量较高，说明云南金花茶有着较强的代谢能力。

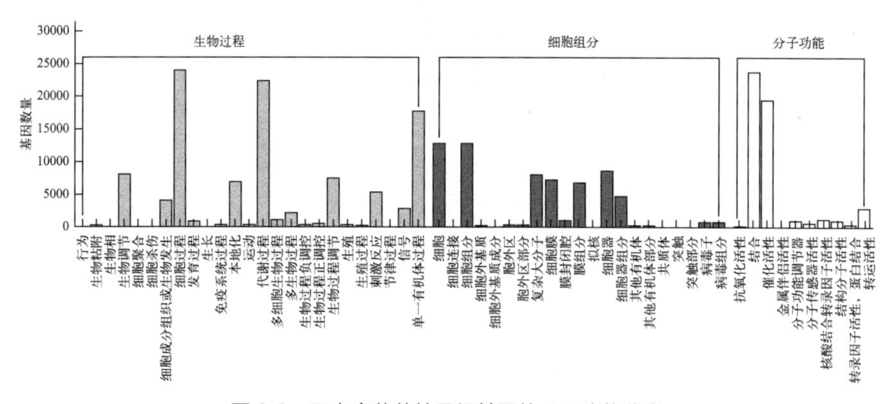

图2-3　云南金花茶转录组基因的GO功能分类

（3）云南金花茶转录组基因的KOG功能注释与分类

将获得的基因进行KOG蛋白数据库分类注释，其结果如图2-4所示。分析结果表明，在KOG中有23499条基因能够匹配，占总数的24.48%，共获得KOG功能注释信息26430个，根据比对结果可分为26个功能大类，包括能量产生、转化，次生代谢物的生物合成、加工、运输等不同类别的基因表达。其中，主要为一般功能预测基因，占总数的16.62%；其次是翻译后修饰、蛋白质转化和分子伴侣基因，占总数的11.63%；信号传导机制（8.31%），转录（5.42%），RNA加工和修饰（5.36%），胞内运输、分泌和膜泡运输（5.31%）的功能基因也占有较高的比例。而胞外结构所获得的功能注释信息最少，仅有54个，占总数的0.02%。可见，云南金花茶在转录、翻译和蛋白质运输等方面的基因表达量较高。此外，还有1个未知蛋白，不能获知其具体生物学功能，占总数的0.004%。

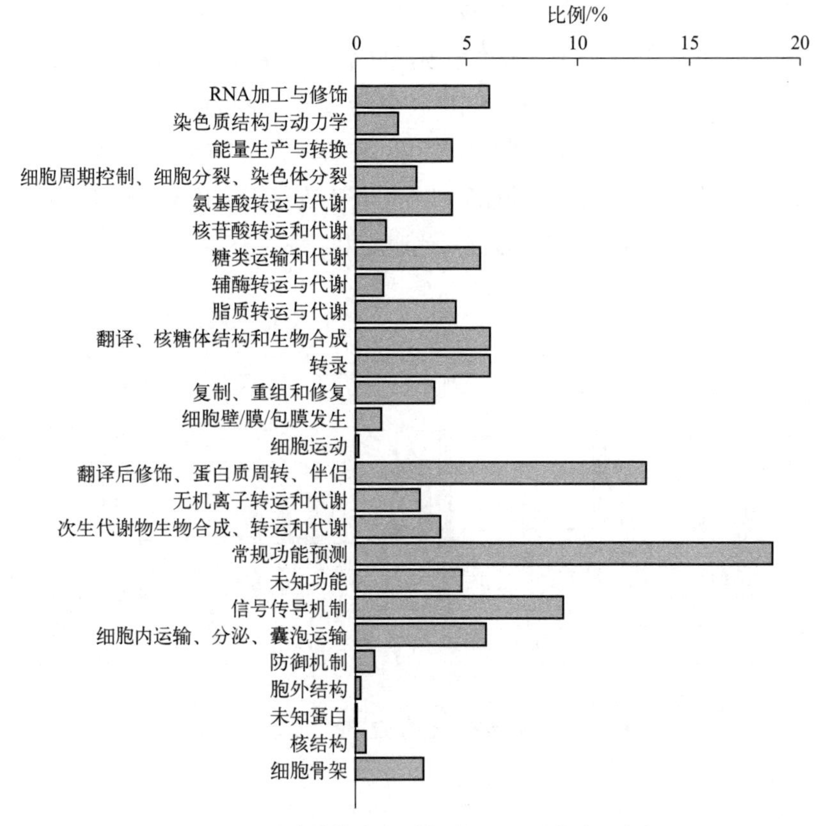

图 2-4　云南金花茶转录组基因的 KOG 功能注释分布

（4）云南金花茶转录组基因的KEGG代谢通路分析

将基因比对到KEGG数据库中，共有23214条基因获得注释，占总基因的24.18%。根据其涉及的代谢通路可将云南金花茶基因归为5大类别和19个亚类。其结果如图2-5所示。

通过对图2-5相关通路分类下基因的具体分析统计发现：5大类别中，代谢通路所占比例最多，有9584条基因，占总数的55.94%。其次是遗传信息处理相关的通路，占27.46%，而环境信息处理和细胞过程中相关的通路，皆占6.60%；有机系统相关的通路最少，仅占4.93%。将5大类别进一步细分为亚类，其中代谢相关的通路可分为11个亚类，以糖类代谢居多，占注释基因总数的19.99%，其次为整体映射相关的通路，占总数的14.80%，萜类化合物和聚酮化合物相关通路最少，所占比例仅为4.22%。另外，遗传信息处理相关的通路分为4个亚类，翻译相关的通路最多，占总数的38.41%，其次为折叠、分类和降解通路（占32.87%），复制和修复通路所占比例最少，仅为11.99%。在环境信息处理通路中，仅包括2个亚类，以信号转导通路居多，占87.92%。细胞过程和有机系统相关的通路均仅有1个亚类，分别占6.60%和4.93%。在KEGG代谢通路分析中，以代谢通路类别所获得的注释基因最多，表明云南金花茶在这一时期有较强的代谢活动。

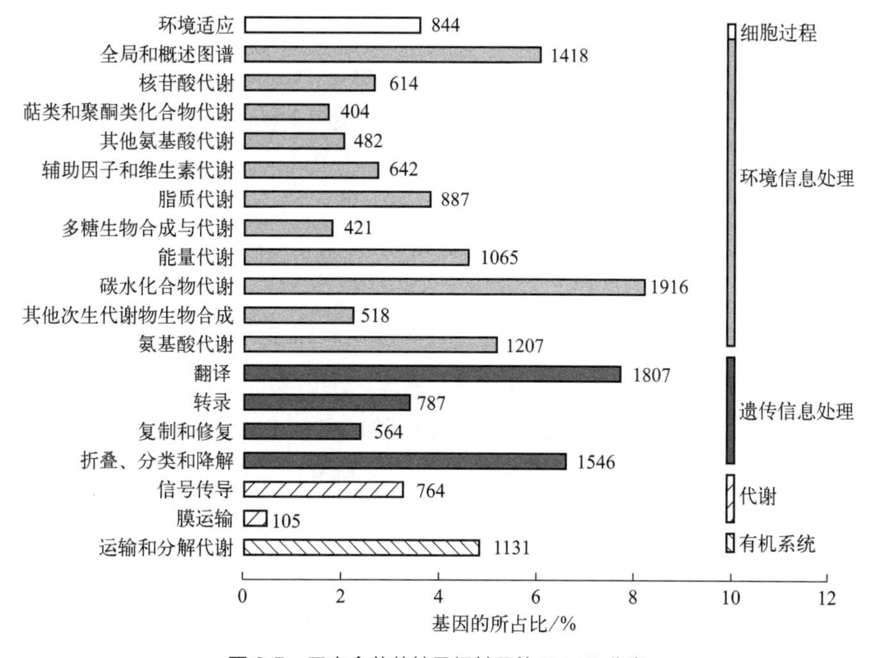

图2-5　云南金花茶转录组基因的KEGG分类

2.1.2.3 云南金花茶转录组基因的CDS预测

蛋白数据库的比对结果显示，有60939条基因比对到蛋白库中，另预测到有26428条CDS，其长度分布如图2-6所示。从blast比对得到的CDS长度分布图［图2-6（a）］可看出，达到1000nt以上的CDS序列长度，占总CDS数的30.59%，其中1000～2000 nt长度的CDS序列占总数的22.94%，2000～9000 nt长度的CDS序列占总数的7.63%，9000nt以上长度的CDS序列占0.26%。通过ESTScan预测的CDS集中分布于100～500 nt，占82.10%，有极少数的序列在9000 nt以上，占0.004%［图2-6（b）］。

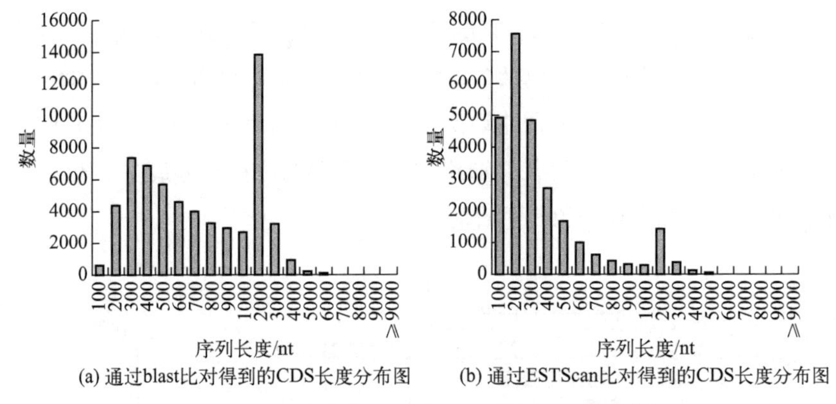

(a) 通过blast比对得到的CDS长度分布图　(b) 通过ESTScan比对得到的CDS长度分布图

图2-6　云南金花茶转录组基因的CDS序列长度分布

2.1.3 讨论与结论

采用Illumina HiSeq 2000高通量测序可以同时完成前基因组学研究（测序和注释）以及后基因组学（基因表达及调控，基因功能，蛋白、核酸相互作用）研究。目前，此项技术已应用于铁皮石斛（*Dendrobium officinale*）（林江波等，2019）、马尾松（*Pinus massoniana*）（王晓峰等，2013）、云南松（*Pinus yunnanensis*）（蔡年辉等，2016）、红豆杉（*Taxus wallichiana* var. *chinensis*）（Qiu et al.，2009）等多个物种基因组的分析。鉴于此，本研究采用RNA-seq技术对云南金花茶进行测序，获得95979条基因，平均长度为807bp，结果与其他茶科植物如油茶（*Camellia oleifera*）（张震等，2018）、紫芽茶树

（*Camellia sinensis*）（蒋会兵等，2018）、“紫鹃”茶树（*Camellia sinensis var.* Zijuan）（陈林波等，2015）等相比，拼接完整性较好。从整体上看，通过云南金花茶基因总长、GC含量、碱基正确率、序列Q20比较，测序获得的序列质量较高、数量较多，可为后续云南金花茶基因功能分析、分子标记开发、代谢通路研究等方面的研究提供参考。

通过Nr数据库比对，有58830（占总数的61.29%）条序列在不同物种都有相应的注释，其中注释匹配的物种主要为葡萄，有29.9%，其次为中粒咖啡、可可树等。从这些成功匹配的物种可以看出，云南金花茶的大部分序列都可以到被子植物中得到匹配。通过KOG数据库比对，注释成功的KOG功能信息为26430个，将其分为26个功能大类，一般功能参与的基因最多，其次是翻译后修饰、蛋白质转化和伴侣基因。这与蒋会兵等（2018）对紫芽茶树转录组KOG功能注释（26个KOG功能类别）分布大体一致。在KOG注释中有0.004%的未知蛋白，难以确定其具体生物功能，可能是注释信息不完善所导致的，这种情况在其他物种转录组分析中也有出现，如金钱松（*Pseudolarix amabilis*）（张文秀等，2019）、云南松（*Pinus yunnanensis*）（蔡年辉等，2016）、文冠果（*Xanthoceras sorbifolium*）（赵阳阳等，2019）等。通过GO数据库比对，共获得224129个GO功能信息，按其具体的序列信息又可分为3个大类和56个亚类，其基因主要分布于细胞过程、代谢过程和单一有机体过程，且在56个功能亚类中，生物过程中代谢活动相关的基因量较高，由此可以看出，云南金花茶的代谢能力较强。根据KEGG代谢通路分析，共有23214（24.18%）条序列注释成功，按照注释结果可将其划分为5大类别和19个亚类，其中代谢通路相关基因所占的比例最高，表明云南金花茶在整个时期都有较强的代谢活动。其基因注释分布特征与李明玺等（2018）对靖安白茶（*Camellia sinensis* cultivar Jing'anbaicha）转录组KEGG注释基本一致。将云南金花茶基因通过ESTScan进行预测，共获得26428条CDS，其集中分布于100～500nt，而蔡年辉等（2016）对云南松转录组基因的CDS预测主要集中分布于200～1000nt，说明不同物种间存在较大差异。

通过7个不同功能领域的基因蛋白数据库注释，可以看出云南金花茶所含基因信息丰富，通过分析所有注释信息，可以更深层次地探索其基因组信息和基因分布情况。尽管这些基因序列并没有覆盖整个云南金花茶蛋白编码区，但所注释成功的基因仍有助于云南金花茶功能基因的挖掘和利用，以及为山茶属植物遗传育种等方面的研究提供理论依据。在注释中还有33.44%的基因未注释成功，这些基因序列可能为其他未编码RNA序列和未含有蛋白质功能信息的序列，也有可能是基因数据库中信息不足所导致的。本研究结果也可为后续云南金花茶基因组水平研究及遗传改良等方面研究奠定一定的参考，且可为云南金花茶的分子标记开发以及抗逆机理提供数据。

2.2 云南金花茶转录组中SSR位点分析

2.2.1 材料与方法

2.2.1.1 材料

以上一节获得的云南金花茶转录组数据为基础进行SSR位点分析，共获得155011条转录本，这些转录本经进一步组装之后，得到95979条基因，序列信息达107907727nt。

2.2.1.2 方法

（1）SSR位点搜索

使用MISA软件对获得的基因进行SSR位点的搜索，搜索的标准为二核苷酸最少为6次，三核苷酸到六核苷酸最少搜索次数为5次，由于单核苷酸重复基元的SSR位点的实际应用较少，因此不进行筛选。经筛选得到的序列使用Primer3软件进行设计引物，设计引物的主要原则是：引物长度18～25bp；退火温度55～65℃；GC含量40%～60%；PCR产物长度100～500bp；前后引物的退火温度相差不超过5℃。

（2）数据分析

利用Excel软件对云南金花茶转录组中SSR位点的出现频率、重复单元的类型、基元组成以及SSR分布的平均距离统计分析，以此来分析云南金花茶的SSR分布和序列特征。其中，SSR位点的平均距离是得到的微卫星总数和总基因的长度之比；SSR的出现频率是检测到的微卫星的总数与基因的总序列数量之比（黄海燕等，2013）。

2.2.2 结果与分析

2.2.2.1 云南金花茶转录组中SSR的分布特征

云南金花茶转录组中的SSR基元类型较为丰富，经搜索发现30435个SSR位点，SSR的出现频率为19.63%。对各个重复基元统计可知，重复率最高的基元类型为二核苷酸，占总数的71.44%；其次是三核苷酸，占总数的25.48%；四核苷酸到六核苷酸重复基元较低，并且四核苷酸重复基元要高于五核苷酸、六核苷酸。各重复类型SSR分布的平均距离方面，五核苷酸最高，为1239.75kb（每1239.75kb就会出现一个五核苷酸SSR）；而二核苷酸的平均分布距离最低，仅为4.85kb（每4.85kb就会出现一个二核苷酸SSR）。统计各个重复类型SSR出现频率发现，二核苷酸重复基元类型的出现频率最高，为14.03%；而五核苷酸重复类型的出现频率最低，仅为0.05%（表2-1）。

表2-1 云南金花茶转录组各SSR的分布特征

基元类型	数量 / 个	占总SSR比例 /%	出现频率 /%	平均分布距离 /kb	平均长度 /bp	基元种类
二核苷酸	21742	71.44	14.03	4.85	15.90	6
三核苷酸	7754	25.48	5.00	13.59	17.27	30
四核苷酸	725	2.38	0.47	145.35	20.41	82
五核苷酸	85	0.28	0.05	1239.75	27.25	45
六核苷酸	129	0.42	0.08	816.89	36.00	74
小计	30435	100	19.63	3.46	16.47	237

2.2.2.2 云南金花茶转录组中的SSR重复单元碱基的组成与比例

云南金花茶转录组中的SSR重复单元碱基的组成与比例情况见表2-2。由表2-2可知，云南金花茶转录组SSR中，二核苷酸至六核苷酸出现的基元数分别为6、30、82、45、74种，总共有237种基元。其中，二核苷酸的主要重复基元是AG，占总SSR的15.91%（4841个）；三核苷酸的主要重复基元是GAA，占总SSR的1.76%（537个）；四核苷酸的主要重复基元是AAAT，占总SSR的

0.30%（90个）；五核苷酸的主要重复基元是CATTT，占总SSR的0.03%（10个）；六核苷酸的主要重复基元是CTCCAG、TCTTCC、TTGGTC，分别占总SSR的0.02%（6个）。其中，二核苷酸的主要重复基序是AG/TC，一共有8142个，占总SSR的26.75%；其次是CT/GA，一共有7662个，占总SSR的25.17%；而CG/GC最少，仅有32个，占总SSR的0.11%。三核苷酸的主要重复基序是CTT/GAA，一共有802个，占总SSR的2.63%；其次是AGA/TCT，一共有679个，占总SSR的2.23%；最少的是CGT/GCA，一共有87个，占总SSR的0.29%。四核苷酸的主要重复基序是AAAT/TTTA，一共有119个，占总SSR的0.39%。五核苷酸重复基序均较低，均在0.03%以下。而六核苷酸的重复基序均在0.02%以下。不同SSR基序列类型频率见图2-7，其中二核苷酸AG/TC类型在总的二核苷酸中占37.45%，三核苷酸CTT/GAA类型在总的三核苷酸中占10.34%。

表2-2 云南金花茶转录组的SSR重复的基元序列特征

基元类型	数量/个	基元种类	重复类型数量最多	重复类型最多的占总SSR比例/%	重复类型数量最多个数/个
二核苷酸	21742	6	AG	15.91	4841
三核苷酸	7754	30	GAA	1.76	537
四核苷酸	725	82	AAAT	0.30	90
五核苷酸	85	45	CATTT	0.03	10
六核苷酸	129	74	CTCCAG、TCTTCC、TTGGTC	0.02、0.02、0.02	6、6、6
小计	30435	237		18.06	5496

2.2.2.3 云南金花茶转录组中各个基元重复次数

由表2-3可知，云南金花茶不同重复类型的重复次数主要为5～10次重复，占总SSR的98.54%。其中，占总SSR比例最多的是6次重复，共7799个，占总SSR的25.63%；其次是7次重复与9次重复，分别占总SSR的17.68%（5380个）与17.29%（5262个）。其中，二核苷酸的6次重复比其他类型要高，并且从表2-3中可以看出，随着次数的增加，SSR数量的出现频率开始降低。

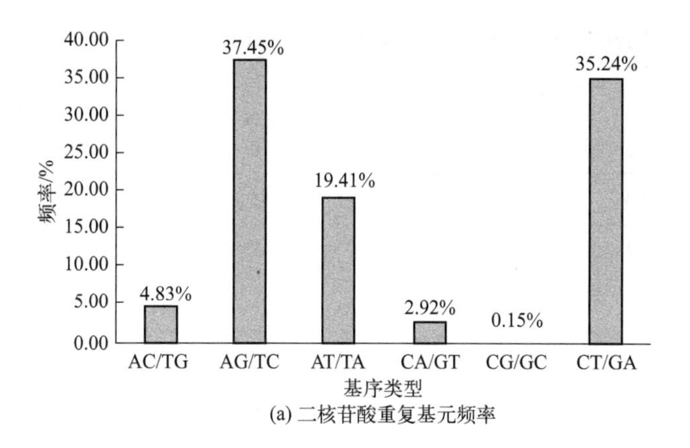

(a) 二核苷酸重复基元频率

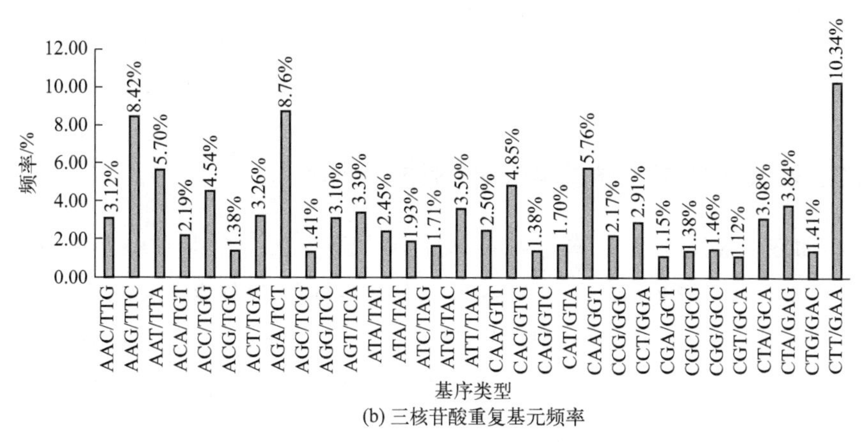

(b) 三核苷酸重复基元频率

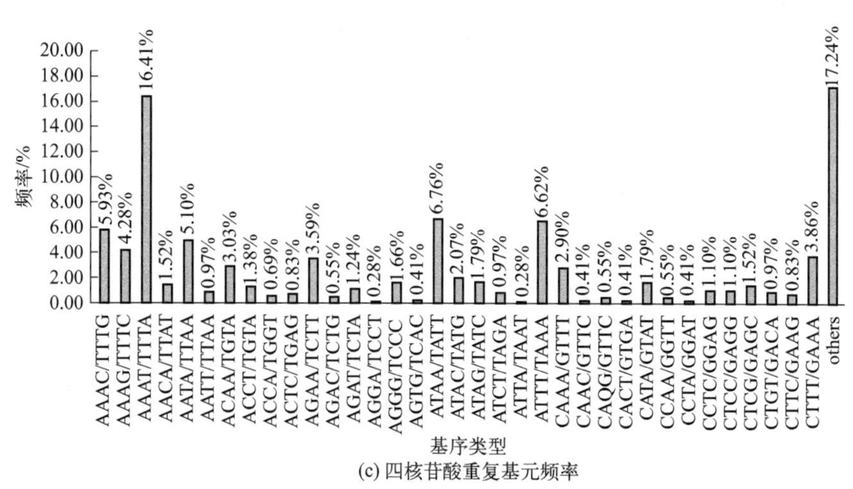

(c) 四核苷酸重复基元频率

图 2-7 云南金花茶转录组中不同的 SSR 基序类型比例

表2-3　云南金花茶转录组SSR不同重复类型的不同重复次数

基序长度/bp	重复次数 / 次							
	5	6	7	8	9	10	11	＞11
2	0	5208	3849	4533	5251	2463	433	5
3	3705	2454	1511	69	3	4	0	8
4	634	85	2	3	0	0	1	0
5	67	8	1	6	3	0	0	0
6	55	44	17	6	5	2	0	0
总计	4461	7799	5380	4617	5262	2469	434	13
比例 /%	14.66	25.63	17.68	15.17	17.29	8.11	1.42	0.04

2.2.2.4　云南金花茶转录组中基序长度

如图2-8所示，云南金花茶转录组中绝大部分的基序长度集中在12～20bp，共有28089个，占总SSR的92.29%；而基序长度在30bp以上的共有91个，占总SSR的0.3%；基序长度集中在21～30bp的数量比在30bp以上的略高，共有2255个，占总SSR的7.41%。总SSR的平均长度是16.47bp，二核苷酸到六核苷酸的平均长度分别为15.90bp、17.27bp、20.41bp、27.25bp、36.00bp，且随着基序长度的增加，SSR的数量随之减少。

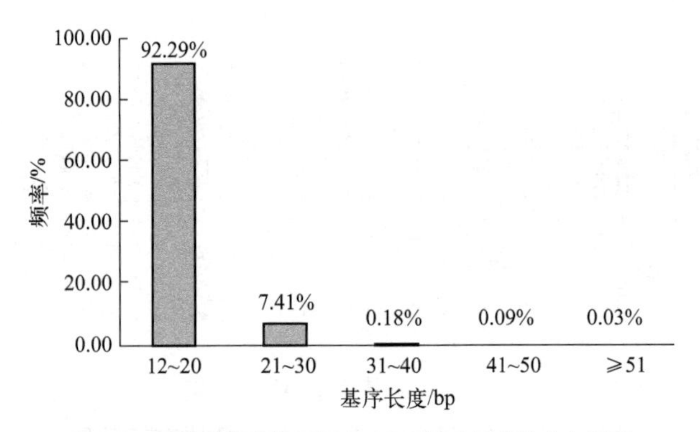

图2-8　云南金花茶转录组中SSR基序长度的分布频率

2.2.2.5 云南金花茶转录组SSR引物设计与检测

依据云南金花茶转录组测序结果，使用Primer3软件进行引物设计、合成，筛选出SSR引物50对，并对其进行1.5%的琼脂糖凝胶电泳扩增检测。其中，部分SSR引物的PCR产物出现拖带和多条带的现象，表明这些引物扩增出了非特异性的条带；另有部分引物扩增的条带较暗或者无条带，这说明该引物不能很好地与模板DNA结合，其特异性并不强。最终，经筛选只有14对引物可以扩增出清晰、单一、明亮且无拖带的条带，扩增效率为28.0%。这些引物可用于后期云南金花茶遗传多样性的分析。部分结果如图2-9所示。

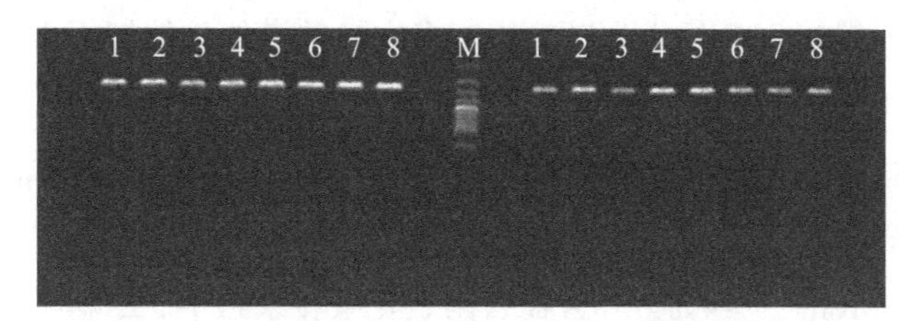

图2-9 云南金花茶SSR引物的PCR扩增凝胶电泳结果

（M代表Marker，Marker左边为第一对引物的扩增结果，右边为第二对引物的扩增结果；数字1～8代表8个不同的样品）

2.2.3 讨论与结论

基于云南金花茶的转录组测序数据，经过SSR位点搜索之后，共获得二核苷酸到六核苷酸30435个SSR位点，出现频率为19.63%，平均分布距离为3.46kb。该结果高于同属的油茶（*Camellia oleifera*）（为14.73%）（张震等，2018）和四球茶（*Camellia tetracocca* Zhang）（为18.25%）（黎瑞源等，2017）；但要略低于同属金花茶组的崇左金花茶（*Camellia chuongtsoensis* S. Y. Liang et L. D. Huang）（为21.88%）（邵阳等，2015）与蔷薇属的刺梨（*Rose roxburghii* Tratt）（20.37%）（鄢秀芹等，2015），并且云南金花茶的平均分布距离要高于油茶（张震等，2018）（3.30kb）、四球茶（黎瑞源等，2017）（2.64kb）与刺梨（鄢秀芹等，2015）（1.68kb）；但要比崇左金花茶（邵阳等，2015）（3.60kb）略低。可以看出，云南金花茶转录组的SSR相对较高，说明云南金花茶转录组中SSR的数量与种类比较丰富。

通常基元的重复次数与基序长度影响着SSR的多态性（代娇等，2017）。SSR位点的多态性主要与基元重复次数和由碱基数量不同形成的不同序列的长度有关。因此，SSR的长度是影响多态性高低的主要因素（Temnykh et al.，2001；胡建斌等，2019）。云南金花茶转录组的基序长度集中12～30bp，占总SSR的99.70%，其中基序长度12～20bp的占大多数，占总SSR的92.29%；其次是21～30bp，占总SSR的7.41%；大于30bp的占总SSR的0.30%。依据Xu等（2000）提出的理论，基序长度存在着一个数值范围，当SSR的长度在该范围以上的倾向于收缩；而其长度在该范围以下则倾向于扩张。而云南金花茶转录组的基序长度大多数倾向于扩张，因此云南金花茶转录组测序所得的SSR位点大部分具有多态性的潜能，能够用于云南金花茶的引物设计和开发。

目前，大多数植物的转录组SSR位点都以二核苷酸与三核苷酸为主，不同的只是主导重复基元。而云南金花茶转录组的SSR位点是以二核苷酸重复为主，占总SSR的71.44%。并且在云南金花茶转录组中，二核苷酸基序是以AG/TC为主，占总SSR的26.75%；在三核苷酸基序中则是以CTT/GAA为主，占总SSR的2.63%。而在油茶（张震等，2018）、四球茶（黎瑞源等，2017）中，二核苷酸主要重复基序与云南金花茶相同，三核苷酸主要重复基序则不同，分别为AAT/AAT与ACC/GGT。在崇左金花茶（邵阳等，2015）、刺梨（鄢秀芹等，2015）、丹参（*Salvia miltiorrhiza* Bunge）（王学勇等，2011）、金银花（*Lonicera japonica* Thunb.）（蒋超等，2012）、党参［*Codonopsis pilosula*（Franch.）Nannf］（王东等，2014）等植物中的二核苷酸、三核苷酸主要重复类型均与云南金花茶的相同。产生这种差异的原因可能与植物的物种不同有关。

从总体上来看，云南金花茶转录组的SSR出现频率比较高，而SSR的类型也比较丰富、密度较大、多态性潜能较高。但就初步试验来看，其引物的扩增效率仅为28.0%，扩增效率较低，并且SSR标记普遍存在着多态性低的缺点。由于根据转录组数据可以开发出大量的SSR标记，从而可以对上述缺点进行一定的弥补，这就需要较多的工作来筛选更多的引物用于后续遗传多样性及变异结构的分析。同时SSR标记也是一种经济实惠的分子标记方法，比较适合云南金花茶的遗传分析。因此，本试验研究结果可为云南金花茶

SSR引物的设计、SSR遗传多样性分析以及种质资源的遗传保护提供重要的理论依据。

2.3 云南金花茶SSR遗传多样性分析

2.3.1 材料与方法

2.3.1.1 材料

试验样品采集于云南省个旧市、河口县及马关县的云南大围山国家级自然保护区内（表2-4），共采集了8个自然群体84个个体，每个个体均采集无病虫害的新鲜的幼嫩叶片，分别按单株装入自封袋，用变色硅胶迅速干燥固定，做好标记和编号，备用。

表2-4 云南金花茶采样信息表

群体编号	采集地	样本数	海拔 /m	坡向	生长环境
SZD	云南省个旧市沙珠底	13	842	阳坡	石灰岩季节雨林
QSH	云南省河口县清水河	3	128	阴坡	石灰岩季节雨林
KCC	云南省河口县苦菜村	4	1036	阳坡	石灰岩季节雨林
LBC	云南省河口县龙堡村	2	504	阳坡	石灰岩季节雨林
NX	云南省河口县南溪	5	150	阳坡	石灰岩季节雨林
XNX	云南省河口县小南溪农场	22	800	半阳坡	石灰岩季节雨林
BSH	云南省马关县白沙河	11	1531	阳坡	非石灰岩常绿阔叶林
JSJ	云南省马关县尖山脚	24	1548	阳坡	非石灰岩常绿阔叶林

2.3.1.2 试验仪器与试剂

（1）主要仪器

电子天平（奥豪斯仪器有限公司）、自动电热压力蒸汽灭菌锅（HIRAYAMA，HVE-50）、电磁炉（Midea）、磁力搅拌器（金坛市医疗仪器厂）、冰箱（Haier）、不同量程移液器（10μL、20μL、100μL、200μL、1000μL）、样品研磨机（金坛市医疗仪器厂）、恒温水浴锅（奥豪斯仪器有限公司）、微波炉（Galanz）、制冰机（SANYO，SIM-F140）、小型高速冷冻离心机（Eppendorf）、超微量紫外分光光度计（ND2000）、梯度PCR扩增仪（Eppendorf）、电泳仪（北京六一DYCP-31DN）、凝胶成像系统（Gene Company Limited，GBOX.E3）。

（2）主要试剂

NaOH、Tris碱、NaCl、EDTA-$Na_2 2H_2O$、PVP（聚乙烯吡咯烷酮）、β-巯基乙醇、异戊醇、RNaseA、氯仿、异戊醇、异丙醇、无水乙醇、冰乙酸、醋酸钠、琼脂糖、核酸染料、DNA Marker、2×Taq Master Mix。

主要试剂配制如下。

（1）预处理液

分别量取100mL 1.0 mol/L Tris-HCl（pH8.0），40mL 0.5 mol/L EDTA（pH8.0），280mL 5.0 mol/L NaCl 140mL，加入200～300mL蒸馏水混合均匀，定容至1000mL，灭菌后室温保存备用。

（2）50×TAE

称取242.0g Tris碱粉末，加入0.5 mol/L EDTA（pH8.0）100mL，冰乙酸57.2mL，再加入适量蒸馏水，搅拌混匀后，定容至1000mL。灭菌后室温保存备用。

2.3.1.3 方法

（1）样品DNA提取

采集的云南金花茶叶片样品，干燥后采用Ezup柱式植物基因组DNA抽提试剂盒提取云南金花茶基因组DNA。

（2）DNA质量检测

对提取的云南金花茶基因组DNA需进行质量检测，通过1.2%的琼脂糖凝胶可以直观地表明提取DNA的质量情况，质量合格的DNA琼脂糖凝胶检测条带完整明亮、无拖带。超微量紫外分光光度计能准确检测DNA的浓度和纯度，230nm处的吸收峰为碳水化合物、盐（胍盐）等；260nm处的吸收峰为核酸；280nm处的吸收峰为蛋白质。以OD260/OD280的吸光度比值为1.8～2.2及OD260/OD230 ＞2.0，在260nm处有明显的光吸收时DNA的纯度最佳。

（3）SSR-PCR扩增反应体系和程序

经预试验的不断优化PCR的反应体系及PCR反应程序，筛选出能在云南金花茶上扩增出清晰条带的引物，得到最适合云南金花茶的SSR-PCR反应体系（表2-5）与SSR-PCR反应程序（表2-6）。

表2-5　SSR-PCR扩增反应体系

试剂	体积
ddH_2O	9.5μL
反向引物	1μL（5μmol/μL）
正向引物	1μL（5μmol/μL）
2xTaq Master Mix	12.5μL
模板 DNA	1μL
总体积	25μL

表2-6　SSR-PCR扩增的反应程序

1	预变性	95℃	5min	
2	变性	94℃	45s	
3	退火温度	55 ～ 65℃	45s	35 个循环（步骤2～4）
4	延伸	72℃	1min	
5	最终延伸	72℃	10min	
6	保存	4℃	pause	

（4）EST-SSR引物筛选

从云南金花茶8个自然群体中挑选部分个体，用于EST-SSR引物多态性检测。扩增后的产物用1.5%的琼脂糖电泳凝胶进行初步结果检测。

具体操作步骤如下。

① 制备1.5%的琼脂糖凝胶，待冷却至50～60℃，加入4s×red plus核酸染料，充分混匀，倒入制胶模板中，立即把样品梳插上。

② 待琼脂糖凝胶完全凝固后，小心拔去凝胶中的梳子，将凝胶放入电泳槽中，电泳槽中加入适量的1×TAE电泳缓冲液，如果点样孔中有气泡，用移液枪小心地清除掉。

③ 上样，用移液枪吸入5μL PCR扩增产物样品缓慢加入点样孔内，在对照点样孔处加入3μL左右的Marker。

④ 点样完成后，在电泳仪上进行电泳，电泳电压为120V，时间为20min左右。

⑤ 电泳结束后，先关闭电源，轻轻地取出凝胶，用滤纸吸干凝胶表面的电泳缓冲液后，放入凝胶成像仪中进行观察、拍照。

电泳检测能在云南金花茶上扩增出条带清晰的PCR产物，送至昆明硕擎生物科技有限公司进行测序，采用Wizard PCR仪的DNA预纯化系统进行扩增样品的纯化，测序反应使用ABI 3770DNA自动测序仪完成。

（5）遗传多样性分析

用筛选获得的云南金花茶EST-SSR多态性引物对云南金花茶8个自然群体84个样品进行标记分析，分析云南金花茶遗传多样性。测序得到的序列结果用GeneMapper V 2.2.0软件在GS500 Standard标准下提取DNA片段信息，计算扩增片段大小，并将各位点进行汇总。各位点汇总信息按软件Convert 1.3.1要求的格式统计为EXCEL格式，然后转化为PopGen 32、Arlequin 3.0、Structure 2.3.4　等分析软件所需的格式。

① Hardy-Weinberg平衡检验。对统计的各位点数据，用PopGen 32软件对云南金花茶中各位点进行哈迪-温伯格平衡（Hardy-Weinberg）检验，并对所得P值进行校正，进而来确定每个种群中的等位基因频率是否偏离Hardy-Weinberg平衡。

② 遗传多样性分析。用软件PopGen 32统计计算云南金花茶群体位点的观察等位基因数*N*a、有效等位基因数*N*e、Shannon's信息指数*I*、观察杂合度*H*o、期望杂合度*H*e、Nei基因多样度*h*、多态位点百分率（*PPB*）、Nei's遗传距离（GD）、遗传分化系数（*F*st）及基因流（*N*m）等。

③ 方差分析。采用Arlequin 3.0软件的分子方差分析AMOVA，对云南金花茶种群中的遗传变异水平进行分析，根据分析数据计算群体间和群体内的遗传变异度。

④ STRUCTURE分析。用Structure 2.3.4软件分析8个云南金花茶种群遗传结构，需检测的群体数目（*K*）为1-8，不作数迭代后参数（length of burn-in period）设置为10000，MCMC设置为100000次，每个*K*值运行20次。

⑤ 群体聚类分析。根据Nei's遗传距离，并且基于遗传相似系数采用NTSYS 2.10软件作出群体的聚类图。

2.3.2 结果与分析

2.3.2.1 云南金花茶基因组DNA的提取结果

云南金花茶基因组DNA提取后，先通过1.2%的琼脂糖凝胶对部分样品进行初步的检测，结果获得的条带完整明亮、无拖带。进一步采用超微量紫外分光光度计检测其浓度和纯度，结果表明，本试验提取得到的DNA质量较纯净，吸光度比值（OD260/OD280）均在1.8～2.2，OD260/OD230的吸光度比值＞2.0，且在260nm处有明显的光吸收。

2.3.2.2 EST-SSR引物筛选

利用云南金花茶部分样品开发EST-SSR多态性引物，采用1.5%的琼脂糖电泳凝胶对SSR-PCR扩增产物进行初步结果检测。初步获得了50对条带清晰、反应稳定的EST-SS引物，经琼脂糖凝胶检测条带单一、明亮、无拖尾，特异性引物与模板DNA链之间有很高的结合（图2-10）。如图2-11所示，而

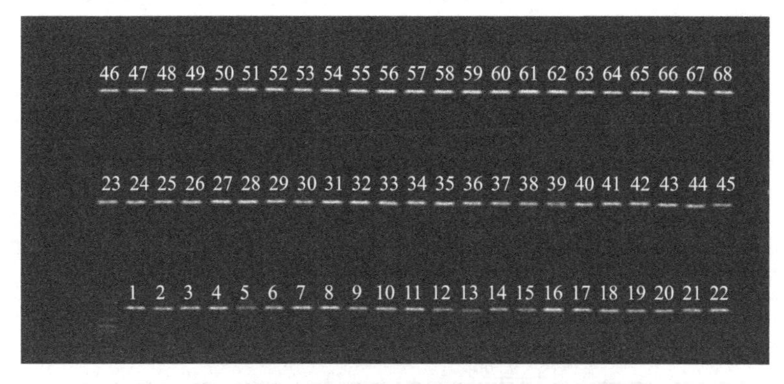

图2-10 引物与部分模板DNA的PCR特异性扩增结果

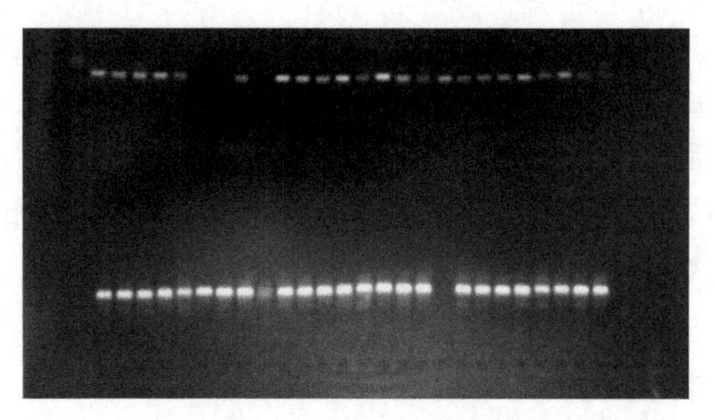

图 2-11 引物与部分模板 DNA 的 PCR 非特异性扩增结果

有部分SSR引物PCR产物出现两条带和拖尾现象，说明这些引物扩增出了非特异性条带；另外，有部分扩增条带较暗，甚至有的完全没有扩增出条带，表明该引物的特异性不强，不能与模板DNA很好地结合，应当选择弃用，但也有可能是因为所用的模板DNA的质量较差，从而影响了与引物之间的结合，所以需重新提取高质量的DNA模板。

2.3.2.3 引物多态性检测

把初步筛选获得的50对EST-SSR引物的扩增产物，送至昆明硕擎生物科技有限公司进行毛细管电泳检测，应用MEGA7和MUSCLE软件对检测得到的序列进行比对及校正，最后用Excel 2003进行扩增片段测序的统计，并对统计结果采用GenAlEx 6.5软件分析每个位点的多态性。结果表明，14对引物具有较高的多态性，各位点部分样品扩增的荧光检测结果如图2-12所示。并将这14对EST-SSR引物的序列信息提交到NCBI数据库中，进行Blast比对分析，发现其中有6对引物所在的基因序列具有明确的基因注释，其余8对引物所在的基因序列的功能未知（表2-7）。

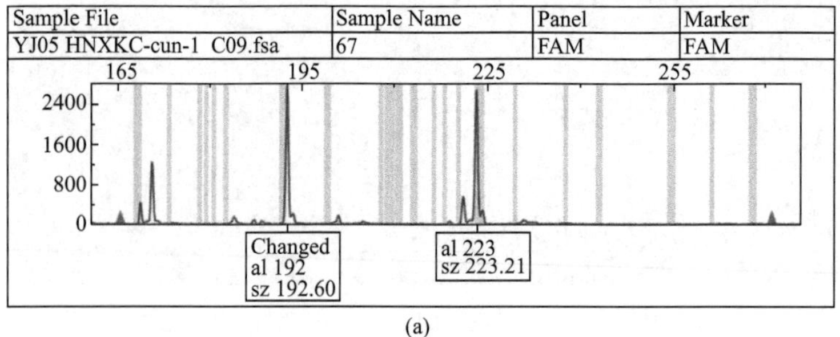

(a)

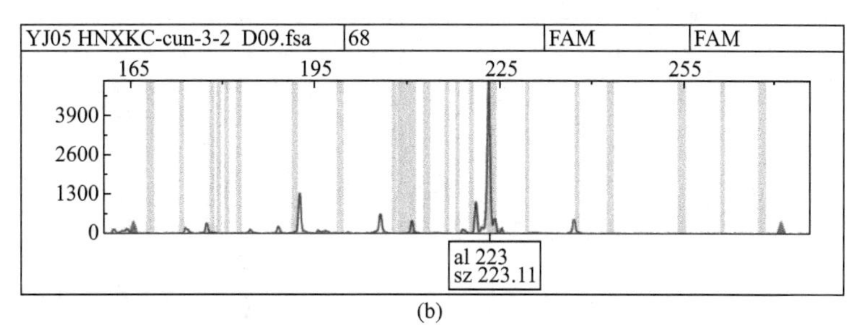

(b)

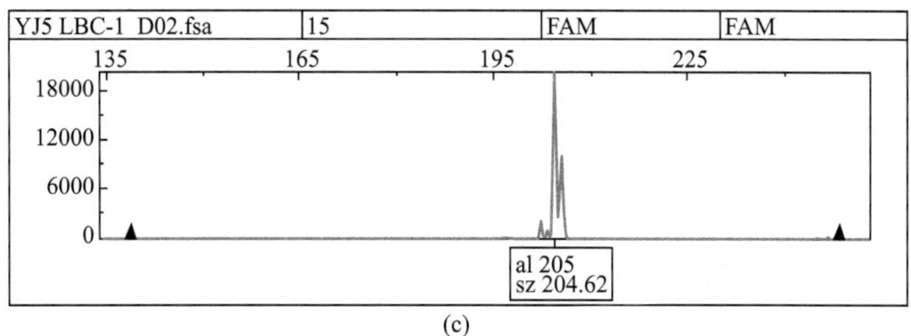

(c)

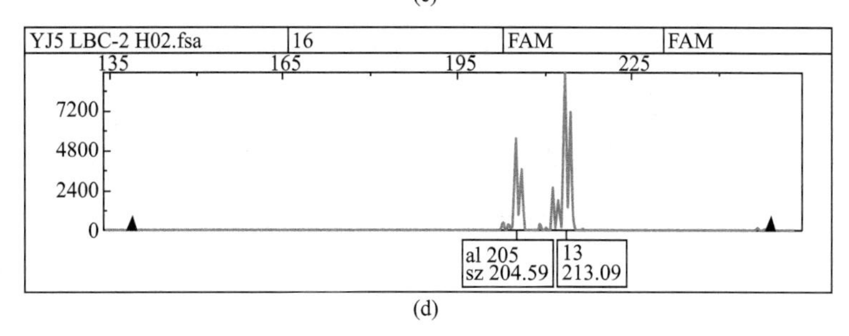

(d)

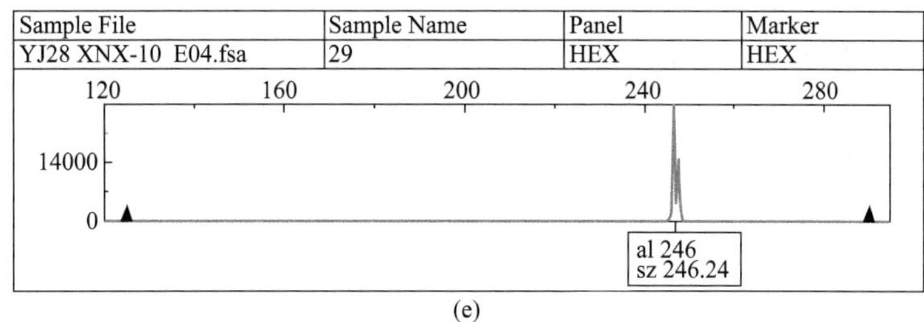

(e)

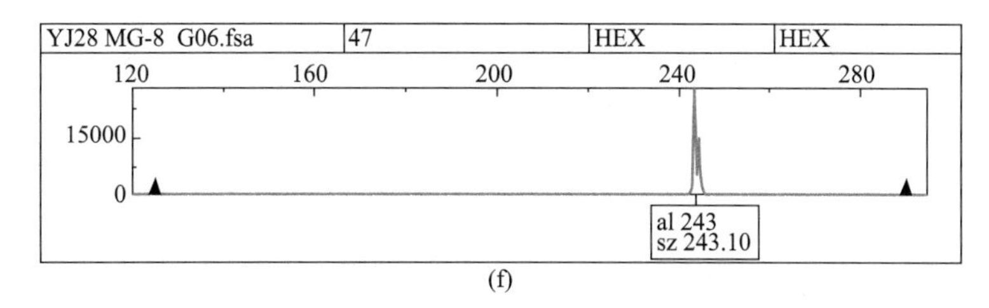

(f)

图 2-12 部分多态性引物 PCR 产物的毛细管电泳检测结果

（a）～（f）分别代表不同样品扩增的荧光检测效果

表2-7　云南金花茶14对多态性引物序列信息

位点	引物编号	引物序列（5′-3′）	重复碱基	等位基因大小	退火温度 /℃	荧光染料	基因注释
10115	YJ01	F:TGTGAAGGGGGATGTTAGGGA R:AGCAAAAGCATCCCCCTCAA	(AAG)5	155-158	59	FAM	未知
33270	YJ05	F:GGAAGGTTGAAGCAGCTCCT R:CCCATCATCCCGAATCTCCG	(TC)9	205-207	60	FAM	未知
47245	YJ10	F:TGCTTCGGATCTTCAATCAGCT R:TGGCATTCATTGCTGTGCC	(CT)7	191-193	60	FAM	克莱门柚未表征的蛋白 Clementina uncharacterized ［*Citrus*］
30506	YJ11	F:GTGCGCCACCCAATTTCATT R:TCTGGTGTATGATAGGCTTTTGCT	(AG)7	195	60	FAM	未知
15948	YJ12	F:TGCTACATTTTTCTCCCAGGCA R:TGGCCAACACGATTAAGGGT	(TTA)6	195	58	FAM	未知
15730	YJ18	F:ACCGTCAGATCTGGAGTCCA R:CGACGCCAGATCGAGATCAT	(AGC)5	204-221	59	FAM	糖基转移酶 O-glucosyl transferase rumi homolog ［*Vitis vinifera*］
18745	YJ19	F:ACGACGCGTTAATGGAGGTT R:GAGACGGCCCTGAATACCAG	(TA)7	176-204	58	FAM	蛋白 SRC2 同源物 Protein SRC2 homolog ［*Theobroma cacao*］
59747	YJ25	F:CTCCTTCCGGCCACAATTCT R:TGAGTTGACGATTCGGCGAA	(ACC)6	244-247	60	FAM	葡萄中未表征的蛋白 Uncharacterized protein ［*Vitis vinifera*］

续表

位点	引物编号	引物序列（5′-3′）	重复碱基	等位基因大小	退火温度 /℃	荧光染料	基因注释
1300	YJ27	F:TGGGCAAACCGTTGGATTCT R:TGTCGAAGAGGATGGCGATG	(ATC)6	245-254	59	HEX	肽基 -tRNA 水解酶 putative peptidyl-tRNA hydrolase ［*Lactuca sativa*］
35866	YJ28	F:AGCGAAAACTCTCTCCCTGC R:CCTGCAATAAATCGACGCCG	(TCT)6	234-246	60	HEX	未知
50406	YJ35	F:CACCACCACTCACAAGGGAG R:GCTTTCCGAGGAGGGTTTGA	(AAT)5	250-253	59	HEX	未知
59573	YJ37	F:CAAACAGCGAACACATCCCC R:CTGGGTTTTGGAGCTCAGGT	(AG)7	214-230	59	HEX	未知
46021	YJ38	F:GCGGACACTGAAGGAGACAA R:GCTGTGCAGATCCTCATCGA	(GCG)5	231-246	60	HEX	未知
21675	YJ43	F:CCATGCTCTTTTGAGGCTGG R:AGGACTTGAGTCTTGACCCT	(CTA)6	214-236	57	HEX	栎属中未表征的蛋白 Suber putative protein ［*Quercus*］

2.3.2.4 云南金花茶遗传多样性分析

（1）云南金花茶群体的Hardy-Weinberg平衡检验

对云南金花茶的14个SSR位点进行Hardy-Weinberg平衡检验，8个群体共进行了112次检验，其中显著偏离P值＜0.01的有18次，偏离平衡P值＜0.05的有5次，共有23次偏离Hardy-Weinberg平衡，约占20.53%，表明云南金花茶群体基本符合Hardy-Weinberg平衡（表2-8）。

表2-8 云南金花茶不同位点Hardy-Weinberg检测

位点	群体							
	SZD	QSH	KCC	LBC	NX	XNX	BSH	JSJ
YJ01	/	/	/	/	0.7055	0.7816	0.8185	0.0000
YJ05	0.8140	1.0000	0.7728	1.0000	0.4936	0.6139	0.2636	0.5935
YJ10	0.0002	1.0000	0.7728	0.0000	0.0000	0.0118	1.0000	0.1769
YJ11	/	/	/	1.0000	1.0000	0.7187	0.0002	0.8815
YJ12	0.7060	0.0209	0.2059	0.8013	0.2615	0.2862	0.0011	0.6138
YJ18	0.7060	0.0209	0.2059	0.3173	0.8415	0.8474	0.0351	0.0040
YJ19	0.8348	0.5637	1.0000	1.0000	1.0000	0.0000	0.8649	0.0926
JY25	0.8738	1.0000	0.6586	1.0000	0.7055	0.7086	0.7410	0.8989
YJ27	0.6884	0.0000	0.0000	1.0000	0.0000	0.0975	0.6753	0.8989
YJ28	0.7060	/	/	/	0.7055	0.5032	1.0000	0.4428
YJ35	0.0000	0.0000	0.6547	0.8013	0.8415	0.5945	0.9197	0.5995
YJ37	0.8088	0.0000	0.0073	0.0000	0.0000	0.0005	1.0000	1.0000
YJ38	0.1715	0.5637	/	/	/	0.2679	0.6010	0.2696
YJ43	0.1217	1.0000	0.6547	1.0000	0.4815	0.4000	0.7638	0.0436

注：群体编号信息见表2-4；引物信息见表2-7。

（2）群体遗传多样性分析

用筛选到的14对多态性引物对云南金花茶8个群体共84个样本进行SSR

标记分析，结果14对多态性位点的等位基因数为2～8，共扩增出68个等位基因，平均等位基因数为4.8571，等位基因数*N*a最高的是位点YJ43，为8个，最少的是YJ01和YJ11，均为2个。有效等位基因数*N*e最高是YJ18，为4.8612，最低是YJ11，为1.3898，位点的平均有效等位基因数为2.7130，表现出较高的多态性。YJ43位点的Shannon's信息指数*I*最高为1.7041，Shannon's信息指数*I*最低是位点YJ11为0.4538，平均为1.0925（表2-9）。云南金花茶14个位点的多样性参数差别较大，每个位点对基因多样度的贡献都不同。研究结果可知，选择合适的SSR引物进行遗传多样性分析是非常必要的，本研究中引物YJ43、YJ18、YJ37的Shannon's信息指数*I*分别为1.7041、1.6394、1.5200，很适合检测群体内的遗传多样性。

群体的遗传多样性水平与平均期望杂合度呈正相关，在14对SSR引物中，位点的观察杂合度*H*o最大是YJ43，为0.6867，最小是YJ01，为0.0833，平均为0.3588；期望杂合度*H*e最大是YJ18，为0.7990，最小是YJ11，为0.2821，平均为0.5858，遗传多样性水平高。在所有的位点中，观察杂合度*H*o小于期望杂合度*H*e，可知在云南金花茶实际群体中，所有位点的杂合子都很低，其中位点YJ01出现了明显的杂合子缺失。

表2-9　云南金花茶14个位点多样性信息

位点	样本大小	等位基因数 *Na*	有效等位基因数 *Ne*	Shannon's 信息指数 *I*	观察杂合度 *Ho*	期望杂合度 *He*	Nei 基因多样度 *h*
YJ01	168	2	1.7870	0.6323	0.0833	0.4430	0.4404
YJ05	166	5	2.0800	0.9823	0.4699	0.5224	0.5192
YJ10	168	6	2.7917	1.2245	0.2381	0.6456	0.6418
YJ11	166	2	1.3898	0.4538	0.1928	0.2821	0.2804
YJ12	168	4	2.0017	0.8222	0.3095	0.5034	0.5004
YJ18	168	6	4.8612	1.6394	0.5119	0.7990	0.7943
YJ19	168	5	3.0342	1.2430	0.3571	0.6744	0.6704
JY25	168	7	2.0538	1.1224	0.4643	0.5162	0.5131
YJ27	168	4	2.0334	0.9027	0.2976	0.5113	0.5082

续表

位点	样本大小	等位基因数 *N*a	有效等位基因数 *N*e	Shannon's 信息指数 *I*	观察杂合度 *H*o	期望杂合度 *H*e	Nei 基因多样度 *h*
YJ28	168	3	2.1199	0.8347	0.2262	0.5314	0.5283
YJ35	168	6	2.4534	1.1078	0.4048	0.5960	0.5924
YJ37	168	6	3.8410	1.5200	0.1786	0.7441	0.7397
YJ38	166	4	2.7095	1.1046	0.6024	0.6348	0.6309
YJ43	166	8	4.8259	1.7041	0.6867	0.7976	0.7928
Mean	167	4.8571	2.7130	1.0925	0.3588	0.5858	0.5823

注：引物信息见表2-7。

群体的遗传多样性信息见表2-10，云南金花茶8个群体等位基因数*N*a从苦菜村（KCC）1.4286到小南溪（XNX）2.6519，等位基因数*N*a大小为：XNX（小南溪）＞JSJ（尖山脚）＞BSH（白沙河）＞SZD（沙珠底）＞NX（南溪）＞LBC（龙堡村）＞QSH（清水河）＞KCC（苦菜村）。群体的有效等位基因数为1.2967（QSH）～1.8611（XNX），有效等位基因数*N*e大小为：XNX＞BSH＞SZD＞JSJ＞NX＞LBC＞KCC＞QSH。Shannon's信息指数*I*的范围为0.2513（KCC）～0.6835（XNX）。观测杂合度*H*o在0.1250（KCC）～0.4286（LBC）之间。期望杂合度*H*e在0.1964（KCC）～0.4295（XNX）之间。Nei's基因信息指数*H*的范围为0.1719（KCC）～0.4197（XNX）。在云南金花茶不同群体间存在明显的遗传参数的差异，其多态性均较高，群体多态位点百分率（*PPB*）在42.86%～100%，群体遗传多样性水平最高的是群体XNX为100%，其次是群体BSH、JSJ，多态位点百分率（*PPB*）均为92.86%。

（3）群体遗传结构分析

用PopGen32对云南金花茶群体进行遗传结果分析，见表2-11，有3个位点（YJ10、YJ11、YJ37）的*F*is值为正，其余的都为负值，其中位点YJ37的*F*is值最大为0.3539，位点YJ35的*F*is值最小为–0.3433，*F*is平均值为–0.1221＜0，说明云南金花茶群体中杂合体过剩。*F*it的范围在0.1503～0.8034，均值为0.4220。群体间遗传分化系数*F*st值在0.2029～0.8324，平均为0.4850，说明有48.5%

表2-10 云南金花茶群体遗传多样性信息表

群体编号	等位基因数 Na	有效等位基因数 Ne	Shannon's 信息指数 I	观察杂合度 Ho	期望杂合度 He	Nei's 基因多样性指数 H	多态位点数	多态位点百分率 /%（PPB）
SZD	2.2143±1.0509	1.7217±0.8456	0.5195±0.4583	0.3407±0.2858	0.3185±0.2743	0.3062±0.2637	10	71.43
QSH	1.5000±0.5189	1.2967±0.3387	0.2731±0.2904	0.2024±0.2629	0.2214±0.2402	0.1815±0.1968	7	50
KCC	1.4286±0.5136	1.3032±0.3989	0.2513±0.3096	0.1250±0.1899	0.1964±0.2465	0.1719±0.2157	6	42.86
LBC	1.7857±0.6993	1.5667±0.5698	0.4390±0.3763	0.4286±0.3852	0.3810±0.3164	0.2857±0.2373	9	64.29
NX	2.0000±0.8771	1.6242±0.6814	0.4756±0.4010	0.3571±0.3155	0.3286±0.2697	0.2957±0.2427	10	71.43
XNX	2.6538±1.0082	1.8611±0.5266	0.6835±0.2972	0.3636±0.2132	0.4295±0.1720	0.4197±0.1681	14	100
BSH	2.5714±0.9376	1.7510±0.7989	0.5867±0.4126	0.3701±0.3056	0.3497±0.2479	0.3338±0.2366	13	92.86
JSJ	2.6429±0.9288	1.6714±0.6847	0.5670±0.3758	0.4103±0.3167	0.3293±0.2250	0.3224±0.2202	13	92.86

的遗传变异存在于群体间，且遗传分化程度均较高，其中除YJ05、YJ11属高度分化（*F*st=0.15～0.25）外，其余位点均为极高分化（*F*st＞0.25）。整个群体的基因流（*N*m）值范围在0.0503～0.9820，平均值为0.2655 ＜1，由此可知云南金花茶群体间的基因交流少。

表2-11　遗传分化系数和基因流

位点	亚群体内固定系数 *F*is	总群体内固定系数 *F*it	群体间遗传分化系数 *F*st	基因流 *N*m
YJ01	−0.1728	0.8034	0.8324	0.0503
YJ05	−0.1186	0.1503	0.2405	0.7897
YJ10	0.0564	0.6449	0.6236	0.1509
YJ11	0.0696	0.2584	0.2029	0.9820
YJ12	−0.0710	0.3076	0.3535	0.4573
YJ18	−0.1863	0.3779	0.4756	0.2757
YJ19	−0.1683	0.4703	0.5466	0.2074
JY25	−0.2294	0.2033	0.3520	0.4603
YJ27	−0.0943	0.5221	0.5633	0.1939
YJ28	−0.1739	0.6223	0.6783	0.1186
YJ35	−0.3433	0.2548	0.4452	0.3115
YJ37	0.3539	0.8251	0.7293	0.0928
YJ38	−0.2420	0.1633	0.3264	0.5160
YJ43	−0.1090	0.2402	0.3149	0.5440
Mean	−0.1221	0.4220	0.4850	0.2655

注：引物信息见表2-7。

采用Structure 2.3.4软件，基于数学模型分析8个云南金花茶自然群体的遗传结构，发现*K*呈持续增大，当*K*=3时，ln*P*（*D*）出现第一个折点，Δ*K*值为最大值，即可以将云南金花茶分为3个类群（图2-13）。如图2-14所示，3个类群大致上是按不同的分布地区位置来划分的，马关地区的两个群体划分为一组，河口地区除清水河群体外其余的群体为一组，河口地区的清水河群体和个旧地区群体为一组（后续分析统称为个旧地区）。同时，3个类群为3个不同遗传群体，不同的颜色代表了该基因在群体中所占的比例，表明3个遗传群体之间几乎没有基因的渗透，有明显的遗传结构分化，群体间的遗传差异显著。

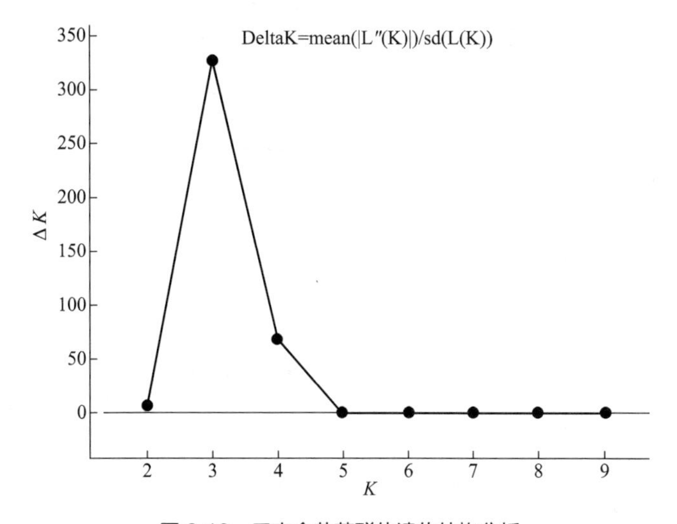

图 2-13　云南金花茶群体遗传结构分析

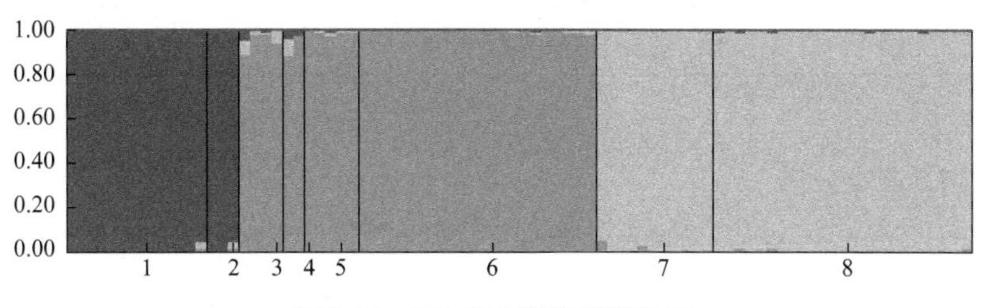

图 2-14　云南金花茶群组遗传结构

采用Arlequin 3.0软件的分子方差分析AMOVA，对云南金花茶种群中的遗传变异水平进行分析，结果见表2-12。云南金花茶的遗传变异主要发生在群体内，占总变异的49.95%；组间的遗传变异也较大，占总变异的39.22%；群体间的遗传变异较小，占总变异的10.83%。分别也对划分的3个地区群体进行了AMOVA分析，结果表明，遗传变异均来自群体内，且马关地区的群体内遗传变异最高为99.68%，其次是个旧地区为75.35%和河口地区为73.87%。根据Structure的划分地区，结合群体Shannon's信息指数分析可知，马关地区的云南金花茶群体遗传多样性最大，其次是个旧地区、河口地区，与AMOVA的分析结果相同。

表2-12　云南金花茶群体分子方差分析

地区	变异来源	自由度	方差和	变异分量	变异百分率/%
全体	组间	2	240.615	1.90789	39.22
	群体之间	5	51.049	0.52669	10.83
	群体之内	160	388.717	2.42948	49.95
	总体	167	680.381	4.86406	
个旧地区	群体之间	1	8.005	0.62508	24.65
	群体之内	30	57.308	1.91026	75.35
河口地区	群体之间	3	40.569	0.95639	26.13
	群体之内	62	167.598	2.70319	73.87
马关地区	群体之间	1	2.555	0.00747	0.32
	群体之内	68	158.388	2.32924	99.68

（4）聚类分析

为了进一步分析云南金花茶群体间的遗传关系，对云南金花茶群体的遗传相似系数和遗传距离进行分析，其结果见表2-13。由表2-13可知，云南金花茶8个群体的遗传相似系数在0.3859～0.9902，平均值为0.6068；遗传距离在0.0098～0.9521，平均值为0.5530。白沙河（BSH）和尖山脚（JSJ）群体的遗传相似度最大（0.9902），遗传距离最小（0.0098），遗传差异较小，亲缘关系最近。根据Nei's遗传距离，采用NTSYS 2.10软件对云南金花茶群体进行聚类分析，其结果如图2-15所示。由图2-15可知，以0.72为阈值，云南金花茶8个群体被分为3个类群。其中，同是马关地区的白沙河（BSH）和尖山脚（JSJ）群体的遗传相似度最大，遗传距离最小，遗传差异较小，亲缘关系最近，单独聚为一类；沙珠底（SZD）和清水河（QSH）群体亲缘关系较近，聚为一类；其余苦菜村（KCC）、龙堡村（LBC）、南溪（NX）和小南溪（XNX）4个群体亲缘关系较近，聚为一类。

表2-13　云南金花茶8个群体间的Nei's遗传相似系数（对角线以上）和遗传距离（对角线以下）

群体	SZD	QSH	KCC	LBC	NX	XNX	BSH	JSJ
SZD	—	0.8602	0.5700	0.4985	0.5257	0.4810	0.4465	0.5010
QSH	0.1506	—	0.4564	0.4479	0.4433	0.4221	0.3980	0.4456
KCC	0.5621	0.7843	—	0.7765	0.7536	0.6885	0.5795	0.6055
LBC	0.6961	0.8032	0.2529	—	0.7315	0.7060	0.5010	0.4970
NX	0.6430	0.8135	0.2829	0.3126	—	0.8412	0.4494	0.4480
XNX	0.7318	0.8624	0.3732	0.3481	0.1730	—	0.4102	0.3859
BSH	0.8064	0.9213	0.5456	0.6912	0.7999	0.8911	—	0.9902
JSJ	0.6911	0.8084	0.5018	0.6992	0.8030	0.9521	0.0098	—

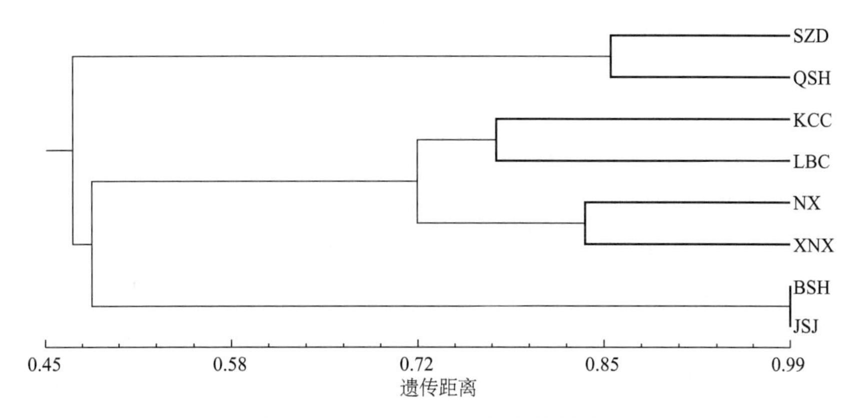

图2-15　云南金花茶Nei's遗传距离聚类图

2.3.3 讨论与结论

2.3.3.1 讨论

保护濒危植物的关键就是保护其遗传多样性。因此，遗传多样性的研究分析对于保护濒危植物就显得尤其重要。由于山茶属植物分子标记应用研究起步晚，加上SSR标记引物的开发难度大，且SSR引物具有高度的种属特异性，SSR分子标记技术在金花茶组植物有一些研究应用，但在云南金花茶中未见报道。

本研究对云南金花茶8个群体的遗传多样性分析，结果表明，14对多态性位点的等位基因数为2～8，共扩增出68个等位基因，位点平均等位基因数为4.8571，在群体的水平上，云南金花茶群体遗传多样性Shannon's信息指数I的范围为0.2513～0.6835，多态位点百分率（*PPB*）在42.86% ～100%，具有较高的遗传多样性。柴胜丰等（2014）对濒危毛瓣金花茶6个自然居群进行了分析，结果表明，Shannon's信息指数I为0.4100，多态位点百分率*PPB*=80.43%，分布面积狭窄却也具有较高的遗传多样性。张玥等（2018）采用ISSR分子标记对云南大围山金花茶与广西金花茶进行了遗传分析，显示13条ISSR引物共扩增出264条DNA条带，其中多态性条带262条，平均多态性百分率为99.2%，具有较高的遗传多样性，广西金花茶与云南金花茶亲缘关系较远，被划分为两类。

分析了8个云南金花茶自然群体的遗传结构，云南金花茶的8个群体可大致分为3个不同遗传群体。3个遗传群体大致上是按不同的分布地区位置来划分的，马关地区的两个群体划分为一组，河口地区除清水河群体外其余的群体为一组，而河口地区的清水河群体和个旧地区群体为一组，分析其原因可能是由于清水河群体和个旧地区群体地理位置较近，亲缘关系近，因此被划分为一组。对云南金花茶群体间的遗传关系进行了聚类分析发现，以0.72为阈值，云南金花茶8个群体分成三大类群，其中，马关地区白沙河（BSH）和尖山脚（JSJ）群体的遗传相似度最大，遗传距离最小，亲缘关系最近。而张玥等（2018）对云南大围山自然保护区的15份金花茶和1份广西金花茶样本进行ISSR遗传多样性分析，将云南金花茶分为两个亚类群体。这与本研究的结果不一致，其原因可能是样本数量少、采样的全面性及采用的标记方法不同而产生的差异。

对云南金花茶的遗传结构分析可知，云南金花茶的遗传变异主要发生在群体内，占总变异的49.95%，群体间的遗传变异较小，占总变异的10.83%，遗传变异均来自群体内，且马关地区的群体内遗传变异达到99.68%，群体间的基因交流程度较低，有明显的遗传结构分化，群体间的遗传差异显著，分析其原因可能是地理位置的阻隔和生境片段化。张玥等（2018）研究也表明，金花茶材料同是采自大围山自然保护区，但种质间的遗传变异较大。有学者对其他金花茶的研究也得到相同的结果。例如，唐健民（2011）运用SSR分子标记对4个东兴金花茶野生居群进行遗传多样性研究，研究表明，东兴金花茶的遗传多样性较高，遗传分化主要存在于居群内，且子代野生居群的多样性参数高于母代居群。杨雪（2016）也同样运用SSR分子标记技术，利用9对SSR引物对4个顶生金花茶自然居群123份样品进行分析，结果显示，顶生金花茶自然居群遗传多样性属中等水平，遗传变异主要在居群内，且在居群内出现近交繁殖现象。

据研究报道，导致遗传多样性变化的因素很多，一般认为多年生、异交、分布范围广的植物有较高的遗传多样性，物种丰富的遗传变异可能使其分布范围拓展而适应新的环境（Grant，1991；Nybom，2004）。因此推断，云南金花茶具有较高的遗传多样性可能是由于适应了其分布区多样化的生境和物种经过了较长的进化历史。

2.3.3.2 结论

（1）云南金花茶8个群体在14个微卫星位点上112个组合中有18个SSR位点P值＜0.01，5个SSR位点P值＜0.05，共有23个显著偏离Hardy-Weinberg平衡，约占20.53%，表明云南金花茶群体基本符合Hardy-Weinberg平衡。

（2）14对多态性位点的等位基因数为2～8，共扩增出68个等位基因，位点平均等位基因数为4.8571，位点的平均有效等位基因数为2.7130。平均Shannon's信息指数I为1.0925，表现出较高的多态性。云南金花茶8个群体多态位点百分率（PPB）在42.86% ～100%，不同群体间存在着明显的遗传参数的差异，多态性均较高。

（3）云南金花茶群体的基因流（Nm）值范围在0.0503～0.9820，平均值为0.5440 ＜1，说明云南金花茶群体间的基因交流少。云南金花茶自然群体的遗传结构分析可知，8个群体大致分为3个不同遗传群体，3个不同遗传群体大致上是按不同的分布地区位置来划分的，遗传变异主要发生在群体内，占总变异的49.95%，群体间的遗传变异较小，占总变异的10.83%。

（4）聚类分析可知，以0.72为阈值，云南金花茶8个群体被分为3个类群。其中，马关地区白沙河（BSH）和尖山脚（JSJ）群体的遗传相似度最大，遗传距离最小，遗传差异较小，亲缘关系最近，单独聚为一类；沙珠底（SZD）和清水河（QSH）群体亲缘关系较近，聚为一类；其余苦菜村（KCC）、龙堡村（LBC）、南溪（NX）和小南溪（XNX）4个群体亲缘关系较近，聚为一类。

第3章

云南金花茶种苗培育技术

3.1 云南金花茶的种子繁育

3.1.1 种子采集与处理

3.1.1.1 种子采集

种子采收时间对种子的活力有着非常重要的影响，过早过晚都不利于种子的保存和萌发，种子的成熟一般包括生理成熟和形态成熟两个过程，只有生理成熟和形态成熟均达到后，其种子的质量才是最佳的，因此，我们必须准确掌握果实的成熟生理过程。云南金花茶9～11月份出花，次年9月下旬至10月蒴果成熟，果实成熟期要经常观察，当果皮变红时，其种子的形态和生理上均已成熟，此时为果实采摘的最佳时期。而当云南金花茶的蒴果在树上裂开或脱落到地面上时，其种子发芽能力便会迅速下降。本次试验播种育苗所用云南金花茶种子分别采自海拔150～700m河口南溪一带的石灰岩山季雨林下。

3.1.1.2 种子处理

云南金花茶的种子易裂开，不易保存，果实采回后需与潮湿的土壤或河沙混合放置保存并进行催芽处理。河沙与种子的比例一般保持在5∶1，河沙湿度以手触摸感到润湿为合适，在土钵底层先铺一层厚约5 cm的湿润河沙。种子先用强力生根剂兑水（1∶2000）浸泡6～8h，之后将处理过的种子与河沙按比例混合后放入土钵中，上面再覆盖5cm的湿润河沙，便于种子保存及种子催芽，并投放鼠药以防鼠害。一个月后，种子开始发芽，果皮腐烂，必须及时播种。播种时，用百菌清杀菌剂兑水（每10kg水加5mL百菌清杀菌剂）进行种子消毒，浸泡3～5min，捞出凉干后即可播种。如条件允许，种子采回后，可不经过沙藏催芽处理，直接剥皮后播种或育苗（随采随播），发芽率最高，最好3天内播完。

3.1.2 苗床准备

育苗地选择坡度平缓的平地（背风适度遮阴）或半阴坡，要求土质疏松，土壤湿润，保水透气性好，便于排水，且交通、水源方便。种子育苗一般采用容器进行播种育苗，具有育苗周期短、管理方便等特点。此外，在造林时，可以延长造林季节，同时，由于容器育苗的苗木根系完整，起苗及运输过程中根系未受到影响，造林后，苗木能够快速适应环境，提高造林成活率。育苗所用的营养土可以选用当地的山地土，取材方便，来源丰富，且成本低，如条件允许也可采用其他公司生产的育苗基质，这类基质中含有丰富的营养物质，可以很好地满足云南金花茶的生长发育需求。由于云南金花茶喜酸性土壤，其育苗基质装袋前要测定酸度，pH值以5～6之间为宜，并对基质进行常规消毒。

本次试验育苗地为河口县南溪镇马场村，海拔350m，年均温度20～30℃，年降水量1700～1900mm，年均湿度80%左右。育苗基质选择山地土，经太阳暴晒粉碎后，用百菌清杀菌剂（1∶1200）进行消毒处理。苗床采用低床，育苗袋以白色薄膜制作而成的塑料营养袋，规格为直径6cm、高10cm，底部打直径0.8cm的排水孔2个；装上处理过的山地土，摆放到苗床上，摆放宽度一般在1.2m左右，一般不超过2m，摆放长度主要根据苗床大小和育苗量确定。容器挤紧排齐，苗床四周用土培好。育苗床四周要留50～60cm宽的走道，以便于后期点播和后期管理。

3.1.3 点播及管理

每个营养袋点播一粒种子，播种深度2～3cm，播完后及时覆土，并把水浇透。后期则根据天气情况进行浇水，连续晴天时一般每7d浇一次水。种子50d左右开始出土发芽，若是秋冬时节，要注意保湿防冻、遮阴。病虫害的防治要坚持“预防为主，综合防治”的原则，定期观测，如有病虫害的发生，要及时采取措施加以控制，确保治早、治小、治了。苗木出土后，可以每隔

1个月采用复合肥水溶液进行淋施。苗木出圃时，切记不要伤根太多。目前，云南金花茶苗木的相关标准尚无，一般培育1～2年即可根据生长情况进行出圃。建议云南金花茶实生苗出圃时规格为：地径在0.3cm以上，苗高25cm以上。

本次试验没有发现立枯病、猝倒病以及食根、食茎、食叶的虫害。育苗过程中，除做好病虫害的防护外，还需对苗木进行除草、施肥、浇水等日常管理。苗木50%出土后及时搭遮阳网，防止太阳光直射、高温等造成苗木灼伤或死亡，在苗木出土后生长6个月，苗木即开始木质化（图3-1）。在苗木进行野外移栽前1个月，适当进行粗放管理，以增加苗木的抗性和适应性，待充分木质化后，便可以进行野外栽培试验。本次苗木培育时间为2012年、2013年，试验结果见表3-1。

(a) 苗床育苗

(b) 育苗盆育苗

图3-1　云南金花茶种子育苗

表3-1　云南金花茶种子繁育汇总表

播种年限	采集地	播种数/粒	发芽数/粒	发芽率/%	平均株高/cm	平均叶量/片
2012	河口南	110	84	76.4	16.0	5
2012	马关篾	60	26	43.3	15.5	5
2013	河口南	801	284	35.5	12.0	4
2013	马关篾	660	390	59.1	12.5	4

3.2 云南金花茶的扦插繁育

3.2.1 穗条采集与处理

扦插繁殖是植物无性繁殖的方法之一，其操作简便，在穗条来源保证的情况下，可进行大量快速育苗。扦插繁殖育苗过程中，穗条的质量对扦插成败有较大的影响。一般选取健康母株的树冠中上部、粗壮通直、叶片完整的刚木质化枝条为宜。

云南金花茶扦插时间以春季为佳，此时当地温度较合适，且开始升温，扦插后利于穗条生根和生长。穗条采集可以选取当年生的无病虫害、生长健壮、有一定木质化程度或完全木质化的枝条作为穗条。枝条采集后，在运输及制穗过程中，尽量缩短时间；在存放过程中，避免日晒，防止脱水，以保持穗条的活力。根据生产情况，合理采集穗条数量，以“随采随插”为原则，避免长时间的存放，影响穗条质量。

3.2.2 苗床准备

扦插的苗圃地一定要选择恰当，否则对于扦插苗的发根及生长均具有一定的影响。首先，云南金花茶扦插苗圃地应选择在相对平缓、交通较便利，以及通风条件良好的地方为宜。其次，由于扦插初期需要经常性灌溉，因此，一定要考虑水源，确保灌溉时的水源充足，有条件可以采用自动喷灌，以节约人力。再次，土壤的质地要疏松，保水能力强，且具有较好的透气性，这样的土壤有助于云南金花茶扦插后的生长。最后，扦插做床时，插床宽1m，长度不定，要注意留好过道，便于后期的管理，同时做好排水，避免雨季积水。如果是直接在苗床上进行扦插育苗，则首先需要对苗床进行全面深耕，深度在30cm左右，然后扦插前进行常规消毒和做床。如果是直接在营养袋中扦插，则对苗床的整地要求相对较低，重点在于扦插育苗基质的选择，参考种子育苗的基质即可。

3.2.3 扦插及管理

待苗床准备完毕后，便可以制作穗条。根据需要将其截断成长度合适的插穗，长度10cm左右。扦插前，需要用生根粉进行处理，促使其发根和提高扦插成活率。将制作好的穗条成捆放置于生根溶液中，根据市场上购买的生根粉，按产品说明书进行生根溶液的配置。扦插时，将穗条的1/3～1/2插入土壤，压实。扦插后，一个月左右会在切口处形成愈伤组织，然后长出不定根，一般60d左右就可以诱导出不定根，并萌发出新梢，如图3-2所示。

云南金花茶为喜阴植物，在野外条件下，均在林下分布，不耐寒。在扦插时，要避免强光、高温、脱水，特别是要避免高温高湿。扦插后，短时间内穗条无法形成根系，为了减少叶片水分蒸发，防止因失水过多而叶片脱落，最后死亡。因此，扦插育苗期间均需要进行遮阴、保湿等。为了给穗条的生根创造有利条件，扦插后的空气湿度可以保持在90%左右，并注意通风。在控水的过程中要特别注意，需保持较高的空气湿度，可以少量多次，不能对苗床大量浇水，避免高温高湿出现腐烂，土壤只要保持湿润即可。在穗条生根前，主要注意控温控水，不需施肥，待不定根形成后，可适当增加透气时间，待扦插苗适应外界环境后，可以适当地进行苗木施肥。

(a) 苗床扦插育苗

(b) 扦插苗萌发新梢

图3-2　云南金花茶扦插育苗

3.3　云南金花茶的组培繁育

3.3.1　材料与方法

3.3.1.1　材料

试验材料为云南金花茶，为云南省河口县种源。将收集的云南金花茶种植于西南林业大学智能温室大棚，待发出嫩枝后进行组织培养试验。

3.3.1.2 方法

（1）无菌体系的建立

以云南金花茶的无菌苗茎段和成年植株正在萌动的嫩茎段为外植体，将外植体先用洗洁精清洗表面2次，洗净表面的灰尘和杂质，再用自来水流水冲洗30min。在无菌条件下，使用75%的酒精浸泡30 s，倒出酒精，再用0.1%氯化汞浸泡10min，无菌水冲洗5次，用解剖刀切掉坏死的部分，使其露出新鲜的部位，接种于配制好的MS培养基上，基本培养基中均附加6-BA 2.0mg/L +IAA 0.1mg/L，每瓶培养基接种1～3个外植体，待幼苗高2～3 cm长出一对新叶时，取植株靠茎尖约1.5cm幼嫩带茎芽部分作为无菌外植体，将选取的外植体接种于新的培养基上，观察和记录外植体的污染情况以及生长状况。

无菌体系建立过程中，为了筛选适宜云南金花茶腋芽生长的基本培养基，采用单因素实验，培养基选用B5、ER、MS、White、WPM，上述基本培养基中均附加6-BA 2.0mg/L +IAA 0.1mg/L。将诱导萌发的腋芽切下，接种于上述不同培养基中，每个处理接种20瓶，每瓶接种2枚，重复3次。其间统计好萌发芽数及幼苗的生长情况，最终筛选出云南金花茶组织培养适宜的基本培养基。

（2）增殖配方的筛选

将选取好的外植体培养一段时间后，将外植体切成带2～3茎芽的茎段，接种到已经配置好的增殖培养基上，增殖培养基采用6-BA与IAA、TDZ与IAA的不同浓度进行正交试验，连同对照共19个处理，在培养过程中，观察其生长状况，40～50 d后调查其增殖系数，记录试验数据，增殖系数=增殖的新芽数/接入的外植体总数，详见表3-2和表3-3，其中表3-3是基于表3-2的试验结果之后再进行设计的。

表3-2　6-BA与KT组合对云南金花茶增殖的影响

处理	基本培养基	6-BA/（mg/L）	KT/（mg/L）	IAA/（mg/L）
1	MS	2.0	2	0
2	MS	2.0	2	0.05

续表

处理	基本培养基	6-BA/（mg/L）	KT/（mg/L）	IAA/（mg/L）
3	MS	2.0	2	0.1
4	WPM	2.0	2	0
5	WPM	2.0	2	0.05
6	WPM	2.0	2	0.1
CK	MS	0	0	0

表3-3 不同激素配比对云南金花茶腋芽增殖的影响

处理	基本培养基	6-BA/（mg/L）	TDZ/（mg/L）	IAA/（mg/L）
1	改良 WPM	1.0	0	0.1
2	改良 WPM	1.0	0	0.3
3	改良 WPM	1.0	0	0.5
4	改良 WPM	3.0	0	0.1
5	改良 WPM	3.0	0	0.3
6	改良 WPM	3.0	0	0.5
7	改良 WPM	5.0	0	0.1
8	改良 WPM	5.0	0	0.3
9	改良 WPM	5.0	0	0.5
10	改良 WPM	0	0.01	0.1
11	改良 WPM	0	0.01	0.3
12	改良 WPM	0	0.01	0.5
13	改良 WPM	0	0.05	0.1
14	改良 WPM	0	0.05	0.3
15	改良 WPM	0	0.05	0.5
16	改良 WPM	0	0.1	0.1
17	改良 WPM	0	0.1	0.3
18	改良 WPM	0	0.1	0.5

（3）生根配方的筛选

① 云南金花茶生根配方的初步筛选。增殖培养40～50d后，将丛生芽挑出，切取小芽接种到已经配置好的1/2MS生根培养基上，培养基中均添加不同浓度的激素。激素选用NAA（1.0mg/L、2.0mg/L、3.0mg/L）、IBA（0.1mg/L、0.3mg/L、0.5mg/L）的不同浓度进行配比，并设置对照组1个，共10个处理，在培养过程中，观察其生长状况，40～50 d后统计其生根率。

② 生根配方的进一步优化。在上阶段的生根配方筛选基础之上进一步开展生根配方的优化。云南金花茶组培苗生根的植物生长调节剂为IBA、NAA，其中，IBA浓度为1.0mg/L、2.0mg/L、3.0mg/L，NAA浓度为0.2mg/L、0.6mg/L、1.0mg/L，并设置1组空白对照，共10个处理，详见表3-4。所有处理均以1/2MS为基本培养基，添加蔗糖20g/L、琼脂4 g/L、活性炭0.2g/L，pH 5.6。选取最适培养基中生长状况一致的云南金花茶组培丛生芽，切取2.0～2.5cm大的丛生芽。每瓶培养基中接入10株，每个处理接12瓶，设3个重复，培养条件与丛生芽增殖条件相同。60d后进行数据采集统计处理，分析不同处理对云南金花茶组培苗生根的影响。

表3-4 云南金花茶组培苗生根的植物生长调节剂配比

处理号	IBA/（mg/L）	NAA/（mg/L）
1	1.0	0.2
2	1.0	0.6
3	1.0	1.0
4	2.0	0.2
5	2.0	0.6
6	2.0	1.0
7	3.0	0.2
8	3.0	0.6
9	3.0	1.0
10	0	0

（4）移栽炼苗

将云南金花茶组培生根苗在室内自然光下闭瓶炼苗7d，之后将生根苗从组培瓶中取出，用清水洗净培养基后移栽至红壤中。温度20～30℃，湿度≥90%，采用塑料棚保湿，并按组培苗炼苗的方法进行管护，60d后统计成活率。

（5）指标测定

① 根系形态指标测定。每个处理随机选取120株幼苗，统计其生根率、生根数、根尖数、根长、根鲜重、地上部分鲜重。

$$生根率=\frac{生根株数}{接种株数}\times100\%$$

$$根冠比=\frac{根鲜重（g）}{地上部分鲜重（g）}$$

② 成活率指标测定

$$成活率=\frac{成活株数}{移栽总株数}\times100\%$$

3.3.2 结果与分析

3.3.2.1 无菌体系的建立

（1）腋芽的诱导结果

根据云南金花茶枝条的幼嫩程度，确定外植体的消毒时间。以云南金花茶成年植株正在萌动的嫩茎段为外植体，在消毒过程中，如果外植体过于幼嫩或是消毒时间过长就会导致外植体的死亡，因此在消毒过程中要根据外植体的生长情况来对消毒时间进行微调，才能保证消毒效果和外植体的存活率达到最优。云南金花茶属于木本植物，比较容易污染，因此在接种过程中接种器械一定要灭菌彻底，操作一定要规范。例如，接种的镊子和解剖刀拿进超净工作台前先用酒精进行全面消毒，超净工作台要开启紫外灯灭菌30min以上，每接一个外植体就换一套工具，在接种时戴一次性手套，手一定不要经过接种盘和外植体的上方，防止被吹落的细菌落在接种盘和外植体上。在规范操作的情况下，无菌率可达到90%以上。用于分装云南金花茶的培养基的玻璃瓶要选用带有透气盖的玻璃瓶，如果使用的是没有透气盖的玻璃瓶，云南金花茶的外植体在生长大约两周后就会出现叶片黄化甚至死亡，如图3-3（a）所示。在正常情况下，外植体在大约两周后开始萌动，生长出的新芽显紫红色，三周左右的时间长出第一片叶子，生长大约30d后可进行继代培养，如图3-3（b）所示。

(a) 叶片黄化的芽

(b) 生长正常的芽

图3-3　云南金花茶外植体启动培养

（2）基本培养基的筛选结果

云南金花茶在不同的基本培养基中进行培养，不定芽诱导效果明显不同。由表3-5可知，经40d的培养，萌发芽数可达1.0～3.5，在WPM培养基中增殖芽数最高为3.5，增殖芽数最低的是ER培养基，为1.0，由此可以说明，不同的基本培养基类型对云南金花茶增殖效果有明显的差异。在MS和WPM培养基中，云南金花茶的平均增殖芽数无显著差异，均获得较好的增殖效果，说明MS和WPM都可以作为云南金花茶基本培养基，如图3-4所示。但是，结合苗的生长情况来看，在WPM培养基中苗的长势粗壮，浓绿，生长效果明显优于MS培养基。综上所述，云南金花茶组织培养最适合的基本培养基是WPM培养基。

表3-5　不同基本培养基对云南金花茶生长的影响

培养基种类	平均萌发芽数	生长情况	综合评定
B5	1.5　c	色黄白，芽细弱	差
ER	1.0　c	色黄白，芽细弱	差

续表

培养基种类	平均萌发芽数	生长情况	综合评定
MS	3.0　a	色较绿，芽较壮	良
White	2.0　b	色较绿，芽较壮	良
WPM	3.5　a	色浓绿，芽粗壮	优

注：表中同列相同字母表示差异不显著（$P>0.05$），不同字母差异显著（$P<0.05$）。下同。

(a) MS培养基

(b) WPM培养基

图 3-4　云南金花茶诱导腋芽生长情况

3.3.2.2　增殖配方的筛选

（1）分裂素6-BA与KT组合对云南金花茶增殖的影响

将驯化好的云南金花茶外植体切下单个芽，接种到已经配制好的MS和WPM培养基上进行培养，MS和WPM培养基附加不同浓度的6-苄氨基嘌呤（6-BA）、吲哚乙酸（IAA）、细胞分裂素（KT）、植物生长调节剂（TDZ），40d后统计结果，结果如下：由表3-6可知，当6-BA和KT浓度比例不变时，随着IAA浓度的增加，云南金花茶的增殖系数反而降低，说明当6-BA和KT的比例一定时，高浓度的IAA不利于云南金花茶的增殖。接种在WPM培养基上的云南金花茶增殖效果要优于MS培养基。表3-6中几个处理的增殖倍数最高的为4.33，但为了获得更高的增殖效果，于是在此基础上进行了进一步的配方筛选试验。

表3-6　6-BA与KT组合对云南金花茶增殖的影响

处理	基本培养基	6-BA /（mg/L）	KT /（mg/L）	IAA /（mg/L）	增殖系数	平均苗高 /cm
1	MS	2.0	2	0	3.83 ab	1.7
2	MS	2.0	2	0.05	3.43 b	2.2
3	MS	2.0	2	0.1	2.10 c	1.4
4	WPM	2.0	2	0	4.33 a	2.8
5	WPM	2.0	2	0.05	3.27 b	2.0
6	WPM	2.0	2	0.1	1.50 c	1.5
CK	MS	0	0	0	0 d	1.8

（2）分裂素6-BA、TDZ对云南金花茶增殖的影响

对于上一阶段云南金花茶增殖的试验结果，云南金花茶最高的增殖系数为4.33，对于工厂化生产来说，其增殖率仍然较低。因此，在此阶段，采用改良的WPM培养基附加不同浓度的6-苄氨基嘌呤（6-BA）、吲哚乙酸（IAA）、植物生长调节剂（TDZ）进行了尝试，结果见表3-7。从表3-7可知，IAA浓度为一定时，随着6-BA浓度的升高，增殖系数升高然后又降低，说明分裂素的浓度过高或过低都不利于云南金花茶的增殖，只有找到最合适的激素浓度才能达到最高的增殖系数，经过方差分析和多重比较，当6-BA的浓度达3.0mg/L时，差异较显著，云南金花茶的增殖系数最高，苗长得也最高。可知6-BA浓度为一定时，随着IAA浓度的升高，增殖系数升高然后又降低，从表3-7可知，当IAA的浓度达0.3mg/L时，云南金花茶的增殖系数最高，当IAA浓度为一定时，随着TDZ浓度的升高，增殖系数逐渐降低，当TDZ的浓度为0.05mg/L、0.1mg/L时，IAA的浓度对云南金花茶的增殖系数影响不大，差异也不显著。

综上所述，采用改良WPM+6-BA3.0mg/L+IAA0.3mg/L培养基使云南金花茶增殖系数达6.83，在该配方下的继代增殖苗生长情况如图3-5所示。

表3-7　不同激素配比对云南金花茶腋芽增殖的影响

处理	基本培养基	6-BA /（mg/L）	TDZ /（mg/L）	IAA /（mg/L）	增殖系数	平均苗高 /cm
1	改良 WPM	1.0	0	0.1	2.17 e	1.3

续表

处理	基本培养基	6-BA /（mg/L）	TDZ /（mg/L）	IAA /（mg/L）	增殖系数	平均苗高 /cm
2	改良 WPM	1.0	0	0.3	2.00 ef	3.2
3	改良 WPM	1.0	0	0.5	2.33 e	1.7
4	改良 WPM	3.0	0	0.1	4.33 c	2.7
5	改良 WPM	3.0	0	0.3	6.83 a	3.5
6	改良 WPM	3.0	0	0.5	2.50 de	2.5
7	改良 WPM	5.0	0	0.1	3.17 d	1.5
8	改良 WPM	5.0	0	0.3	4.33 c	1.6
9	改良 WPM	5.0	0	0.5	1.67 ef	1.1
10	改良 WPM	0	0.01	0.1	5.50 b	2.8
11	改良 WPM	0	0.01	0.3	4.50 bc	2.1
12	改良 WPM	0	0.01	0.5	2.83 de	1.5
13	改良 WPM	0	0.05	0.1	3.50 cd	3.3
14	改良 WPM	0	0.05	0.3	3.67 cd	1.6
15	改良 WPM	0	0.05	0.5	4.33 c	1.0
16	改良 WPM	0	0.1	0.1	2.17 e	2.0
17	改良 WPM	0	0.1	0.3	2.17 e	1.2
18	改良 WPM	0	0.1	0.5	1.67 ef	1.1

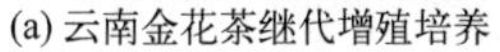

(a) 云南金花茶继代增殖培养

(b) 增殖后的丛生芽

图 3-5　云南金花茶增殖配方优化

3.3.2.3 生根配方的筛选及优化

（1）生根配方的初步筛选结果

通过增殖培养后，挑选长势一致、生长良好的云南金花茶接种到生根培养基上，生根培养基附加不同浓度的吲哚丁酸（IBA）、萘乙酸（NAA）、6-苄氨基嘌呤（6-BA）和植物生长调节剂（TDZ）。不同处理下的生根情况见表3-8，当NAA浓度一定时，随着IBA浓度的增大，云南金花茶的生根率呈现出先升后减的趋势；在IBA浓度为2.0mg/L时，生根率的效果最好，差异也较显著，生根率达到76%。因此认为IBA浓度为2.0mg/L时，云南金花茶试管苗的生根具有较好的效果，当IBA浓度为2.0mg/L和NAA的浓度为0.3mg/L时，云南金花茶的生根条数、生根率和长势效果最好，因此采用1/2MS+IBA2.0mg/L+NAA0.3mg/L+活性炭0.3g/L培养基能够使云南金花茶获得较好的生根效果，生根苗生长情况如图3-6所示。为了进一步提高云南金花茶组培苗的生根率，我们基于这个结果进行了下一步的生根配方的优化试验。

表3-8 不同生长素组合下的云南金花茶生根结果

IBA/（mg/L）	NAA/（mg/L）	活性炭/（g/L）	生根率/%
1.0	0.1	0.1	30.0 h
2.0	0.1	0.2	37.0 f
3.0	0.1	0.3	34.0 g
1.0	0.3	0.2	63.0 b
2.0	0.3	0.3	76.0 a
3.0	0.3	0.1	58.0 d
1.0	0.5	0.3	51.0 e
2.0	0.5	0.1	63.0 b
3.0	0.5	0.2	62.0 c
0.0	0	0.3	0 i

(a) 云南金花茶生根苗的侧面

(b) 云南金花茶生根苗的底部

(c) 生根配方测试

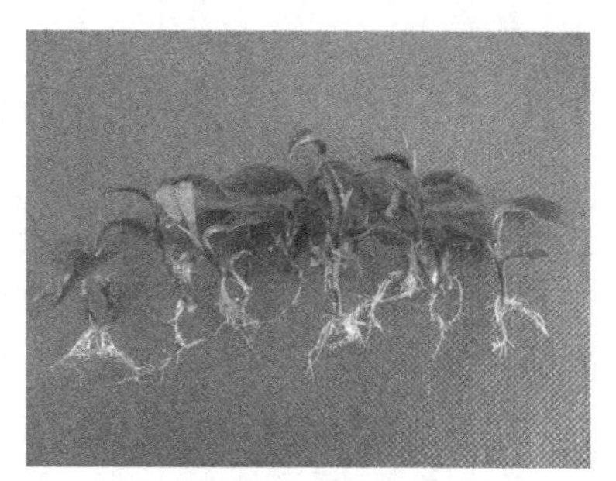

(d) 刚出瓶的云南金花茶生根苗

图3-6 云南金花茶生根配方筛选

（2）生根配方的进一步优化结果

不同浓度植物生长调节剂对云南金花茶组培苗生根的影响见表3-9。当不添加植物激素时，生根率仅为3.33%，添加生长素可显著提高组培苗的生根率，生根率介于27.50%～91.67%，其中处理3生根率最高，为91.67%，显著高于其他处理，部分处理的生根效果如图3-7所示。当IBA浓度不变时，随着NAA浓度增加，生根率呈上升趋势；当NAA浓度不变时，随着IBA浓度增加，生根率呈下降趋势，IBA浓度在1.0mg/L时，生根率最高。生根数最多的为处理8，为3.4条；处理4根尖数最多，为13.0个；处理10根尖数最少，仅0.8个。根冠比在处理8中最大，为0.1594；在处理10中最小，仅为0.0343。处理4中平均根长最长，为14.58mm；其次为处理2，长12.27mm，处理10的平均根长仅为1.20mm。在各项指标中，处理3生根率最高，处理4中根尖数和平均根长均为最大，而处理8中生根数和根冠比达到最大值。从生根率考虑，处理3即添加1.0mg/L IBA和1.0mg/L NAA最适合云南金花茶组培苗生根。后期观察发现，处理3中组培苗生根数、根长均有增加。

表3-9 不同浓度植物生长调节剂对组培苗生根的影响

处理	生根率 /%	生根数	根尖数	根冠比	平均根长 /mm
1	37.50±0.000 d	1.4±0.245 ab	2.2±0.3742 de	0.0369±0.0048 e	5.21±0.710 bc
2	84.17±0.008 b	2.0±0.316 ab	8.8±1.3191 ab	0.0541±0.0052 de	12.27±0.383 a
3	91.67±0.008 a	3.2±0.970 a	4.8±1.3928 bcde	0.0819±0.0300 bcde	5.31±0.931 bc
4	27.50±0.014 e	2.2±0.490 ab	13.0±4.6476 a	0.1010±0.0183 abcd	14.58±5.022 a
5	87.50±0.000 b	2.6±0.600 ab	7.2±1.1576 bcd	0.1501±0.0295 a	9.47±1.248 ab
6	79.17±0.022 c	3.0±0.860 a	3.2±1.2000 bcde	0.0670±0.0122 cde	2.52±0.517 c
7	29.17±0.008 e	3.2±0.860 a	8.4±1.9900 abc	0.1322±0.0219 ab	5.88±1.071 bc
8	80.00±0.025 c	3.4±0.678 a	6.8±1.200 bcd	0.1594±0.0274 a	4.63±0.435 bc
9	79.17±0.008 c	2.6±0.400 ab	2.6±0.4000 cde	0.1236±0.0093 abc	4.36±0.466 bc
10	3.33±0.008 f	0.8±0.200 b	0.8±0.2000 e	0.0343±0.0090 e	1.20±0.374 c

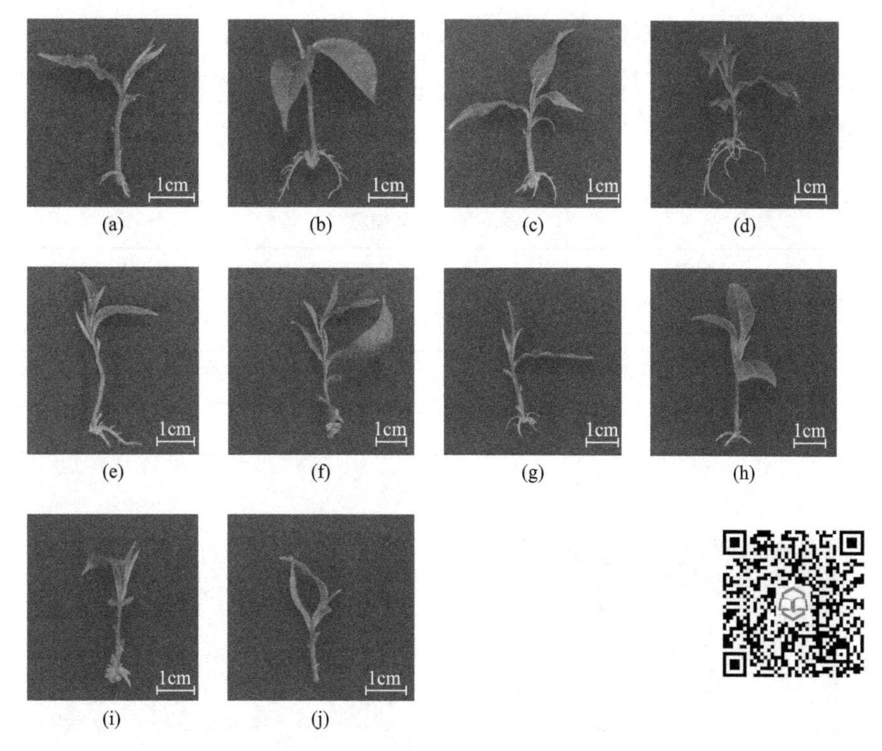

图 3-7　云南金花茶 60d 生根情况

注：（a）～（j）分别代表处理 1 ～ 10。

（3）云南金花茶生根苗的移栽

云南金花茶已生根的试管苗，虽然是一株完整植株，但由于长期处在一个高湿、恒温、营养丰富的培养环境中，在生根初期还无法具备完全自养的能力。特别是生理特性和组织结构仍然与大田植株差别较大，如叶片的栅栏组织发育不完善，气孔开度大，存在排水孔，易失水，加之茎的输导系统发育不完善，移栽时极易出现水分失去平衡，使细胞失去膨压，造成组培苗萎蔫或死亡。

采用3种移栽基质，分别为红土：腐质土（体积比）=2：1，全红壤和全腐质土（表3-10）。生根的小苗移栽前先在室内自然光下培养7～10d，然后再取出生根苗，洗净根部周围的培养基，之后移栽到消过毒的基质中。最后，就是管理方面，移栽后的前半个月是最关键的时期，外界环境因子的变化要做到循序渐进；空气相对湿度保持在70%～80%，温度在20～30℃，一个月后小苗基本适应外界环境。试验结果见表3-10。移栽60d后，云南金花茶生根苗的成活率达90%，120d后长势较好、根系发达，如图3-8所示，可进行叶面肥喷施。

表3-10　移栽情况

基质	成活率/%	生长情况
红壤	93	一般
红土：腐质土（体积比）=2：1	95	较好
腐质土	55	较好

(a) 移栽成活的袋苗　(b) 移栽成活后的裸根苗　(c) 批量化移栽炼苗

图3-8　云南金花茶移栽炼苗（120d）

3.3.3　讨论与结论

3.3.3.1　讨论

（1）无菌体系建立

外植体消毒是植物组织培养体系能否建立的关键环节，尤其是以木本植物的茎段为外植体建立无菌体系相对困难（姬惜珠等，2005；黄烈健等，2016；高洁等，2019）。外植体材料的选择也是消毒处理及后续培养的关键，新鲜幼嫩的外植体材料受到的污染少，且具有较强的活力和分生能力，易于消毒处理和诱导培养。研究人员为了排除外界环境对外植体材料消毒的影响，多采取幼嫩材料，或将材料带回栽种，将材料进行扦插或水培，使其萌发新枝后采取作为外植体（陈志辉等，2010；黄烈健等，2016）。本试验也采用相似的方法，将小植株引种在温室大棚内培养，待其长出幼嫩枝条后采下作为外植体，事实证明，这样可以大大降低污染率。

在云南金花茶消毒处理预试验中发现，在一定范围内，消毒时间越长，消毒效果越好，但材料的活力越弱；相反，消毒时间越短，材料破坏越少，活力越强，消毒效果越差。金花茶以茎段为外植体的消毒相对较难，研究者大多采用了分段灭菌的方法，消毒效果较好（林莉，2005；杨舒婷等，2013）。林莉（2005）以成年植株嫩梢为外植体进行消毒处理建立无菌体系，结果发现，最佳消毒处理方法为，先70%酒精浸泡45s、0.1%升汞消毒2～3min后，用无菌水冲洗3次，再用0.1%升汞处理8～9min，最后用无菌水冲洗4～5次，茎段的污染率低，存活率高。王友生（2013）研究表明，显脉金花茶3月份采集的带芽茎段比较容易消毒，其最佳消毒方法为，先用75%酒精消毒处理20s后，再用0.1%升汞浸泡处理9min，污染率为16.3%。本试验以云南金花茶幼嫩茎段为外植体，用75%酒精消毒10s后，再用0.1%升汞消毒10min，获得了较低的污染率（15%），以及较高的腋芽萌发率（90%）。与其他研究结果相比，获得了更好的消毒效果，也可能是由于植株在温室大棚中培养，萌发的枝条受外界环境污染影响较小。

基本培养基对植株组织培养体系的建立尤其重要，适宜的基本培养基对植物组织培养过程中腋芽诱导、分化培养、增殖培养和生根培养均有促进作用。对于木本植物组织培养选用MS和WPM培养基作为基本培养基更加适宜（张红晓和经剑颖，2003；张法勇等，2005；曹昆等，2008）。据报道，在金花茶组织培养研究中学者们就多以MS和WPM为基本培养（廖汉刃等，1987；林莉，2005；黄小荣，2005；翁浩，2013；杨舒婷等，2013；王友生，2013；洪永辉等，2016；黄昌艳等，2016；李桂娥等，2017；林茂等，2017），但也有学者以ER作为适宜培养基，对7种金花茶种子、成年树茎尖进行组织培养研究（颜慕勤和陈平，1988）。因此，本试验用MS、WPM、ER、White、B5五种培养基来筛选适宜云南金花茶组织培养的基本培养，试验结果表明，WPM培养基最适合作为云南金花茶培养的基本培养基，在WPM培养基中，云南金花茶组培苗的生长效果明显优于其他四种培养基，这与王友生（2013）的研究结果相一致。与其他学者的研究结果不一致的原因可能是材料之间的差异导致的。

（2）增殖培养

离体快繁技术体系的建立，首先取决于基本培养基的筛选，而合理的外源生长调节剂配比是组织培养技术的关键。通常，可根据培养目的来确定外源生长调节剂的种类和浓度。王冬梅（1996）、梁一池（2002）等学者指出：要促进丛生芽的形成，应该加大细胞分裂素与生长素的浓度配比，但外源生长调节剂的浓度也不宜过高；进行壮苗培养时，则要增大生长素，降低细胞分裂素浓度。在本试验中，也证实了该理论，当增加分裂素浓度后可以提高增殖效果，但当分裂素浓度过高时，云南金花茶增殖苗就会出现严重的玻璃化现象；在再次继代培养时，适当地降低分裂素浓度、增大生长素浓度获得较好的壮苗效果。

在增殖培养预试验过程中，设计了不同分裂素（6-BA，TDZ）浓度配比，不同的外源生长调节剂组合对芽苗的增殖效果不同，特别是在预试验中发现，在培养基中添加NAA后，云南金花茶的生长较差，这与廖汉刃等（1987）、林莉（2005）的研究结果一致。近年来，对金花茶增殖培养的报道较多。王友生（2013）对显脉金花茶的增殖培养进行了研究，在增殖培养中以带芽茎段作为增殖材料，获得最佳增殖培养基为改良WPM+6-BA 5.0mg/L+NAA 0.05mg/L，其增殖系数高达5.13，芽苗生长健壮，叶形正常，叶色浓绿。黄昌艳等（2016）研究发现，将初始继代培养中获得的胚乳和胚芽切掉顶芽及部分胚乳，剩余部分接入继代培养基中，在继代培养基MS+6-BA 3.0mg/L中增殖效果较好，并产生大量侧芽，增殖系数达3.79。洪永辉等（2016）将防城金花茶诱导获得的不定芽单个切下，接种到MS+6-BA 5.0mg/L+NAA 0.02mg/L培养基得到最佳增殖效果，增殖系数达2.6。李桂娥等（2017）以诱导培养获得的金花茶无菌苗茎段为材料进行继代增殖培养基筛选，结果表明，在培养基改良MS+6-BA 1.0mg/L+KT 1.0mg/L+IBA 1.5mg/L+ 蔗糖4% 中增殖获得有效苗最多，增殖系数为4.2，生长健壮。本试验以云南金花茶的芽苗为材料，选用WPM、MS为基本培养基进行增殖培养，结果表明，WPM+6-BA 3.0mg/L+IAA 0.3mg/L为云南金花茶最佳增殖培养基，增值系数为6.83，平均苗高3.5cm，苗粗壮、长势好。结果也再次验证了WPM培养基更适合于云南金花茶的培养。所用培养配方与学者们的研究结果有所差异，经过验证分析，可能是试验材料的取材部位和材料不同导致的。

（3）生根的影响因素

组培苗生根困难是建立快繁体系常遇到的难题，也是组培苗能否移栽成活的关键。生长素在生根诱导过程中起着重要的作用（Quambusch et al，2017），其种类和浓度直接影响根系形态的发生，促进不定根的发生，影响根系形态的建成，显著提高生根率（He et al，2018）。NAA和IBA是组培生根过程中最常用的生长素。外源NAA进入植物体后促进细胞分裂和伸长，从而促进侧根形成和根系生长。外源IBA进入植物体后进一步转化为IAA，同时刺激IAA的极性运输，促进根原基的产生（Tarit et al，2011）。两种生长素组合使用有利于组培苗的生根。试验中，添加NAA和IBA可显著促进云南金花茶组培苗生根，NAA和IBA浓度为1.0mg/L时，生根率最高，为91.67%。防城金花茶在附加0.5mg/L IBA、0.2mg/L NAA的培养基中生根质量最好，生根率为88%（洪永辉等，2016）。林莉（2005）研究认为，2 cm左右的金花茶组培苗在附加4mg/L或6mg/L NAA的1/2MS培养基上生根培养效果最好。‘黄樽’薄叶金花茶在附加0.5～1.0mg/L ABT和0.5～1.0mg/L IBA的1/2 B5培养基中生根率仅为41.1%～42.2%，而无糖的河沙蛭石基质可以显著诱导生根，生根率达84.4%（吴丽君等，2021）。

（4）提高云南金花茶组培苗移栽成活率的措施

① 提高组培苗的生根质量。为了解决云南金花茶组培生根苗质量不高的问题，采用了多种措施相结合的方式对生根效果进行改良。对于云南金花茶生根率不高的问题，首先，将用来生根的云南金花茶增殖苗适当延长培养时间，使增殖时积累的分裂素得到有效释放。其次，在使用单一生长素生根效果不理想的情况下，采用两种生长素进行组合，利用正交试验进行不断优化，从最初70%左右的生根率，最后提高到90%以上。而针对生根过程中生根苗基部产生愈伤组织的情况，通过添加适量的活性炭，以及配合生长素浓度的调整，使基部的愈伤组织得到有效抑制。通过以上多种措施的组合改良，使云南金花茶生根试管苗的质量得以大大提高，为后期的移栽成活奠定了基础。

② 提高生根苗的木质化程度。生根苗的木质化问题相对于生根质量问题，则相对较容易解决，一般通过改变组培苗的培养环境或延长培养时间，即可达到一个有效提高木质化的效果。为了提高云南金花茶生根苗的木质化程度，其主要改进措施：在云南金花茶生根苗接种培养一段时间后，当大部分组培苗基部形成根点，即将生根中的组培苗移出培养室，放置在室内自然散射光下培养。由于昆明的气候环境相对比较温暖，没有极端气候出现，因

此不需要进行控温，这也为生根苗的锻炼提供一个较好的环境。室外培养20d左右，其生根率还可进一步提高，同时节省生根后再进行加光炼苗的培养时间，此时生根苗的木质化程度也得以提高，有利于下一阶段的组培苗移栽。

③ 移栽过程中的注意事项。首先，要注意基质的选择，由于云南金花茶生长的环境偏酸性，因此炼苗基质也宜选择略带酸性的基质，可以采用新鲜的红土，不加或添加少量的腐质土。其次，在管理方面，移栽后的前半个月是最关键的时期，特别要注意保持较高的空气相对湿度，并避免基质中积水。外界环境因子的变化要做到循序渐进，从而使组培苗达到一个完全适应外界环境的状态，便可进入正常化的管理。最后，要注意病虫害的防治，其中以茎枯病作为防治的重点，发病初期可用多菌灵或代森锰锌交替使用，进行防治。

3.3.3.2 结论

① 无菌体系的建立，应选用云南金花茶的嫩茎，先用75%的酒精浸泡30s，倒出酒精，再用0.1%氯化汞浸泡10min即可达到较好的消毒结果；云南金花茶宜选用WPM培养基作为云南金花茶组培的基本培养基。

② 云南金花茶增殖的最佳配方：改良WPM+6-BA3.0mg/L+IAA0.3mg/L，增殖系数可达6.83倍。

③ 当IBA浓度不变时，不定芽随着NAA浓度增加，生根率呈上升趋势。在1/2MS+1.0mg/L IBA+1.0mg/L NAA+AC 0.2g/L+蔗糖20g/L+琼脂4g/L中生根率最高。将生根苗移栽至红壤中，60d后成活率达90%。

第 4 章

云南金花茶丛生芽转录组及与代谢组分析

4.1 不同营养组分对云南金花茶丛生芽生长的影响

4.1.1 材料与方法

4.1.1.1 材料

以MS+6-BA 2mg/L+KT 1mg/L+IAA 0.05mg/L+琼脂4g/L+蔗糖40 g/L，pH 5.8的培养基上培养了40 d的云南金花茶组培丛生芽为试验材料。所有材料均培养在西南林业大学云南生物多样性研究院组培室，温度（23±2）℃，光强度2000lx，每日黑暗12 h，光照12 h。

4.1.1.2 方法

（1）不同营养组分对云南金花茶丛生芽生长的影响

以MS为基本培养基，微量元素、有机四样、铁盐、肌醇、蔗糖、琼脂均同MS，附加2mg/L 6-BA、1mg/L KT、0.05mg/L IAA，灭菌前pH值调至5.8，121℃下高压蒸气灭菌20min。大量元素按照$L_{16}(4^5)$正交设计（表4-1），5种大量元素各设4水平：KNO_3（237，475，950，1900mg/L）、NH_4NO_3（206，412，825，1650mg/L）、$MgSO_4 \cdot 7H_2O$（46，92，185，370mg/L）、KH_2PO_4（21，42，85，170mg/L）、$CaCl_2 \cdot 2H_2O$（55，110，220，440mg/L）（表4-2）。选取生长状况一致的云南金花茶组培丛生芽，切取1.0～1.5 cm大的丛生芽。每瓶培养基中接入15株，每个处理接12瓶，设3个重复。60d后进行数据采集统计处理，分析不同营养组分对云南金花茶丛生芽的影响。

表4-1 $L_{16}(4^5)$ 正交试验设计

试验号	A-硝酸钾	B-硝酸铵	C-硫酸镁	D-磷酸二氢钾	E-$CaCl_2 \cdot 2H_2O$	处理组合	大量元素/（mg/L）				
							硝酸钾	硝酸铵	硫酸镁	磷酸二氢钾	$CaCl_2 \cdot 2H_2O$
1	1	1	1	1	1	$A_1B_1C_1D_1E_1$	237	206	46	21	55
2	1	2	2	2	2	$A_1B_2C_2D_2E_2$	237	412	92	42	110
3	1	3	3	3	3	$A_1B_3C_3D_3E_3$	237	825	185	85	220
4	1	4	4	4	4	$A_1B_4C_4D_4E_4$	237	1650	370	170	440
5	2	1	2	3	4	$A_2B_1C_2D_3E_4$	475	206	92	85	440
6	2	2	1	4	3	$A_2B_2C_1D_4E_4$	475	412	46	170	220
7	2	3	4	1	2	$A_2B_3C_4D_1E_2$	475	825	370	21	110
8	2	4	3	2	1	$A_2B_4C_3D_2E_1$	475	1650	185	42	55
9	3	1	3	4	2	$A_3B_1C_3D_4E_2$	950	206	185	170	110
10	3	2	4	3	1	$A_3B_2C_4D_3E_1$	950	412	370	85	55
11	3	3	1	2	4	$A_3B_3C_1D_2E_4$	950	825	46	42	440
12	3	4	2	1	3	$A_3B_4C_2D_1E_3$	950	1650	92	21	220
13	4	1	4	2	3	$A_4B_1C_4D_2E_3$	1900	206	370	42	220
14	4	2	3	1	4	$A_4B_2C_3D_1E_4$	1900	412	185	21	440
15	4	3	2	4	1	$A_4B_3C_2D_4E_1$	1900	825	92	170	55
16	4	4	1	3	2	$A_4B_4C_1D_3E_2$	1900	1650	46	85	110

表4-2　实验因素水平

因素水平	KNO_3 /（mg/L）	NH_4NO_3 /（mg/L）	KH_2PO_4 /（mg/L）	$CaCl_2 \cdot 2H_2O$ /（mg/L）	$MgSO_4 \cdot 7H_2O$ /（mg/L）
1	237	206	21	55	46
2	475	412	42	110	92
3	950	825	85	220	185
4	1900	1650	170	440	370

（2）激素含量测定

前期观察发现，云南金花茶增殖苗在1～20d以增殖为主，20～40d以高生长为主。试验切取1.0～1.5cm长的云南金花茶丛生芽接种至上述培养基中，接种1d、20d、40d后进行取样（表4-3，图4-1），液氮速冻后放入-80℃冰箱备用，共采集9个样品，每个时期样本重复3次。激素水平分析由苏州帕诺米克生物医药科技有限公司完成。

表4-3　采样信息

采集时间	植物激素样品编号		
1 d	CF1_1	CF1_2	CF1_3
20 d	CF20_1	CF20_2	CF20_3
40 d	CF40_1	CF40_2	CF40_3

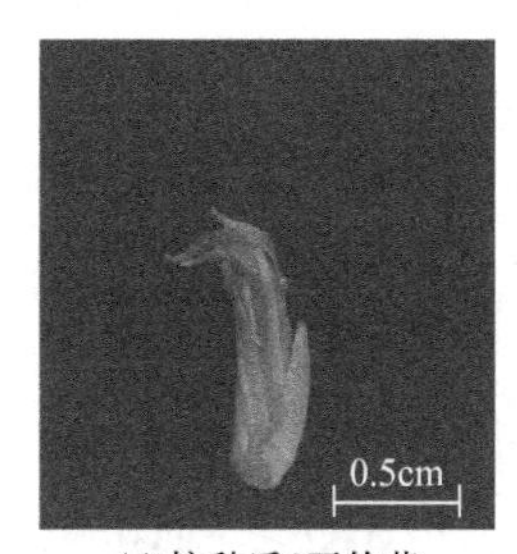

(a) 接种后1天的芽

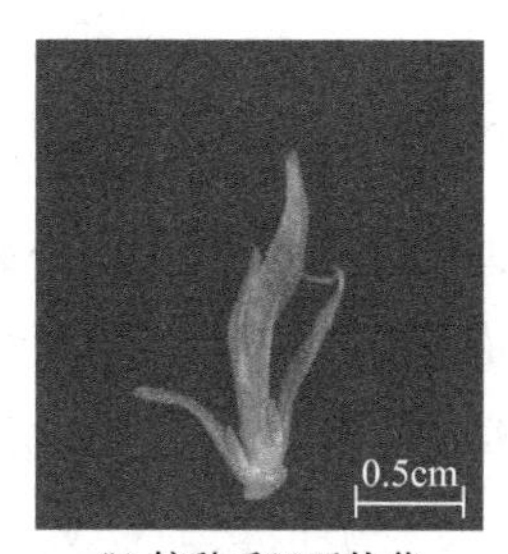

(b) 接种后20天的芽

(c) 接种后40天的芽

图4-1　三个生长时期生长情况

称取40mg样品于2mL棕色离心管中，准确加入1mL甲醇和混合内标储备液，混匀后超声10min，转入金属浴中振荡提取4h，12000rpm 4℃离心10min，离心后取全部上清液，向剩余残渣中加入0.5mL甲醇继续使用金属浴振荡提取2h，合并两次提取的提取液，离心后使用0.22μm滤膜过滤，置于进样瓶，用于LC-MS/MS分析。分析条件如下。

色谱条件：ExionLC超高效液相系统（AB Sciex，USA）采用ACQUITY UPLC®CSH C18色谱柱（2.1×150mm，1.7μm，美国Waters公司），进样量为2μL，柱温40℃，流动相A-2mmol/L甲酸铵含0.05%甲酸水，B-0.05%甲酸甲醇。梯度洗脱条件为0～2min，10% B；2～4min，10% ～30% B；4～19min，30%～95% B；19～19.10min，95% ～10% B；19.10～22min，10% B。流速0.25mL/min。

质谱条件：AB SCIEX 6500+ Qtrap质谱仪（美国AB Sciex公司），采用多重反应监测（MRM）进行扫描，电喷雾电离（ESI）源。正离子模式下质谱电压4500 V，离子源温度400℃，气帘气40psi[1]，雾化气为40 psi和辅助气为25psi，这些参数与负离子模式一致的，除了负离子模式下质谱电压–4500V。每个色谱峰的峰面积代表相应激素的相对含量，绘制了不同激素的标准曲线。最后，利用标准曲线的线性方程，得到所有样品中激素的绝对定量含量。

（3）数据分析

试验相关数据采用Excel 2010进行统计，SPSS 20.0进行差异显著性分析（P=0.05），Origin 2021进行作图。

4.1.2 结果与分析

4.1.2.1 不同营养组分对云南金花茶丛生芽的影响

$L_{16}(4^5)$正交设计研究大量元素对云南金花茶丛生芽增殖影响结果见表4-4。从表4-4中可知，云南金花茶丛生芽增殖倍数介于1.52～4.87。处理16增殖倍数为4.87，显著高于其他处理。由表4-5极差分析结果显示，在丛生芽增殖方面5因素所起作用的大小依次为：$MgSO_4 \cdot 7H_2O$＞KH_2PO_4＞$CaCl_2 \cdot 2H_2O$＞NH_4NO_3＞KNO_3，与表4-6方差分析结果一致，表明$MgSO_4 \cdot 7H_2O$在丛生芽增殖方面起主导作用，KNO_3的作用最小。最佳理论

[1] 1psi=6.895kPa。

优水平组合为$A_3B_3C_1D_3E_1$与实际试验最高组合$A_4B_4C_1D_3E_2$不一致，可能是因素水平的交互作用和正交设计为不完全实验两方面原因导致的。KH_2PO_4在21～85mg/L范围内，丛生芽增殖倍数随着浓度增加而增加；KNO_3在237～950mg/L浓度范围内，随着浓度升高云南金花茶丛生芽增殖倍数增加；$CaCl_2 \cdot 2H_2O$在55～440mg/L浓度范围内，从生芽增殖倍数随浓度增加而下降；$MgSO_4 \cdot 7H_2O$在46～370mg/L范围内，丛生芽增殖倍数随着浓度升高而降低，浓度为46mg/L时增殖倍数最大；NH_4NO_3在浓度为825mg/L时增殖倍数最大。

此外，株高是苗木生长状况的关键判断因子之一。由表4-4可知，处理4的丛生芽最高，为22.92mm；处理14最矮，仅为18.58mm。由表4-5极差分析结果显示，在丛生芽高生长方面5因素所起作用的大小依次为：KH_2PO_4 > NH_4NO_3 > $MgSO_4 \cdot 7H_2O$ > $CaCl_2 \cdot 2H_2O$ > KNO_3，与表4-6方差分析的结果吻合，5因素中KH_2PO_4的极差最大，表明KH_2PO_4对丛生芽高生长起主导作用，NH_4NO_3次之，KNO_3作用最小。最佳理论优水平组合为$A_4B_4C_4D_4E_2$与实际最高组合$A_1B_4C_4D_4E_4$不一致。处理6丛生芽鲜重最重，为0.0322 g，处理12丛生芽最轻，仅为0.0121 g。极差分析显示，在丛生芽鲜重增长方面5因素所起作用的大小依次为：$MgSO_4 \cdot 7H_2O$ > KH_2PO_4/KNO_3 > NH_4NO_3/$CaCl_2 \cdot 2H_2O$，与方差分析结果一致，$MgSO_4 \cdot 7H_2O$在从生芽鲜重增长方面起主导作用，$CaCl_2 \cdot 2H_2O$和NH_4NO_3的作用最小。理论优水平组合$A_2B_2C_1D_4E_{1/3}$与实际丛生芽鲜重最大的处理组合$A_2B_2C_1D_4E_3$相一致。

表4-4 大量元素组分对云南金花茶丛生芽的影响

处理	株高 /mm	鲜重 /g	增殖倍数
1	19.33±0.29 fg	0.0177±0.0045 ab	3.92±0.12 efg
2	20.18±0.26 def	0.0134±0.0036 b	2.51±0.08 j
3	19.23±0.27 fg	0.0156±0.0040 b	4.56±0.13 b
4	22.92±0.43 a	0.0153±0.0045 b	2.30±0.09 jk
5	19.74±0.34 ef	0.0150±0.0045 b	2.46±0.08 jk
6	21.62±0.35 bc	0.0322±0.0062 a	4.01±0.14 def
7	20.20±0.36 def	0.0131±0.0035 b	3.62±0.12 gh

续表

处理	株高 /mm	鲜重 /g	增殖倍数
8	20.44±0.33 de	0.0218±0.0050 ab	3.73±0.14 fgh
9	21.01±0.27 cd	0.0119±0.0042 b	4.36±0.12 bc
10	20.01±0.37 def	0.0178±0.0049 ab	4.30±0.12 bcd
11	19.21±0.27 fg	0.0180±0.0043 ab	4.19±0.11 cde
12	19.33±0.32 fg	0.0121±0.0041 b	1.52±0.09 l
13	20.11±0.30 def	0.0167±0.0045 b	2.98±0.10 i
14	18.58±0.23 g	0.0125±0.0038 b	2.14±0.09 k
15	21.78±0.33 bc	0.0203±0.0053 ab	3.54±0.10 h
16	22.32±0.32 ab	0.0231±0.0059 ab	4.87±0.11 a

注：表中不同小写字母表示不同处理间差异显著（$P<0.05$）。

表4-5 大量元素组分对云南金花茶丛生芽的极差分析

指标	株高 /mm					鲜重 /g					增殖倍数				
	A	B	C	D	E	A	B	C	D	E	A	B	C	D	E
X1	20.415	20.048	20.621	19.359	20.389	0.016	0.015	0.023	0.014	0.019	3.322	3.437	4.248	2.800	3.870
X2	20.499	20.094	20.257	19.987	20.927	0.021	0.019	0.015	0.017	0.015	3.456	3.241	2.507	3.352	3.848
X3	19.889	20.106	19.814	20.327	20.074	0.015	0.017	0.015	0.018	0.019	3.600	3.978	3.704	4.044	3.267
X4	20.698	21.254	20.809	21.829	20.112	0.018	0.018	0.016	0.020	0.015	3.381	3.104	3.300	3.563	2.774
R	0.809	1.206	0.995	2.47	0.853	0.006	0.004	0.007	0.006	0.004	0.278	0.874	1.741	1.244	1.096
优水平	A_4	B_4	C_4	D_4	E_2	A_2	B_2	C_1	D_4	$E_{1/3}$	A_3	B_3	C_1	D_3	E_1
主次顺序	D＞B＞C＞E＞A					C＞A=D＞B=E					C＞D＞E＞B＞A				
理论优水平组合	$A_4B_4C_4D_4E_2$					$A_2B_2C_1D_4E_{1/3}$					$A_3B_3C_1D_3E_1$				
实际试验最高组合	$A_1B_4C_4D_4E_4$					$A_2B_2C_1D_4E_3$					$A_4B_4C_1D_3E_2$				

表4-6 不同大量元素组分下云南金花茶丛生芽方差分析

反应变量	方差来源	平方和	自由度	均方差	F 值	概率
株高	KNO_3	192.790	3	64.263	4.675	0.003
	NH_4NO_3	556.368	3	185.456	13.493	1.010E-08
	$MgSO_4 \cdot 7H_2O$	312.037	3	104.012	7.567	4.922E-05
	KH_2PO_4	1781.858	3	593.953	43.212	4.141E-27
	$CaCl_2 \cdot 2H_2O$	250.697	3	83.566	6.080	0.0004
	误差	29469.470	2144	13.745	—	—
鲜重	KNO_3	0.011	3	0.004	1.242	0.293
	NH_4NO_3	0.004	3	0.001	0.487	0.692
	$MgSO_4 \cdot 7H_2O$	0.021	3	0.007	2.491	0.059
	KH_2PO_4	0.010	3	0.003	1.196	0.310
	$CaCl_2 \cdot 2H_2O$	0.009	3	0.003	1.002	0.391
	误差	6.158	2144	0.003	—	—
增殖倍数	KNO_3	23.294	3	7.765	4.785	0.003
	NH_4NO_3	238.687	3	79.562	49.029	1.211E-30
	$MgSO_4 \cdot 7H_2O$	870.465	3	290.155	178.802	1.825E-103
	KH_2PO_4	430.835	3	143.612	88.498	5.484E-54
	$CaCl_2 \cdot 2H_2O$	445.665	3	148.555	91.544	9.619E-56
	误差	3479.230	2144	1.623	—	—

不同处理中云南金花茶丛生芽生长状况如图4-2所示，处理1、2、3、4、5、7、9和10中丛生芽叶片变红，处理2、4、5、6、7、9、10、13和14中丛生芽叶片边缘有愈伤组织产生，处理2、5和7生长状态较差，部分叶片枯萎。

综上所述，云南金花茶丛生芽增殖较适宜的培养基为1900mg/L KNO_3+1650mg/L NH_4NO_3+46mg/L $MgSO_4 \cdot 7H_2O$+85mg/L KH_2PO_4+110mg/L $CaCl_2 \cdot 2H_2O$。

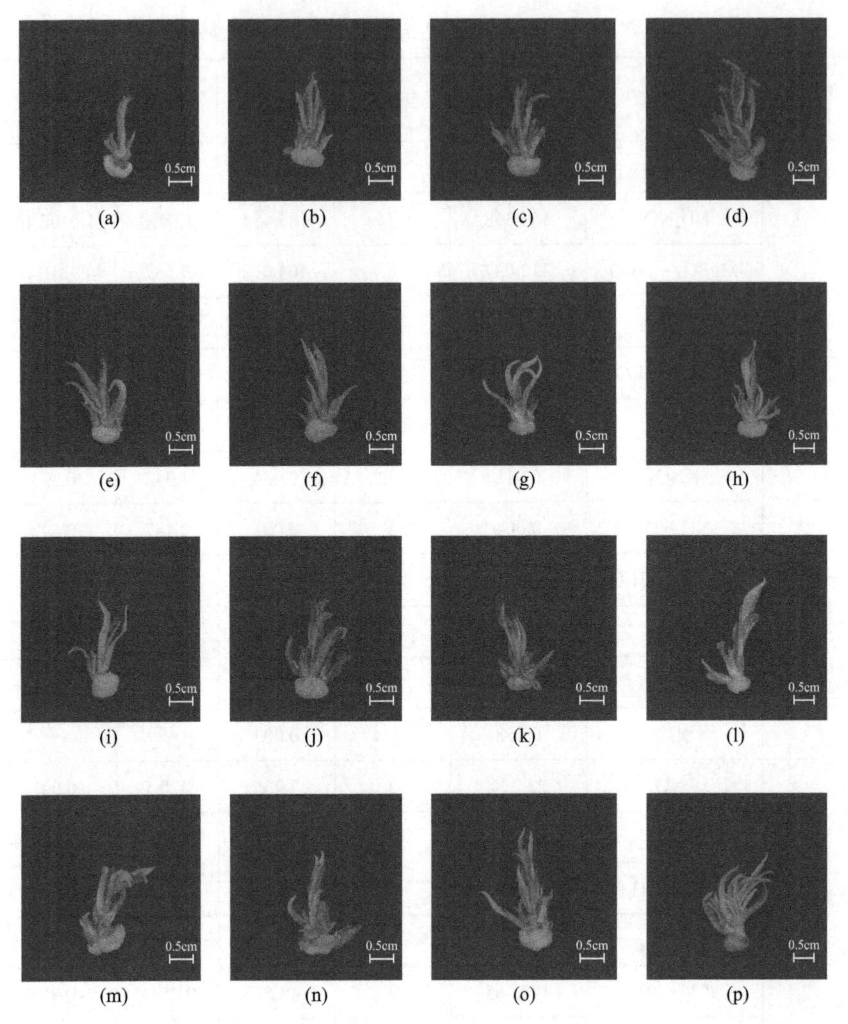

图 4-2　不同处理中 60d 云南金花茶丛生芽增殖情况

（a）～（p）分别代表处理 1 ～ 16

4.1.2.2　云南金花茶丛生芽的激素水平分析

利用LC-MS/MS检测了云南金花茶3个生长阶段激素的水平。检测到包括生长素类（IAA、Me-IAA、ICA、ICAld）、细胞分裂素（6-BA、IP、KT）、赤霉素（GA19）、脱落酸（ABA）、茉莉酸类（JA、JA-Ile）和水杨酸（SA）等6类植物激素，如图4-3（a）所示。SA在整个生长阶段保持着一个较高的水平，Me-IAA和IP的表达量较低，而且未检测到TZ。SA、IP和JA-Ile在三个生长阶段差异不显著（$P > 0.05$）。不同生长阶段中生长素差异显著（$P < 0.05$），IAA是植物中生长素的主要活性形式，定量结果表明，在云南金花茶丛生芽中呈下降趋势，说明IAA浓度的降低是云南金花茶丛生芽激活转变的必要条件。细胞分裂素6-BA和KT在不同阶段差异显著（$P < 0.05$），IP差异不显著。6-BA和KT随丛生芽生长发育含量开始下降，推测外源添加的细胞分裂素能被丛生芽快速吸收，从而响应植物生长发育。GA19呈先上升后下降的趋势，存在显著差异（$P < 0.05$）。ABA、JA和JA-Ile含量呈先下降后上升的趋势。为了确定生长素和细胞分裂素之间的相互作用，比较了不同时期中IAA/6-BA和IAA/KT的比值。结果表明，生长素和细胞分裂素比值小于1，IAA/6-BA比值先下降后上升，如图4-3（b）所示，IAA/KT比值呈上升趋势，如图4-3（c）所示。

综上，在云南金花茶丛生芽生长和发育过程中，CKs表达量逐渐下降，ABA和JA表达量整体先下降后升高，GA和SA整体表达量先升高后降低，Auxin（生长素）在整个丛生芽生长发育过程中具有不同的表达模式。

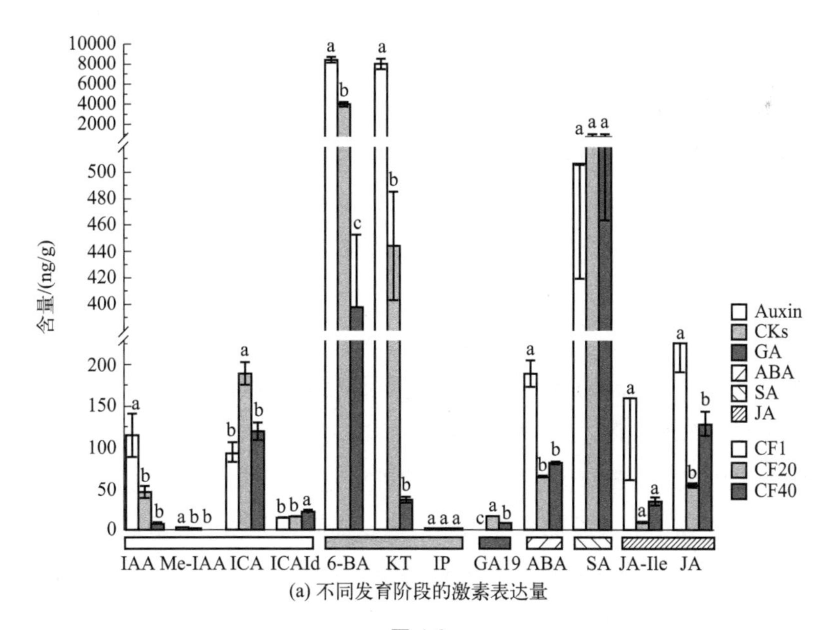

(a) 不同发育阶段的激素表达量

图 4-3

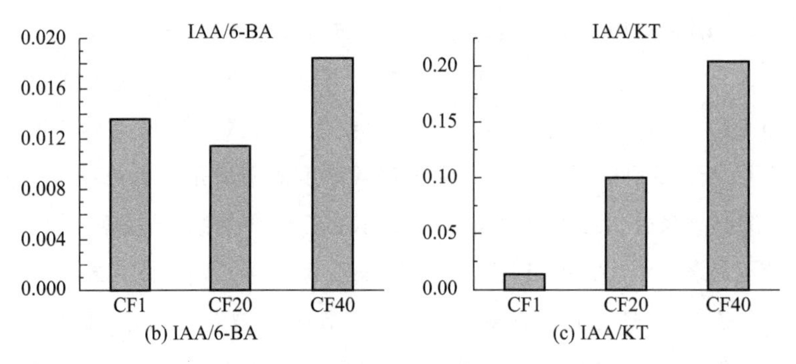

图 4-3　云南金花茶中激素的含量

4.1.3　讨论与结论

4.1.3.1　讨论

培养基是植物组织培养工作开展的基础，也是离体材料在生长发育中营养需求的主要来源。大量元素是植物生长发育不可缺少的元素，作为培养基的主要成分之一，其含量直接影响着植物的生长过程，特别是氮磷钾元素对植物的生长是不可或缺的。赵密珍等（2007）研究发现，大量元素浓度可以显著促进草莓（*Fragaria ananassa*）试管苗增殖。Munthali等（2022）通过调控MS培养基中NO_3^-和NH_4NO_3的浓度促进马铃薯（*Solanum tuberosum*）生长和根系活力。NH_4NO_3与KNO_3为植物的生命活动提供必要的氮源（Scheible et al，1997；杨雨璋等，2020），影响组培苗的生长发育。适量的KH_2PO_4、KNO_3与NH_4NO_3有利于愈伤组织生长（上官新晨等，2011），但NH_4NO_3过量则会对愈伤组织的生长造成不利影响（侯艳霞等，2016），高浓度的KNO_3可以促进根系条数的诱导，但会抑制根的生长。刘正娥等（2012）研究了大量元素对孝顺竹（*Bambusa multiplex*）增殖培养的影响，发现NH_4NO_3能促进孝顺竹增殖，但KH_2PO_4却抑制其增殖，同时KNO_3抑制孝顺竹的高生长。试验中发现KH_2PO_4对云南金花茶丛生芽高生长起主导作用，浓度以85mg/L为最佳。钙在植物中有重要的生理功能，可以提高营养物质的吸收和利用。与细胞分裂及与伸长有关的酶可被Ca^{2+}激活，促进幼苗分化增殖及生长（杜强，2013）。Mg^{2+}是多种酶的辅助因子，也是叶绿素的成分之一（邓沛怡，2007），在植物体内促进植物对氮、磷、钾肥的吸收和利用，促进次生代谢物的生物合成，从而促进细胞快速分裂增殖。正交试验发现，在丛生芽增殖诱导中$MgSO_4·7H_2O$起主要作用，浓度以46mg/L为最佳。$MgSO_4·7H_2O$在孝顺竹生长和诱导生根中起主导作用，浓度为370mg/L时效果最好（刘正娥等，2012）。

植物激素已被证明在整合影响芽生长的内部和外部因素方面发挥着至关重要的作用（Teichmann & Muhr，2015）。植物中生长素的主要活性形式是IAA，在云南金花茶丛生芽中IAA呈下降趋势，说明IAA浓度的降低是云南金花茶丛生芽激活转变的必要条件。在草莓的营养芽和冷杉中也观察到类似的IAA积累现象（Qiu et al，2019；Yang et al，2020）。细胞分裂素和IAA波动模式一致，在云南金花茶丛生芽中呈递减趋势，如图4-3所示。IAA/6-BA比值先下降后上升，IAA/KT比值呈上升趋势，表明细胞分裂素在与生长素的相互作用中占主导地位。在丛生芽中，细胞分裂素在促进细胞分裂和抑制细胞分化方面发挥主导作用。IAA、6-BA和KT在第1d的表达量最高，表明丛生芽能快速吸收培养基中的植物激素，从而响应植物生长发育。赤霉素通过刺激细胞分裂和细胞伸长来促进植物芽生长，GA19在第20d表达量上调，在云南金花茶高生长中发挥作用。ABA、SA和JA都是在胁迫条件下介导植物生长发育的关键信号分子，影响枝条分枝（Vanstraelen & Benková，2012）。由于激素间的相互作用，一种特定激素的活动可能会被增强或抑制，使植物能够迅速调整其发育和生长。

4.1.3.2 结论

本研究以云南金花茶增殖苗为材料，探究了营养成分对增殖苗生长的影响，利用LC-MS/MS分析了增殖苗不同发育阶段的激素变化规律，主要结论如下。

（1）培养基组分对云南金花茶增殖苗的生长和发育影响较大

$MgSO_4·7H_2O$对丛生芽增殖诱导和鲜重增长起主导作用，KH_2PO_4对丛生芽高生长影响最大。不同元素而言，KH_2PO_4在21～85mg/L、KNO_3在237～950mg/L浓度范围内对云南金花茶丛生芽增殖有促进作用，$CaCl_2·2H_2O$在55～440mg/L浓度范围内，对丛生芽增殖有抑制作用，NH_4NO_3在206～1650mg/L浓度范围内促进云南金花茶丛生芽高生长。1900mg/L KNO_3+1650mg/L NH_4NO_3+46mg/L $MgSO_4·7H_2O$+85mg/L

KH_2PO_4+110mg/L $CaCl_2 \cdot 2H_2O$增殖效果最好。

（2）云南金花茶中检测出12种激素

外源添加的细胞分裂素6-BA和KT能被丛生芽快速吸收，从而响应生理或发育过程。与第20d和第40d相比，IAA、6-BA、KT、ABA、SA和JA在第1d含量最高，IAA/KT的比值最小。推测生长素和细胞分裂素参与了云南金花茶丛生芽的形态发生，而细胞分裂素起了主要作用。本研究为云南金花茶增殖苗生长发育过程中激素含量的变化规律提供了见解，观察到的激素变化规律将指导云南金花茶增殖苗配方的优化。

4.2 丛生芽不同发育时期的转录组分析

4.2.1 材料与方法

4.2.1.1 材料

试验材料同上节，分别于接种1d、20d、40d采集不同云南金花茶增殖苗（表4-7），液氮速冻后放入-80℃冰箱备用，共采集9个样品，每时期样本重复3次。

表4-7 采样信息表

采集时间	转录组样品编号		
1 d	CF1_1	CF1_2	CF1_3
20 d	CF20_1	CF20_2	CF20_3
40 d	CF40_1	CF40_2	CF40_3

4.2.1.2 方法

（1）转录组测序分析

① RNA的提取、检测及测序。采用多糖多酚植物总RNA提取试剂盒（天根）提取云南金花茶总RNA，并使用1%琼脂糖凝胶电泳进行质检。反转录合成cDNA，PCR扩增构建文库。基于Illumina测序平台进行双末端

（Paired-end，PE）测序。测序过程由苏州帕诺米克生物医药科技有限公司完成。

② 转录组数据分析。将获得的9个转录组原始数据进行过滤得到的高质量序列，使用Trinity软件对高质量序列进行拼接组装成基因，最后用基因进行NR、GO、KEGG、eggNOG、Pfam和Swiss-Prot注释等。同时利用转录组表达定量软件RSEM计算每个基因的FPKM（Fragments Per Kilobase Million）值，在此基础上进行表达差异分析、富集分析等。

（2）云南金花茶UGT基因的筛选及其功能分析

本试验从云南金花茶不同发育时期的转录组测序数据中筛选出UGT基因。通过NCBI CD-Search对筛选出的UGT基因进行结构域（PSPG）检查，通过NCBI ORF获得ORF序列和编码蛋白序列，通过ExPASy Protparam进行蛋白理化性质分析，Cell-PLoc进行亚细胞定位预测，利用MEGA 11通过最大似然法（MaximumLikelihood，ML）构建系统进化树。同时利用KEGG数据库对云南金花茶UGT基因家族的蛋白序列进行代谢途径和功能预测。

4.2.2 结果与分析

4.2.2.1 云南金花茶丛生芽的转录组分析

（1）转录组数据组装分析

将Illumina测序平台获得的转录组数据进行过滤和组装（表4-8），9个样本中获得的Reads总数介于40285230～48209560，对数据进行过滤后获得的高质量序列碱基数介于5665823400～6810288900，Q30大于94%，表明转录组数据准确度高，可用于后续的生物信息学分析。

表4-8 转录组测序数据统计表

样品名	Reads 总数	碱基总数	高质量序列碱基数	Q20/%	Q30/%
CF1_1	42009910	6301486500	5927604600	98.15	94.58
CF1_2	40285230	6042784500	5687365800	97.95	94.14

续表

样品名	Reads总数	碱基总数	高质量序列碱基数	Q20/%	Q30/%
CF1_3	43741450	6561217500	6170085900	98.07	94.37
CF20_1	44231808	6634771200	6243326100	98.16	94.56
CF20_2	42903778	6435566700	6053254200	98.18	94.58
CF20_3	40139154	6020873100	5665823400	98.17	94.58
CF40_1	48209560	7231434000	6810288900	98.1	94.48
CF40_2	47693244	7153986600	6734784000	98.12	94.55
CF40_3	44356426	6653463900	6265637700	98.24	94.83

注：Q20（%）：碱基识别准确率在99%以上的碱基所占百分比；Q30（%）：碱基识别准确率在99.9%以上的碱基所占百分比。

使用Trinity软件对高质量序列进行拼接得到249833条转录本和105242条基因，转录本和基因的N50分别为1795 bp和1389 bp，表明组装完整性较好（表4-9）。

表4-9　转录组数据组装结果统计

测序结果	转录本/条	基因/条
序列总长度/bp	301100472	103054968
序列总数	249833	105242
序列最大长度/bp	15821	15821
序列平均长度/bp	1205.21	979.22
N50/bp	1795	1389
长度大于N50的序列总数	51921	20590
N90/bp	518	428
长度大于N90的序列总数	174049	76550
序列的GC含量/%	39.81	38.91

使用皮尔逊相关系数分析了样品间表达水平的相关性，9个样品间的相关系数在0.96以上，表明样品之间的表达模式有较高相似度。PCA分析结果表明，每组之间存在显著差异，但组内没有差异，如图4-4所示，生物学重复都聚集在一起。

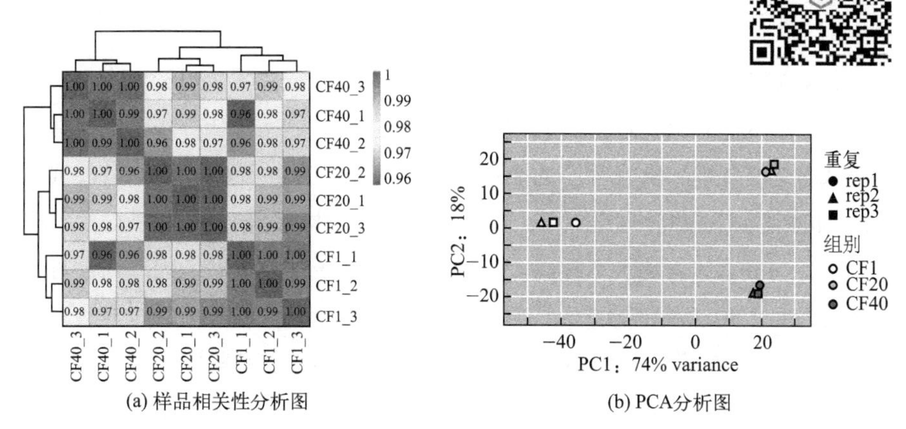

(a) 样品相关性分析图　　(b) PCA分析图

图4-4　相关性和PCA分析

（2）基因功能注释

由于云南金花茶无参考基因组，获得9个云南金花茶样品的高质量序列进行组装和去冗余后，最后获得了105242个基因用于后续分析。将组装得到的基因注释到NR、GO、KEGG、eggNOG、Pfam和Swiss-Prot六大数据库，分别有54080（NR：51.39%）、25986（GO：24.69%）、15777（KEGG：14.99%）、44068（eggNOG：41.87%）、20060（Pfam：19.06%）以及29678（Swiss-Prot：28.20%）个基因获得功能注释，见表4-10。

表4-10　Unigene功能注释结果

数据库	数量	百分比/%
NR	54080	51.39
GO	25986	24.69
KEGG	15777	14.99
Pfam	20060	19.06

续表

数据库	数量	百分比 /%
eggNOG	44068	41.87
Swissprot	29678	28.20
In all database	6605	6.28

（3）基因K-means聚类和GO富集分析

通过K-means聚类对3个发育阶段的基因进行了动态表达分析，根据其累积模式分为9个簇，具有不同的表达谱（图4-5）。其中，3个（Ⅲ、Ⅵ、Ⅶ）1 d总体表达水平较高，3个（Ⅰ、Ⅳ、Ⅷ）20 d总体表达水平较高，3个（Ⅱ、Ⅴ、Ⅸ）40 d总体表达水平较高。GO富集分析是一种通过对基因产物参与生物过程、分子功能和细胞成分的注释和分类来表征基因之间关系的方法。对9个簇进行了GO富集分析，以了解每个聚类对应的参与某些生物过程的基因表达的发育阶段。细胞成分（cellular component）注释到的基因最多，其次是生物过程（biological process）。细胞成分（cellular component）、细胞（cell）、分子功能（molecular function）、胞内（intracellular）、生物过程（biological process）是最丰富的GO术语。

（4）差异表达基因（DEGs）的鉴定与分析

为了分析云南金花茶增殖苗生长发育阶段基因的差异表达，对不同发育时期基因采用DESeq进行表达差异分析。以表达差异倍数|log2FoldChange| ＞ 1，显著性P-value＜0.05为筛选条件。在CF20 vs CF1组合中筛选到DEGs 9639个（上调基因4811个，下调基因4828个），CF40 vs CF1组合中筛选到DEGs 11048个（上调基因5510个，下调基因5538个），CF40 vs CF20组合中筛选到DEGs 6932个（上调基因3136个，下调基因3796个），如图4-6（a）所示。在CF20 vs CF1、CF40 vs CF1和CF40 vs CF20中，有695个共同表达的差异基因，如图4-6（b）所示。对695个差异表达基因的GO富集分析结果显示，最丰富的GO是生物过程（biological process）、细胞成分（cellular component）、细胞（cell）和分子功能（molecular function）等。

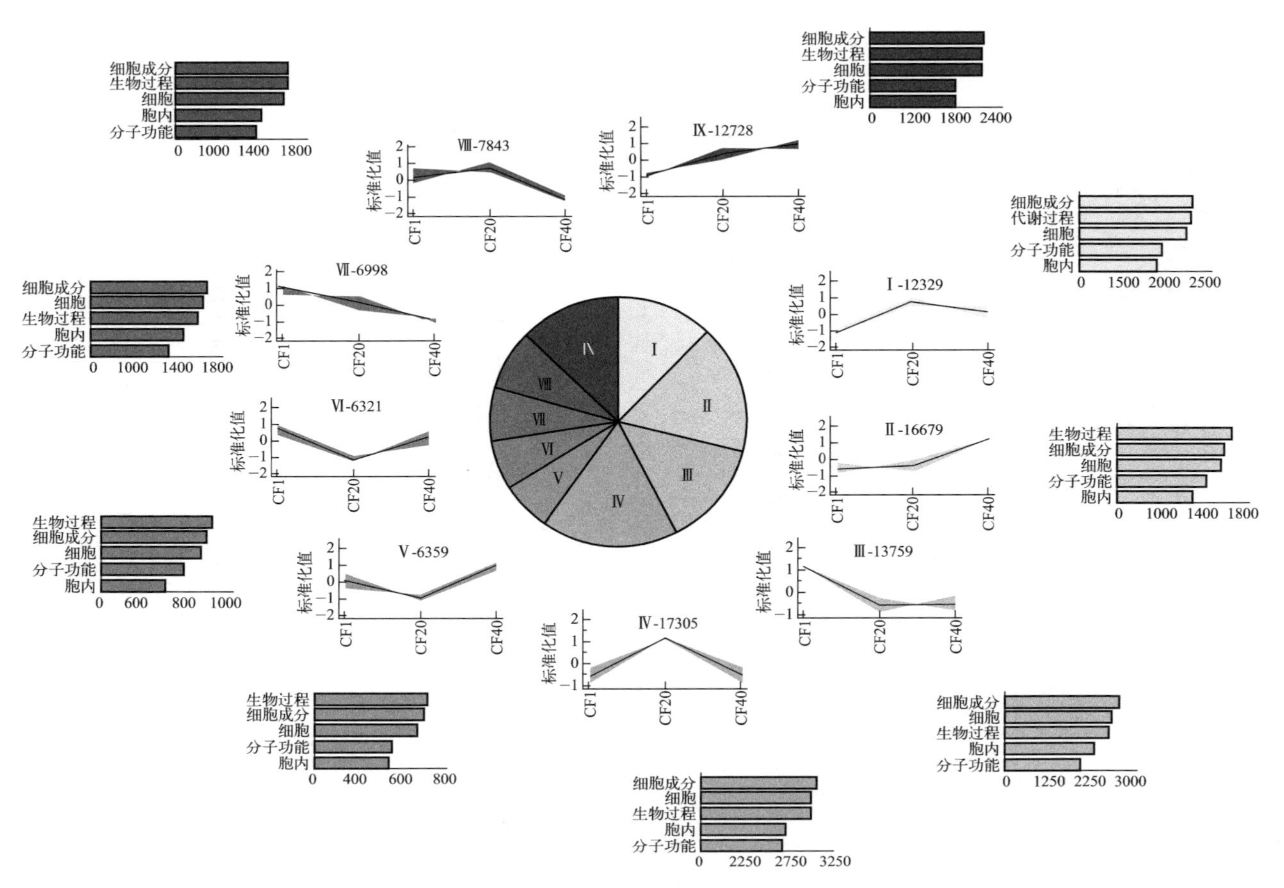

图 4-5　云南金花茶增殖苗生长周期中基因的动态表达模式和 GO 富集分析

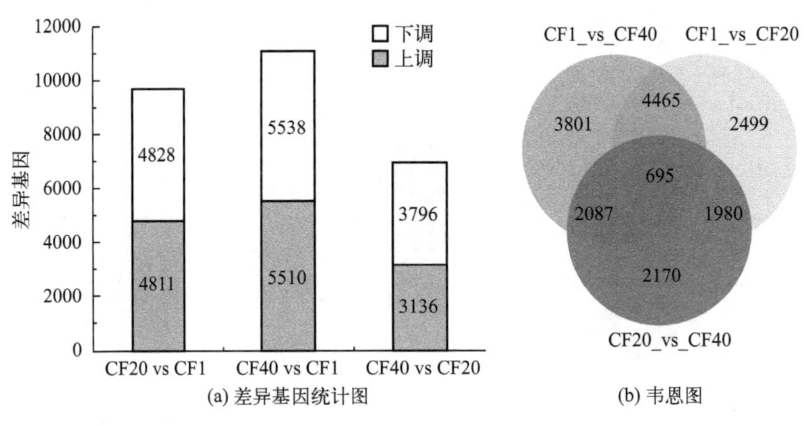

图 4-6 云南金花茶差异基因的鉴定与分析

（5）DEGs的功能注释分析

根据GO数据库的分类对DEG的功能进行了分类。如图4-7所示，在CF1 vs CF20组合中，乙烯激活信号通路（ethylene-activated signaling pathway）是生物过程（BP）类别中最丰富的子类别，其次是细胞壁生物发生（cell wall biogenesis）和植物型细胞壁组织或生物发生（plant-type cell wall organization or biogenesis），分子功能（MF）类别中最丰富的子类别是葡糖转移酶（glucosyltransferase activity），UDP-葡萄糖基转移酶活性（UDP-glycosyltransferase activity）和转移酶活性，转移己糖基（transferase activity，transferring hexosyl groups），DEG通常存在于细胞组分（CC）植物型细胞壁（plant-type cell wall）、细胞外区（extracellular region）、膜固有成分（intrinsic component of membrane）中。在CF1 vs CF40组合中，对真菌细胞壁的应答（response to chitin）是生物过程（BP）类别中最丰富的子类别，其次是苯丙醇代谢过程（phenylpropanoid metabolic process）和次级代谢产物生物合成过程（secondary metabolite biosynthetic process），分子功能（MF）类别中最丰富的子类别是DNA结合转录因子活性（DNA-binding transcription factor activity）和转录调节活性（transcription regulator activity），DEG通常存在于细胞组分（CC）膜固有成分（intrinsic component of membrane）、膜的组成部分（integral component of membrane）和膜（membrane）中。在CF20 vs CF40组合中，生物过程（BP）类别中最丰富的子类别是光合作用，光反应（photosynthesis，light reaction）、karrikin响应过程（response to karrikin）

和光合作用（photosynthesis），四吡咯结合（tetrapyrrole binding）是分子功能（MF）类别中最丰富的子类别，其次是DNA结合转录因子活性（DNA-binding transcription factor activity）和转录调节活性（transcription regulator activity），DEG通常存在于细胞组分（CC）光系统I（photosystem I）、光系统（photosystem）和叶绿体类囊体膜（chloroplast thylakoid membrane）中。

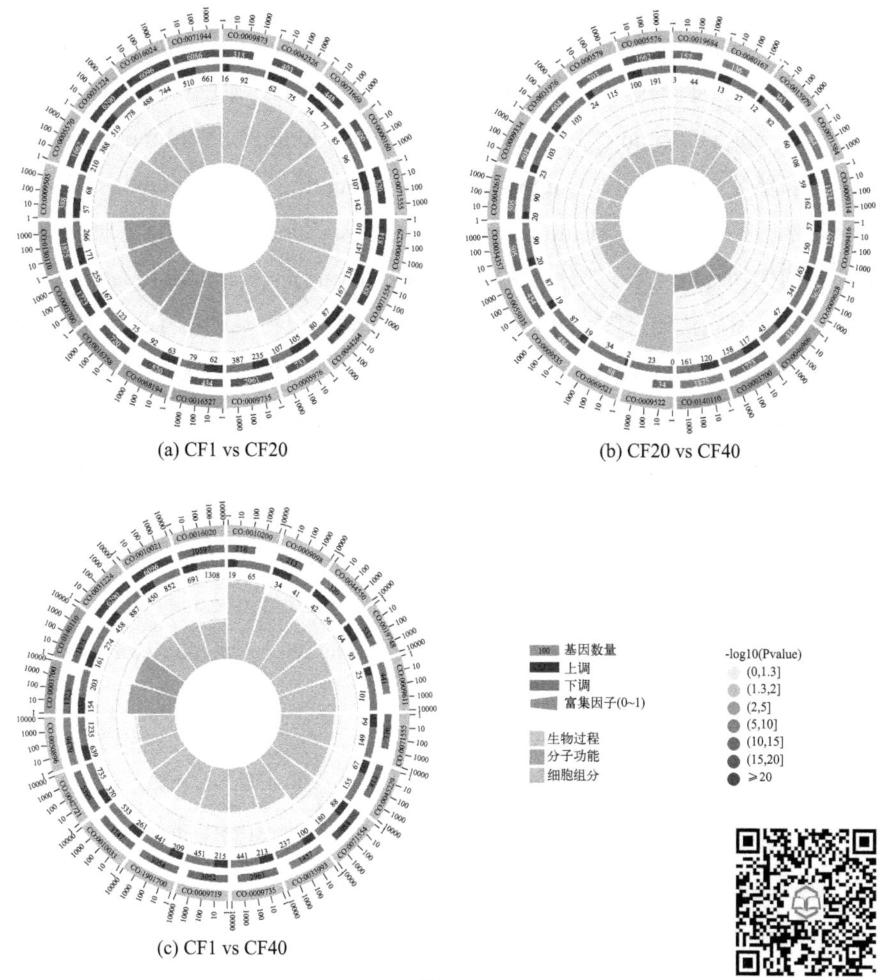

(a) CF1 vs CF20

(b) CF20 vs CF40

(c) CF1 vs CF40

图4-7　差异基因GO富集分析

为了了解DEG的生物学功能，将转录组测序数据在KEGG数据库中进行比对，如图4-8所示。CF1 vs CF20、CF1 vs CF40和CF20 vs CF40 中的DEG 分别富集到124、124和123条KEGG 通路中。在前 20 个富集途径中，DEGs比例最大的是位于代谢途径（Metabolism），而遗传信息处理（Genetic Information Processing）位于第二位，细胞过程（Cellular Processes）和环境信息处理（Environmental Information Processing）位于第三位。其中，苯丙烷类生物合成（Phenylpropanoid biosynthesis）、植物激素信号转导（Plant hormone signal transduction）、玉米素生物合成（Zeatin biosynthesis）和二芳基庚烷和姜醇的生物合成（Stilbenoid，diarylheptanoid and gingerol biosynthesis）在所有对照组中均显著富集。在CF1 vs CF20和CF1 vs CF40 中，脂肪酸延长（Fatty acid elongation）、α-亚麻酸代谢（alpha-Linolenic acid metabolism）、氨基糖和核苷酸糖代谢（Amino sugar and nucleotide sugar metabolism）、角质、软木质和蜡质合成（Cutin，suberine and wax biosynthesis）、各种次级代谢产物的生物合成–第3部分（Biosynthesis of various secondary metabolites-part 3）、甘油酯代谢（Glycerolipid metabolism）、植物病原相互作用（Plant-pathogen interaction）均显著富集。戊糖和葡萄糖醛酸酯的相互转化（Pentose and glucuronate interconversions）、淀粉和蔗糖代谢（Starch and sucrose metabolism）、MAPK信号通路-植物（MAPK signaling pathway-plant）、昼夜节律-植物（Circadian rhythm-plant）在CF1 vs CF20和CF20 vs CF40 中均显著富集。在CF1 vs CF40和CF20 vs CF40中，光合作用-天线蛋白（Photosynthesis-antenna proteins）、光合作用（Photosynthesis）、类黄酮生物合成（Flavonoid biosynthesis）、半乳糖代谢（Galactose metabolism）均显著富集。

KEGG富集分析表明，许多DEG与代谢途径有关。次生代谢相关途径在植物生长发育中很重要。在本研究中，CF1 vs CF20、CF1 vs CF40和CF20 vs CF40 中的次级代谢相关 DEG 都富集在 94条次级代谢KEGG 通路。

（6）基因共表达网络分析

为了研究云南金花茶增殖苗增殖生长的基因调控网络，对695个DEGs进行了共表达分析和网络构建。树状图中产生了红色、黑色、绿色、棕色、蓝色、黄色等6个不同的模块，如图4-9（a）所示，其中，模块是在同一模块内共表达的高度相关基因簇。为了检测基因模型之间的相互作用，对共表达模块进行了网络热图分析，如图4-9（b）所示。其中，共表达网络的热图为红色，

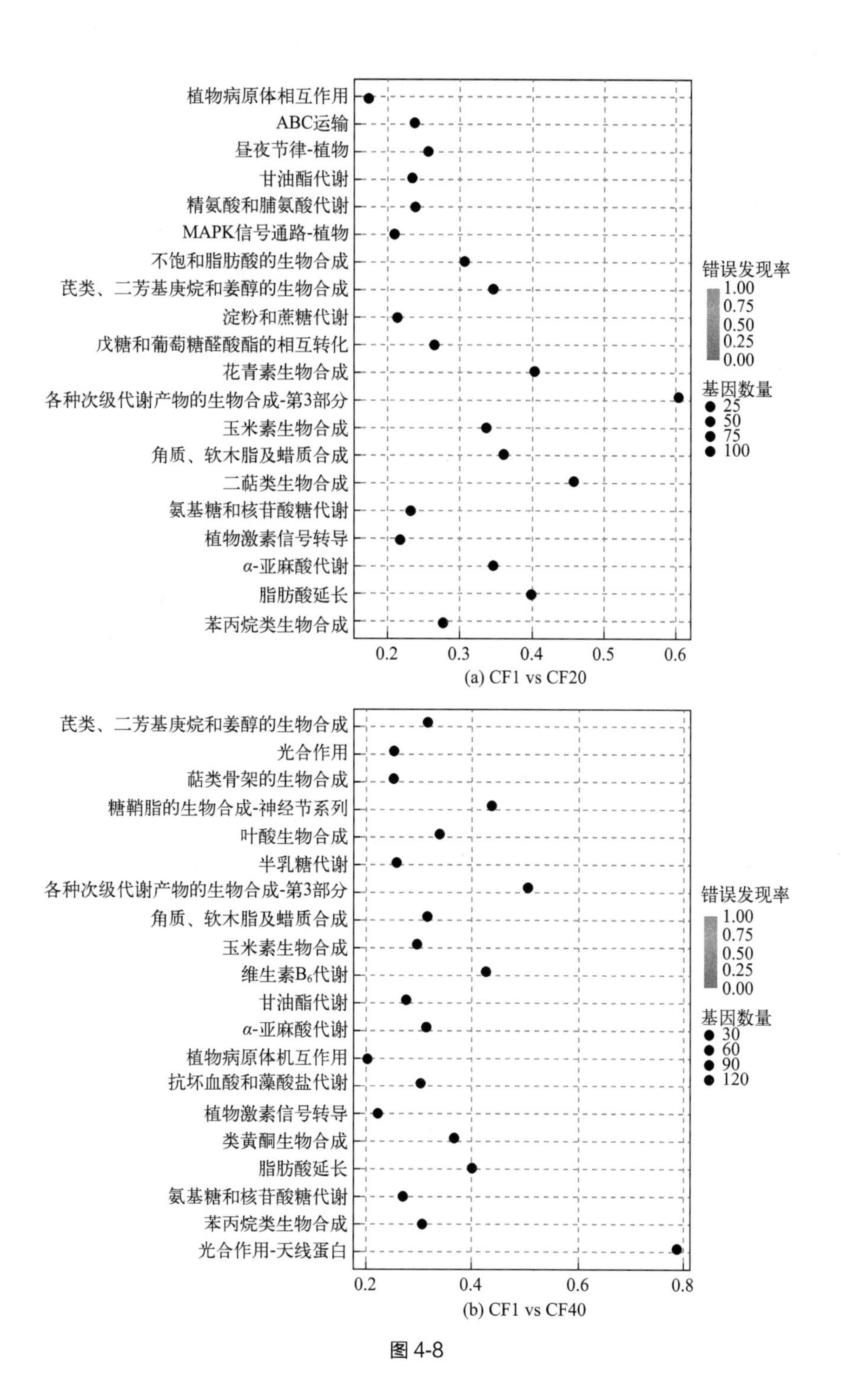
植物病原体相互作用
ABC运输
昼夜节律-植物
甘油酯代谢
精氨酸和脯氨酸代谢
MAPK信号通路-植物
不饱和脂肪酸的生物合成
芪类、二芳基庚烷和姜醇的生物合成
淀粉和蔗糖代谢
戊糖和葡萄糖醛酸酯的相互转化
花青素生物合成
各种次级代谢产物的生物合成-第3部分
玉米素生物合成
角质、软木脂及蜡质合成
二萜类生物合成
氨基糖和核苷酸糖代谢
植物激素信号转导
α-亚麻酸代谢
脂肪酸延长
苯丙烷类生物合成
0.2
0.3
0.4
0.5
0.6
错误发现率
1.00
0.75
0.50
0.25
0.00
基因数量
25
50
75
100
(a) CF1 vs CF20
芪类、二芳基庚烷和姜醇的生物合成
光合作用
萜类骨架的生物合成
糖鞘脂的生物合成-神经节系列
叶酸生物合成
半乳糖代谢
各种次级代谢产物的生物合成-第3部分
角质、软木脂及蜡质合成
玉米素生物合成
维生素B6代谢
甘油酯代谢
α-亚麻酸代谢
植物病原体机互作用
抗坏血酸和藻酸盐代谢
植物激素信号转导
类黄酮生物合成
脂肪酸延长
氨基糖和核苷酸糖代谢
苯丙烷类生物合成
光合作用-天线蛋白
0.2
0.4
0.6
0.8
错误发现率
1.00
0.75
0.50
0.25
0.00
基因数量
30
60
90
120
(b) CF1 vs CF40

图 4-8

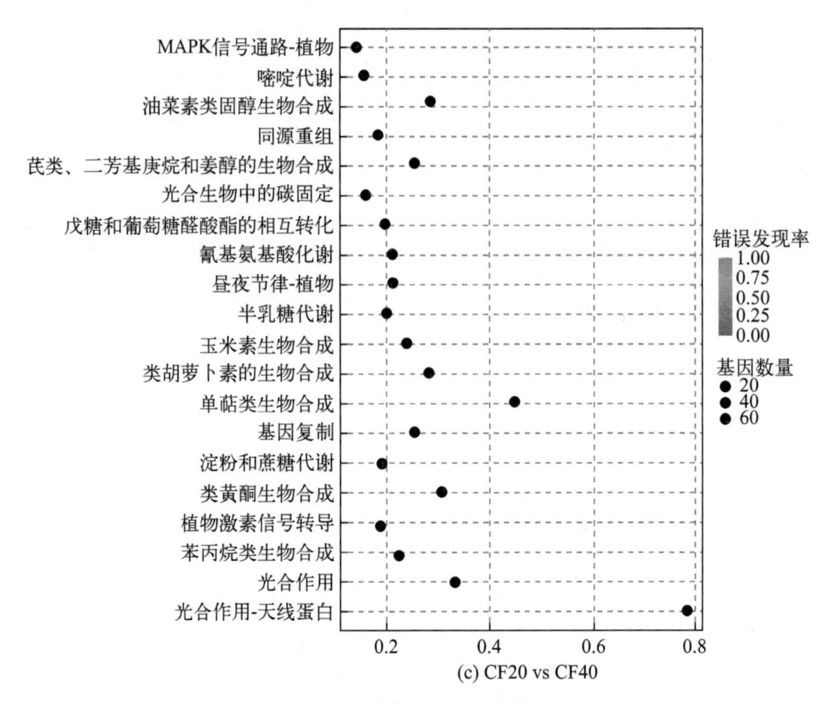

图 4-8　差异基因 KEGG 富集分析

表示模块内的DEG共表达量高，与模块外的DEG共表达量低，由图可知红色、黑色和绿色3个模块间共表达量较高，蓝色和黄色2个模块间共表达量高。为了确定样本与模块基因功能的相关性，对模块与样本进行了相关性热图分析，如图4-9（c）所示。CF1与红色、黑色和绿色模块基因呈正相关，和棕色、蓝色和黄色模块基因呈负相关；红色、黑色、绿色和棕色模块基因与CF20呈负相关，和蓝色和黄色模块基因呈正相关；CF40与红色、黑色、绿色、蓝色和黄色模块基因呈负相关，和棕色模块基因呈正相关。从上述模块中确定了绿色、黑色和棕色3个基因模块与云南金花茶从生芽增殖和高生长高度正相关。

枢纽基因在关键途径中发挥着重要作用，在基因共表达网络中与其他基因高度共表达，如图4-10所示。从绿色、黑色和棕色模块中鉴定出20个枢纽基因，这些枢纽基因高度连接。同时对模块中枢纽基因的表达进行了热图分析，在绿色和黑色模块中枢纽基因在CF1中高表达，棕色模块中枢纽基因的表达在CF40中高于CF1和CF20。对枢纽基因进一步分析，在绿色模块中发现

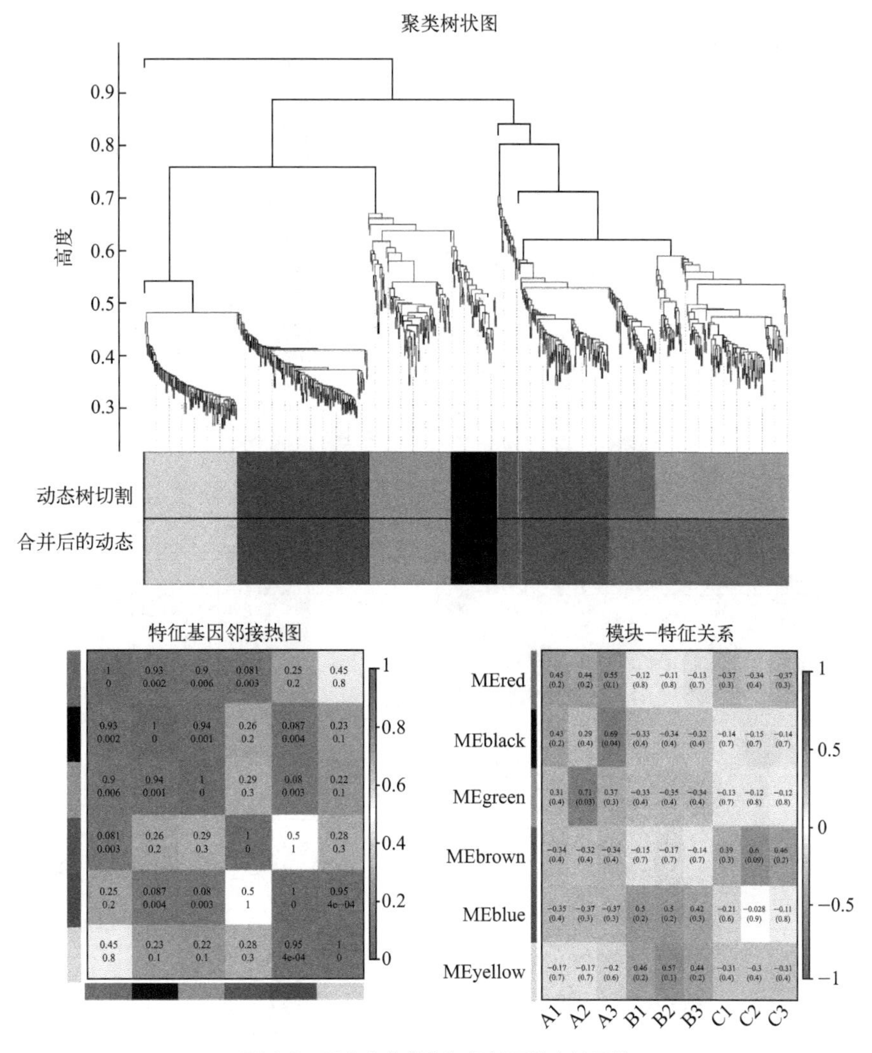

图 4-9　云南金花茶的加权基因共表达网络

1个bHLH87转录因子（TRINITY_DN35278_c0_g1）和2个与其他枢纽基因连通性很强的MYB家族转录因子，包括1个MYB73转录因子（TRINITY_DN1292_c0_g1）和1个MYBS3转录因子（TRINITY_DN13016_c0_g2），还鉴定出1个参与糖基化的葡萄糖基转移酶UGT89B2基因（TRINITY_DN4163_c0_g2）。在黑色模块中发现1个连通性较强的bHLH35转录因子（TRINITY_DN3633_c0_g1），还鉴定出1个7-去氧番木鳖酸葡萄糖转移酶UGT85A24

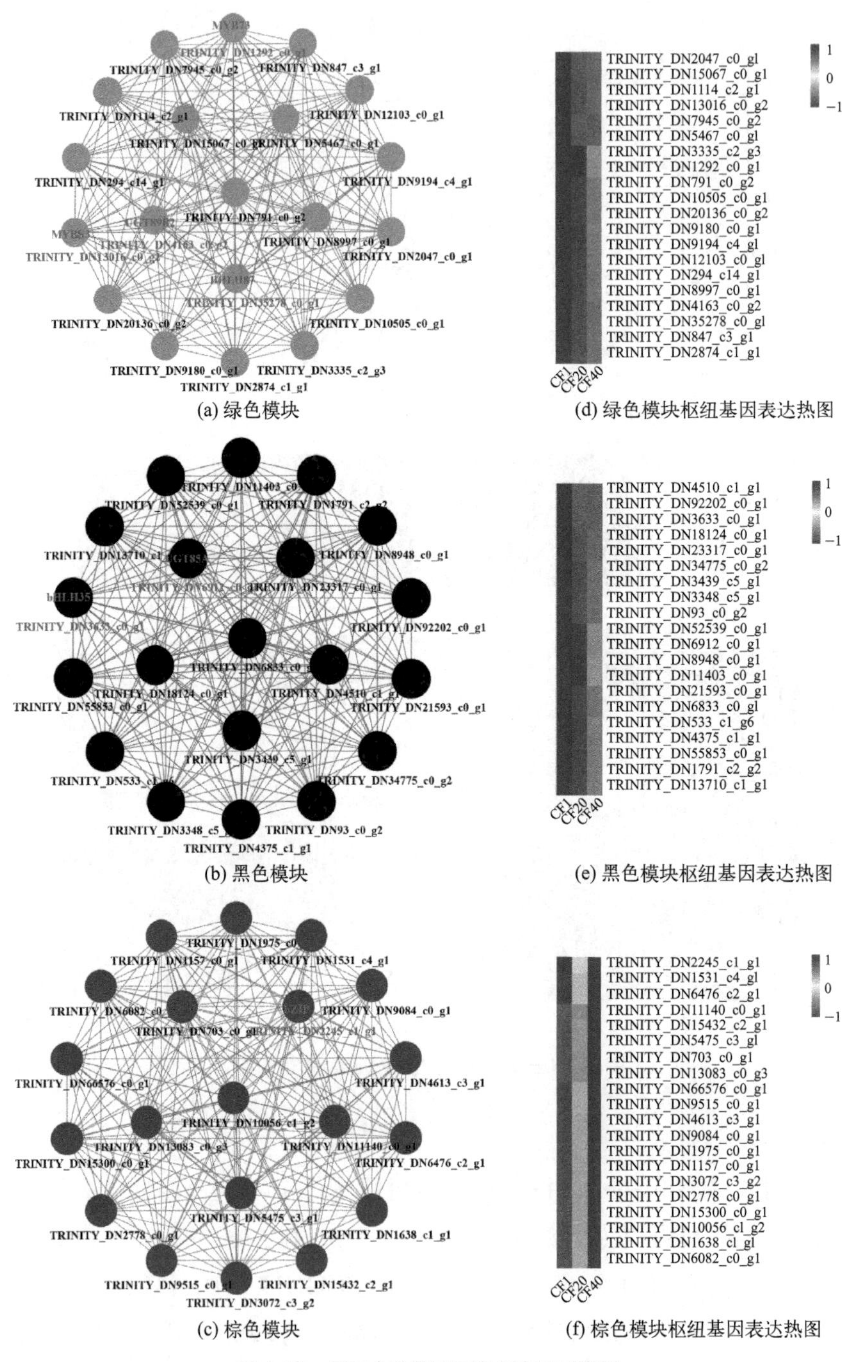

图 4-10　云南金花茶转录组共表达网络图

（a）～（c）转录组共表达网络图；（d）～（f）枢纽基因表达热图

（TRINITY_DN6912_c0_g1）。此外，在棕色模块中发现一个bZIP转录因子（TRINITY_DN2245_c1_g1）。它们与丛生芽增殖和高生长有较强的相关性，在云南金花茶中起重要的调控作用。

（7）转录因子（TF）家族分析

进一步分析发现，共有2718个差异表达基因在CF1 vs CF20中被鉴定为转录因子，这些基因属于56个转录因子家族［图4-11（a）］。其中差异基因最多的前10个转录因子家族是bHLH（246个）、bZIP（179个）、WRKY（157个）、MYB_related（154个）、B3（151个）、NAC（145个）、ERF（144个）、MYB（127个）、FAR1（110个）、C2H2（103个）。CF1 vs CF40中共有2759个差异表达基因被鉴定到57个转录因子家族中［图4-11（b）］。其中差异基因最多的前10个转录因子家族是bHLH（248个）、bZIP（202个）、WRKY（177个）、B3（147个）、NAC（143个）、MYB（140个）、FAR1（132个）、ERF（130个）、MYB_related（125个）、HD-ZIP（93个）。共有1703个差异表达基因在CF20 vs CF40中被鉴定为转录因子，这些基因属于54个转录因子家族［图4-11（c）］。其中差异基因最多的前10个转录因子家族是bHLH（143个）、bZIP（120个）、B3（113个）、MYB_related（95个）、NAC（92个）、WRKY（82个）、MYB（81个）、ERF（78个）、C3H（77个）、C2H2（72个）。

综合分析发现，在云南金花茶增殖苗生长发育过程中，bHLH、bZIP、B3、NAC、WRKY、MYB等转录因子家族所占的比例最多，在3个时期的表达情况不同，这些结果表明转录因子在云南金花茶增殖苗生长发育过程中发挥着重要的调控作用。

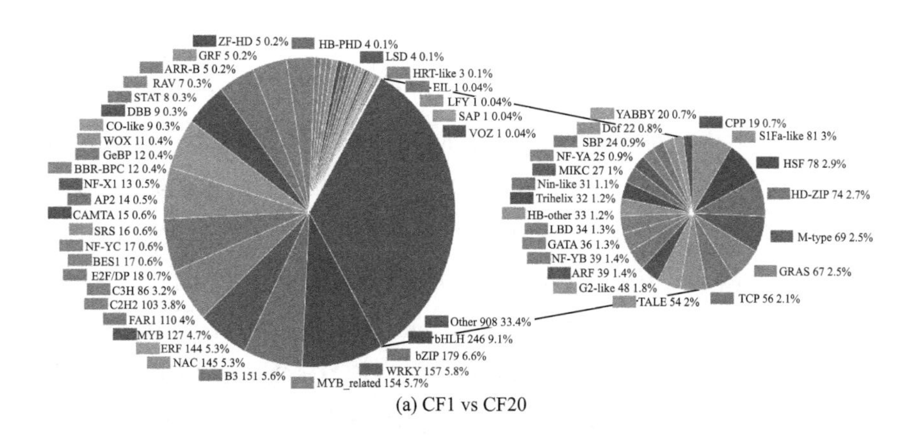

(a) CF1 vs CF20

图4-11

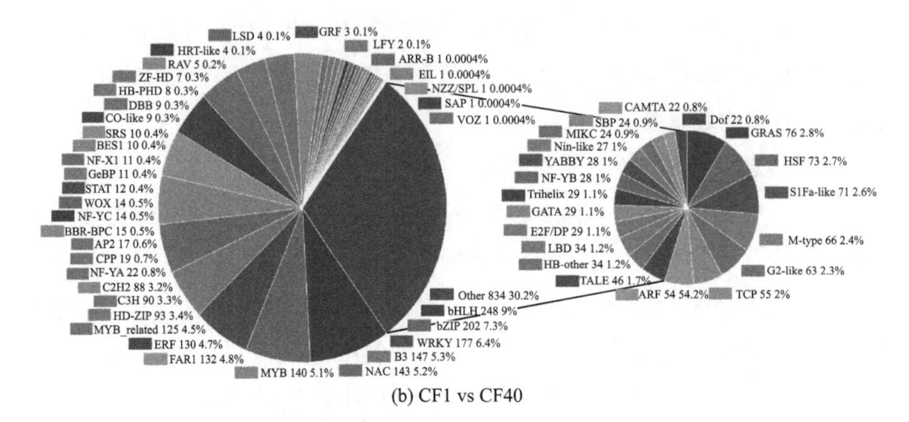

(b) CF1 vs CF40

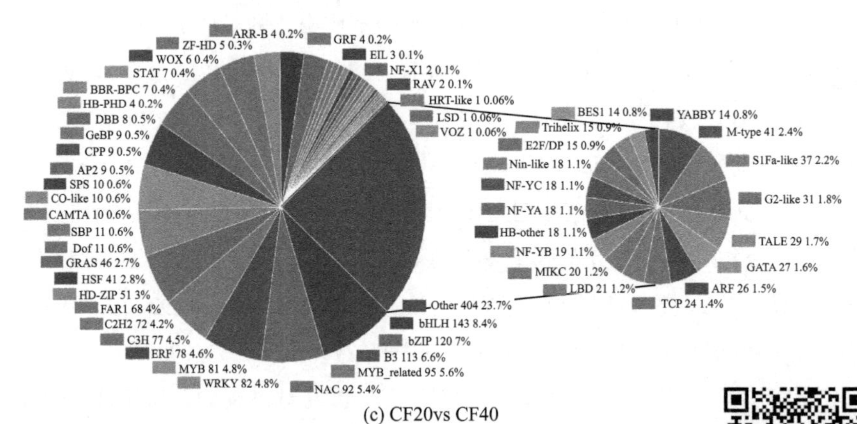

(c) CF20vs CF40

图 4-11　转录因子家族分析

（8）基因与植物激素之间的相关性分析

为了确定DEGs与植物激素之间的关系，计算了695个DEGs和7种植物激素的Pearson相关系数。结果表明，609个DEGs与植物激素有很强的相关性（|R|≥0.8）。其中，与GA19相关性强的DEGs最多（503个），其次是ABA（414个）、SA（390个）、6-BA（308个）、KT（304个）、IAA（299个）和JA（292个）。选择了255个相关性大于0.9的DEGs构建了它们与植物激素相关性的网络图，如图4-12所示。结果表明，7种植物激素与255个DEGs有较强的相关性，可分为4类。共有110个DEGs与KT有较强相关性，与JA密切相关的有53个DEGs，有39个DEGs与IAA相关，21个DEGs与6-BA相关。另外，有22个DEGs与ABA相关，33个DEGs与SA相关，仅有7个DEGs和GA19

相关。这些DEGs可能与云南金花茶增殖苗发生和发育密切相关。

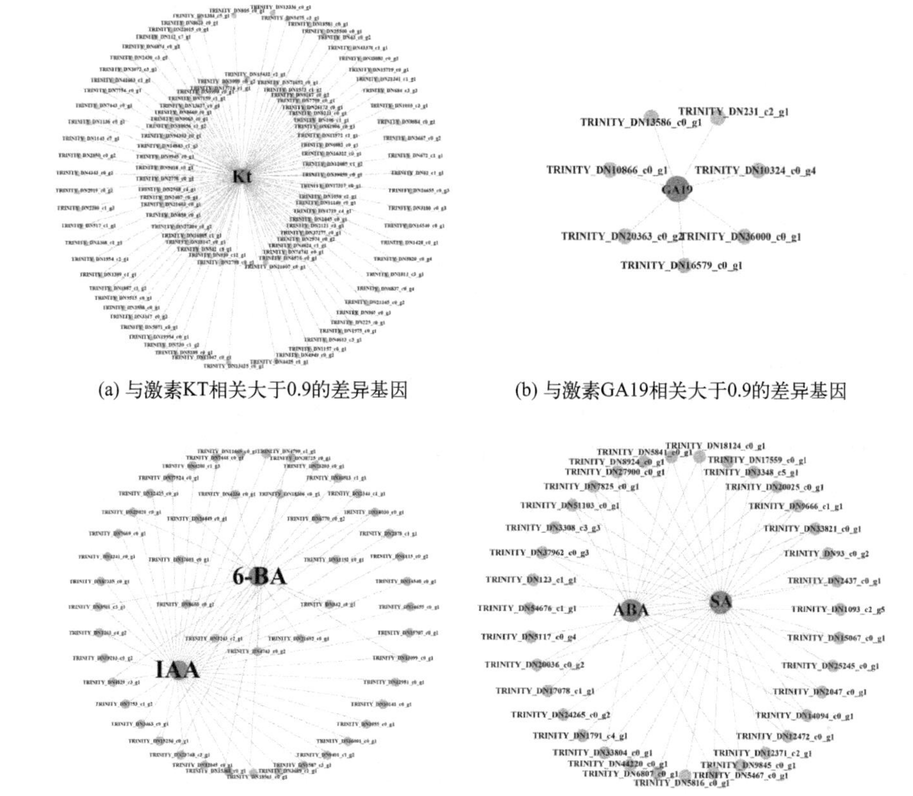

(a) 与激素KT相关大于0.9的差异基因　　(b) 与激素GA19相关大于0.9的差异基因

(c) 与激素6-BA、IAA相关大于0.9的差异基因　　(d) 与激素ABA、SA相关大于0.9的差异基因

图 4-12　DEGs 与植物激素之间的相关网络图

4.2.2.2　云南金花茶 UGT 基因的筛选及功能分析

（1）UGT基因家族蛋白理化性质分析

本研究通过对上述转录组数据进行分析，鉴定出189个UGT基因。去除119个长度小于250个氨基酸的UGT后，选择其余70个UGT基因进行进一步的序列和系统发育分析。通过ExPASy Protparam对UGT基因编码蛋白的理化性质进行预测，结果表明，UGT基因家族氨基酸序列长度为257～583aa，蛋白分子量为28874.03～64322.15 Da，UGT基因的理论等电点

的范围为4.77～9.20，其中67个蛋白理论等电点小于7.00，偏酸性，其余3个蛋白大于7.00，偏碱性。UGT蛋白不稳定系数介于30.06～60.63，有51个蛋白的不稳定系数大于40，属于不稳定型蛋白，有19个蛋白的不稳定系数小于40，属于稳定型蛋白。脂肪族氨基酸指数在77.71～103.65，GRAVY值在-0.395～0.094，有60个蛋白的疏水性小于0，10个蛋白的疏水性大于0，表明这些蛋白是疏水性蛋白。亚细胞定位预测结果显示，21个UGT位于叶绿体，18个位于细胞膜，细胞核、细胞质和内质网分别预测到1个UGT，有28个UGT可能位于两个及以上的细胞器中。在列出的70个UGT中，23个有功能特征，主要为病原体诱导的水杨酸葡萄糖基转移酶（pathogen-inducible salicylic acid glucosyltransferase）、UGT73C和根皮苷合酶（phlorizin synthase）。

（2）UGT系统发育进化分析

利用MEGA 11通过ML法对预测的70个UGT、24个拟南芥UGT（AtUGT71B1、AtUGT73C1、AtUGT73D1、AtUGT75C1、AtUGT76B1、AtUGT78D3、AtUGT79B11、AtUGT82A1、AtUGT83A1、AtUGT84A3、AtUGT85A1、AtUGT85A3、AtUGT86A2、AtUGT87A1、AtUGT87A2、AtUGT88A1、AtUGT89A2、AtUGT89B1、AtUGT90A、AtUGT90A2、AtUGT91A1、AtUGT92A1、AtUGT72B1、AtUGT74C1），3个玉米UGT（GRMZM2G042865、GRMZM2G110511、GRMZM5G834303）和1个茶UGT（CsUGT94P1）构建系统发育树。这4个物种的98个UGT成员分为18个系统发育亚群，包括拟南芥14个保守类群（A-N）（Li et al，2001），玉米中新发现的3个类群（O-Q）（Li et al，2014）和茶中新发现的1个类群（R）（Cui et al，2016）。进化分析结果表明，云南金花茶UGT家族成员可分为14个类群，所有UGT家族成员均不属于N、K、H和Q组（图4-13）。有一个基因（TRINITY_DN33209_c0_g1）没有被分到任何一个组中。L组有14个UGT，是最大的组，成员数量相对较多（G、A、E、B、F）的组分别包含10、7、7、6和5个UGT，C、D、O、I、J组分别包含4、4、3、3、2个UGT，而P、M和R组中仅有1个UGT基因分布。

UGT具有底物催化特异性（Ross et al，2001；Wilson & Tian，2019），因此，根据已鉴定UGT的特点对云南金花茶UGT基因糖受体进行分析。D、E和L组UGT成员可以催化多种底物，参与类黄酮的修饰过程，糖基化植物激素，还能催化木质素类、肉桂酸衍生物、羟基肉桂醇和羟基香豆素糖基化参与苯丙烷生物合成过程形成丰富的糖基化产物，在植物生长发育中发挥作用。9个组UGT成员具有类黄酮催化活性，催化植物激素糖基化的UGT主要分布在D、E、G、L、O组，D、G、O组主要糖基化形成分裂素糖苷，L组催化生长素糖基化形成IAA糖苷和IBA糖苷。

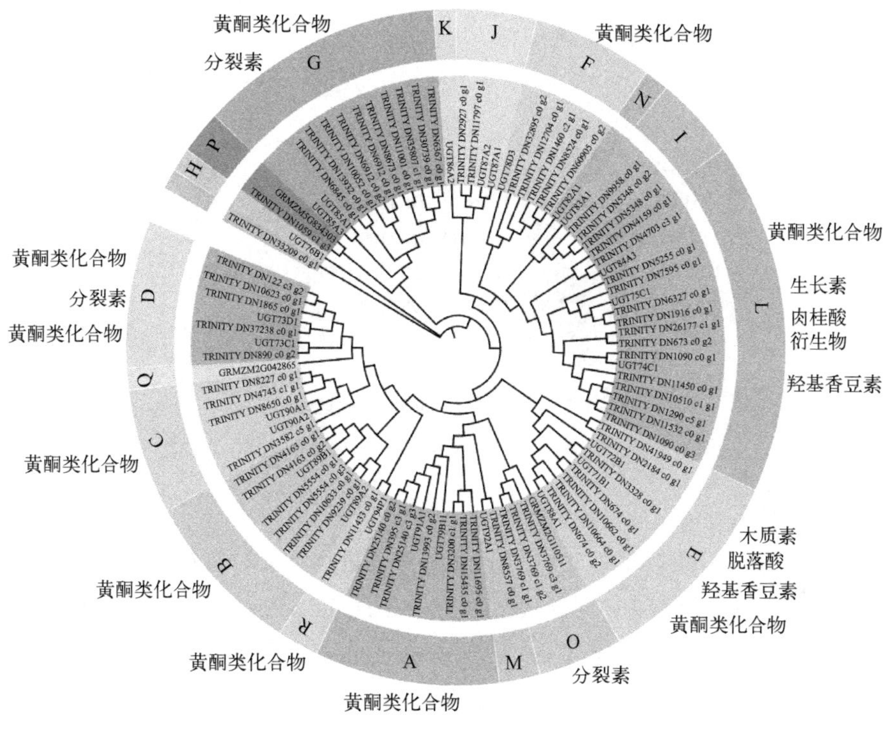

图 4-13　云南金花茶 UGT 系统发育树

通过Local BLAST选取了2个生长素糖基转移酶（UGT84B1、UGT74E2）和3个细胞分裂素糖基转移酶（UGT85A1、UGT76C1、cZOGT1）同源系列进行了一致性比较和聚类热图分析（图4-14）。TRINITY_DN4159_c0_g1与UGT84B1一致性为46.58%，Swissprot数据库中注释为UGT84B1，20 d表达量较高；TRINITY_DN1090_c0_g3与UGT74E2一致性为50.22%，注释为UGT74G1，在40 d高表达；TRINITY_DN11001_c0_g1与UGT85A1一致性为57.84%，注释为UGT85A24，随着增殖苗生长发育，表达量上调；TRINITY_

DN33209_c0_g1与UGT76C1一致性为51.29%，注释为UGT76B1，随着增殖苗生长发育表达量下调，在生长发育前期发挥着重要作用；TRINITY_DN4743_c0_g1与cZOGT1一致性为42.57%，注释为ZOX1，表达量先下降后增加，20d表达量较低，40d表达量最高。生长素和细胞分裂素具有不同的表达模式，生长素主要在20d和40d高表达，细胞分裂素在20d表达量较低。综上所述，推测这些UGT与激素稳态密切相关，对这些UGT的调控可以定向控制云南金花茶增殖苗的生长和发育。

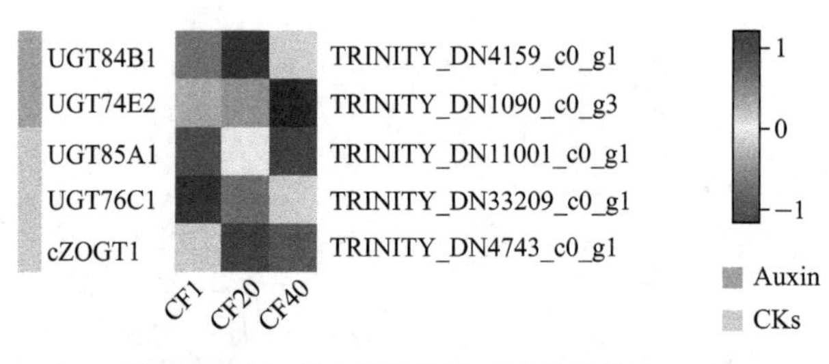

图4-14　5个植物激素UGT表达模式

（3）KEGG信号通路富集分析

利用KEGG数据库对70个UGT蛋白序列进行KEGG富集分析，有43个UGT能够富集到通路中，包括代谢途径（Metabolic pathways）、次级代谢产物的生物合成（Biosynthesis of secondary metabolites）、玉米素生物合成（Zeatin biosynthesis）和类黄酮生物合成（Flavonoid biosynthesis）等20个途径（表4-11）。其中，有12个UGT参与次生代谢产物的生物合成，5个UGT参与玉米素生物合成，3个UGT参与类黄酮生物合成等。TRINITY_DN673_c0_g2、TRINITY_DN890_c0_g2、TRINITY_DN1865_c0_g1、TRINITY_DN32895_c0_g2等UGT参与多条代谢途径。

表4-11　UGTs蛋白的KEGG信号通路富集分析结果

通路ID	代谢途径	基因数量
ko01100	代谢途径	3
ko01110	次级代谢产物的生物合成	12

续表

通路 ID	代谢途径	基因数量
ko01210	2- 氧羧酸代谢	2
ko01240	辅助因子的生物合成	1
ko00040	戊糖和葡萄糖醛酸的相互转化	1
ko00053	抗坏血酸和醛酸代谢	1
ko00140	类固醇激素生物合成	1
ko00830	视黄醇代谢	1
ko00380	色氨酸代谢	2
ko00860	卟啉代谢	1
ko00908	玉米素生物合成	5
ko00941	类黄酮生物合成	3
ko00966	芥子油苷的生物合成	2
ko04141	各种植物次生代谢产物的生物合成，包括番红花苷生物合成、香豆素生物合成、呋喃香豆素生物合成、大麦芽碱生物合成、鬼臼毒素生物合成等	2
ko00980	细胞色素 P450 对异生素的代谢	1
ko00982	药物代谢 - 细胞色素 P450	1
ko00983	药物代谢—其他酶	1
ko04976	胆汁分泌	1
ko05204	化学致癌 -DNA 加合物	1
ko05207	化学致癌作用 - 受体激活	1

4.2.3 讨论与结论

4.2.3.1 讨论

植物生长和发育是一个复杂的过程，受多种因素调控。在本研究中，通过RNA-Seq分析，研究了云南金花茶增殖苗生长发育过程中的基因调控网络。

聚类分析将转录组数据分为9个簇，细胞成分、细胞、分子功能、胞内、生物过程是最丰富的GO功能。各组合间均得到了大量的差异基因，聚类热图显示大多数基因的表达水平发生了显著变化。KEGG富集分析显示苯丙烷类生物合成，植物激素信号转导，玉米素生物合成，芪类、二芳基庚烷和姜醇的生物合成在所有对照组中均显著富集。苯丙烷类生物合成途径是研究最充分的次级代谢途径之一，涉及PAL、4CL、CCR、C4H、CAD和COMT等多种酶（Humphreys & Chapple，2002）。这些酶基因在不同阶段的不同表达调控着增殖苗的生长和发育。植物激素是控制植物生长发育至关重要的化学物质。有研究表明，生长素和细胞分裂素等激素通过一系列复杂和特异性的信号转导途径调控植物增殖苗发育（Leyser，2009）。

WGCNA分析可以快速有效地识别与特定性状相关的基因或TF。本研究利用WGCNA确定了绿色、黑色和棕色3个基因模块与云南金花茶丛生芽增殖生长高度正相关。在bHLH、MYB家族分别筛选出2个转录因子，1个bZIP转录因子和2个UGT（UGT89B2、UGT85A24）。UGT89家族可以催化黄酮类化合物（Brazier-Hicks et al，2018），UGT85家族可以糖基化细胞分裂素和黄酮类物质（Yamada et al，2019），促进植物生长。植物的生长发育不仅受酶基因的调控，还受到转录因子的调控。在本研究中，大多数差异表达的转录因子均为bHLH、bZIP、B3、NAC、WRKY和MYB家族的成员。大量研究表明，这些TF家族参与了植物的生长发育。bHLH在植物形态发育过程中起着关键作用，bHLH转录因子GhPAS1介导BR信号通路，调控棉花的发育和结构（Wu et al，2021），TCP参与细胞增殖和分化的协调来调控植物结构和器官形态（Aguilar-Martínez & Sinha，2013）。本研究中，bHLH TF家族成员分布最多，有246个、248个和143个被注释到CF20 vs CF1、CF40 vs CF1、CF40 vs CF20中，在云南金花茶增殖苗生长发育中起着重要的作用。bZIP TF家族的成员数量仅次于bHLH家族，在植物的生长、发育、休眠和非生物胁迫中起着重要的调控作用。ZmbZIP4能促进玉米侧根数量增加，使主根变长，改善根系（Ma et al，2018）。WRKY TF家族对植物生长发育的调控已在许多物种中得到深入研究。WRKY71通过调控RAX基因的转录和生长素通路，在茎的分枝过程中发挥着关键作用（Wu et al，2021）。在本研究中，有157个、177个和82个WRKY转录因子差异表达，在增殖苗生长发育过程中具有不同的表达模式，这些WRKY转录因子在增殖苗生长发育中发挥了特定的作用。

本研究从云南金花茶中鉴定出70个UGT基因，根据系统发育分析将其聚类为14个组，而N、K、H和Q组中没有基因分布。目前，N组在22个物种中已经发现缺失（Wilson & Tian，2019），在禾本目（Poales）和十字花目（Brassicales）中发现Q组缺失（Wilson et al，2019），Cui等（2016）研究发现N和Q组在茶中也没有分布。在云南金花茶UGT中，L组分布最多，有14个（20.00%），G组有10个（14.30%），A组和E组分别有7个（10.00%），与茶中UGT的分布相似（Cui et al，2016）。这些基因可以催化多种底物，如类黄酮类、异黄酮类和萜类等，表明云南金花茶中富含这些代谢物（Ross et al，2001；Wilson & Tian，2019）。同时，L组和G组可以催化生长素和细胞分裂素的糖基化，在植物的生长和发育过程中发挥重要作用。在拟南芥中没有发现，而在玉米中发现的P组和O组，茶中发现的R组在云南金花茶中均有分布。O组UGT可以催化细胞分裂素的糖基化，P组对萜类底物有催化活性，R组中聚类到1个CFUGT，表明云南金花茶中有类似的功能基因。

UGT84B1是拟南芥中首次鉴定出的生长素糖基转移酶，糖基化IAA形成1-O-吲哚乙酰葡萄糖酯（Jackson et al，2001），拟南芥过表达植株中，1-O-IAGlc含量增加，植株矮小，分枝多（Jackson et al，2002）。UGT74E2通过其对IBA的活性参与调节植物结构和水分胁迫反应，对IBA有催化特异性。转基因植物中，IBA-Glc浓度增加，游离的IBA水平也升高，枝条分枝增加（Tognetti et al，2010）。在云南金花茶UGT中鉴定出2个生长素糖基转移酶UGT84B1和UGT74G1。UGT84B1在20d表达量较高，而IAA在1d时含量较高，可能是培养基中外源添加的IAA导致的。UGT74G1可以催化生长素形成IBA糖酯，40d时表达量上调，但在试验中没有检测到IBA。有研究表明IAA和IBA在植物中可以相互转化（江玲和周燮，1999），IBA主要转化为IAA、IAA Asp（IAA与天冬氨酸的结合物）和IBA Asp，推测在云南金花茶生长周期中IBA转化为了IAA，浓度低于仪器检测范围，所以未检测出IBA的含量。Hou等（2004）在拟南芥中鉴定出5个细胞分裂素糖基转移酶，UGT76C1和UGT76C2在嘌呤环N7-和N9-位置对细胞分裂素进行糖基化，UGT85A1、UGT73C5和UGT73C1催化反式玉米素和二氢玉米素，形成*O*-葡萄糖苷。UGT85A1过表达拟南芥中，反式玉米素*O*-葡萄糖苷含量显著增加（Jin et al，2013）。ugt76c1突变体中细胞分裂素*N*-葡萄糖苷显著减少，过表达植株中表达增加（Wang et al，2013）。有趣的是，不管是UGT85A1，还是UGT76C1转基因植株中其他形式的细胞分裂素浓度与野生型相当，在萌发的种子和幼苗中高水平表达（Jin et al，2013；Wang et al，2013）。UGT85A24与UGT85A1一致性为57.84%，UGT85A1催化细胞分裂素形成tZ糖苷和Dihydrozeatin糖苷（Jin et al，2013）。然而，仅在CF1和CF40中检测到了玉米素合成前体TZR。云南金花茶UGT系统发育树中没有聚类的TRINITY_DN33209_c0_g1（注释为UGT76B1）基因，与细胞分裂素糖基转移酶UGT76C1一致性为51.29%，猜测在云南金花茶中执行细胞分裂素糖基转移酶的功能，催化生成细胞分裂素糖苷。其表达量随着增殖苗生长发育下调，与云南金花茶中检测的细胞分裂素含量变化一致，在生长发育前期发挥着重要作用。cZOGT1是水稻中鉴定出的顺式玉米素*O*-糖基转移酶，催化顺式玉米素和玉米素核苷糖基化，其过表达植株较矮、叶子的颜色较深（Kudo et al，2012）。本研究中鉴定出一个同源性较高的*ZOX1*基因，表达量先下降后增加，可能在云南金花茶高生长中发挥重要作用。

4.2.3.2 结论

本研究以云南金花茶为研究对象，采用转录组方法比较了增殖苗不同生长发育过程中基因的动态变化，主要结论如下。

（1）鉴定出17697个差异基因，基因的变化主要发生在增殖苗发育的早期阶段

在从生芽增殖和高生长之间，约有20%的表达基因差异显著。这些差异表达基因在苯丙烷类生物合成，植物激素信号转导，玉米素生物合成，芪类、二芳基庚烷和姜醇的生物合成，光合作用-天线蛋白（photosynthesis-antenna proteins），光合作用（photosynthesis），类黄酮生物合成和半乳糖代谢途径显著富集。通过基因共表达网络分析，鉴定出5个TFs和2个UGTs，与从生芽增殖和高生长有较强的相关性。bHLH、bZIP、B3、NAC、WRKY、MYB等转录因子家族与云南金花茶从生芽生长发育相关，但调控方式不同。研究结果对差异表达基因在云南金花茶增殖苗生长发育过程中的作用和功能有了更广泛、更好的了解，为功能基因开发以及遗传改良工作提供相应的理论参考。

（2）基于转录组数据筛选到70个UGT基因，系统发育分析划分为14个组

鉴定出5个激素相关的糖基转移酶，UGT84B1和UGT74G1催化生长素糖

基化形成IAA糖苷和IBA糖苷，而UGT85A24、UGT76B1和ZOX1糖基化形成分裂素糖苷、cZ糖苷和tZ糖苷等。推测这些UGT与激素稳态密切相关。本研究为深入研究UGT基因功能、探索UGT调控云南金花茶增殖苗生长和发育提供理论依据。

4.3 丛生芽不同发育时期的代谢组分析

4.3.1 材料与方法

4.3.1.1 材料

试验材料同上节，分别于接种1d、20d、40d采集不同云南金花茶增殖苗（表4-12），液氮速冻后放入−80℃冰箱备用，共采集9个样品，每时期样本重复3次。

表4-12 采样信息表

采集时间	代谢组样品编号		
1d	CF1-1	CF1-2	CF1-3
20d	CF20-1	CF20-2	CF20-3
40d	CF40-1	CF40-2	CF40-3

4.3.1.2 方法

（1）检测方法

称量200mg样本和0.6mL甲醇（含内标，−20℃）于2mL离心管中，加入100mg玻璃珠，涡旋振荡1min后在组织研磨器中60Hz研磨90s，然后室温超声15min，接着4℃下12000rpm离心10min，最后取上清液经0.22μm膜过滤后用于LC-MS检测。由苏州帕诺米克生物医药科技有限公司完成。

色谱条件：Thermo Vanquish（Thermo Fisher Scientific，USA）超高效液相系统，使用ACQUITY UPLC® HSS T3（2.1×150mm，1.8μm）（Waters，Milford，MA，USA）色谱柱，0.25mL/min的流速，40℃的柱温，进样

量2μL。正离子模式，流动相为含0.1%甲酸的乙腈（C）和含0.1%甲酸的水（D），梯度洗脱程序为：0～1min，2% C；1～9min，2% ～50% C；9～12min，50% ～98% C；12～13.5min，98% C；13.5～14min，98% ～2% C；14～20min，2% C。负离子模式，流动相为乙腈（A）和5mmol/L甲酸铵水（B），梯度洗脱程序为：0～1min，2% A；1～9min，2% ～50% A；9～12min，50% ～98% A；12～13.5min，98% A；13.5～14min，98% ～2% A；14～17min，2% A。

质谱条件：Thermo Q Exactive质谱检测器（Thermo Fisher Scientific，USA），电喷雾离子源（ESI），正负离子模式分别采集数据。正离子喷雾电压为3.50 kV，负离子喷雾电压为–2.50kV，鞘气30 arb，辅助气10 arb。毛细管温度325 ℃，以分辨率70000进行一级全扫描，一级离子扫描范围m/z 81～1000，并采用HCD进行二级裂解，碰撞能量为30%，二级分辨率为17500，采集信号前10离子进行碎裂，同时采用动态排除去除无必要的MS/MS信息。采用R XCMS软件包进行峰检测、峰过滤、峰对齐处理，得到物质定量列表。

（2）数据处理步骤

① 数据预处理。通过Proteowizard软件包（v3.0.8789）（Smith et al，2016）中MSConvert工具将原始质谱下机文件转换为mzXML文件格式。采用R XCMS软件包（Navarro-Reig et al，2015）进行峰检测、峰过滤、峰对齐处理，得到物质定量列表，采用公共数据库HMDB（Wishart et al，2007）、Massbank（Horai et al，2010）、LipidMaps（Manish et al，2007）、mzcloud（Abdelrazig et al，2020）、KEGG（Ogata et al，1999）及自建物质库进行物质的鉴定。

② 相对定量计算。分别计算正负离子模式下混合QC样本不同浓度梯度中代谢物与同位素内标的比值，构建代谢物比值与浓度的线性曲线，通过优选拟合线性方程，计算样本溶液中代谢物的相对定量结果。

a.同位素内标鉴定：在正离子模式下，同位素内标物质包括胆酸-d5、苯丙氨酸-d5、甲硫氨酸-d4、色氨酸-d3、胆碱-d9；在负离子模式下，同位素内标物质包括琥珀酸-d4、胆酸-d5、苯丙氨酸-d5、甲硫氨酸-d4、色氨酸-d3。

b.线性方程拟合：计算混合QC样本中代谢物特征峰面积除以相应浓度下

各同位素内标峰面积获得Ratio比值，基于Ratio比值与混合QC样本不同浓度梯度构建线性拟合方程式，相关系数R^2最大的作为优选同位素内标和线性方程曲线。

c.计算样本中代谢物定量浓度：计算样本中代谢物特征峰面积与优选同位素内标峰面积的比值，代入相应线性方程曲线，计算得到样本中代谢物的相对定量浓度。

③ 数据分析。基于QC样本的LOESS信号校正方法实现批次间数据矫正，消除仪器批次误差。数据质控中过滤掉QC样本中RSD＞30%的物质。

采用R软件包Ropls（Thévenot et al，2015）分别对样本数据进行主成分分析（PCA）、偏最小二乘判别分析（PLS-DA）、正交偏最小二乘判别分析（OPLS-DA）降维分析，并分别绘制得分图、载荷图和S-plot图，展示各样本间代谢物组成的差异。用置换检验方法对模型进行过拟合检验。R2X和R2Y分别表示所建模型对X和Y矩阵的解释率，Q2标示模型的预测能力，它们的值越接近于1，表明模型的拟合度越好，训练集的样本越能够被准确划分到其原始归属中。根据统计检验计算P value值、OPLS-DA降维方法计算变量投影重要度(VIP)、fold change(FC)计算组间差异倍数，衡量各代谢物组分含量对样本分类判别的影响强度和解释能力，辅助标志代谢物的筛选。当P value值＜0.05和VIP值＞1时，认为代谢物分子具有统计学意义。

④ 通路分析。采用MetaboAnalyst（Xia & Wishart，2011）软件包对筛选差异代谢分子进行功能通路富集和拓扑学分析。富集得到的通路采用KEGG Mapper可视化工具进行差异代谢物与通路图的浏览。

4.3.2 结果与分析

4.3.2.1 数据质量评估

PCA用于评估9个样本，以初步了解整体代谢差异。分析结果表明，每组之间存在显著差异，但组内没有差异［图4-15（a）］，生物学重复都聚集在一起。聚类树状图也将所有代谢物分为3个独立的组［图4-15（b）］。表明代谢组学数据是高度可靠的。

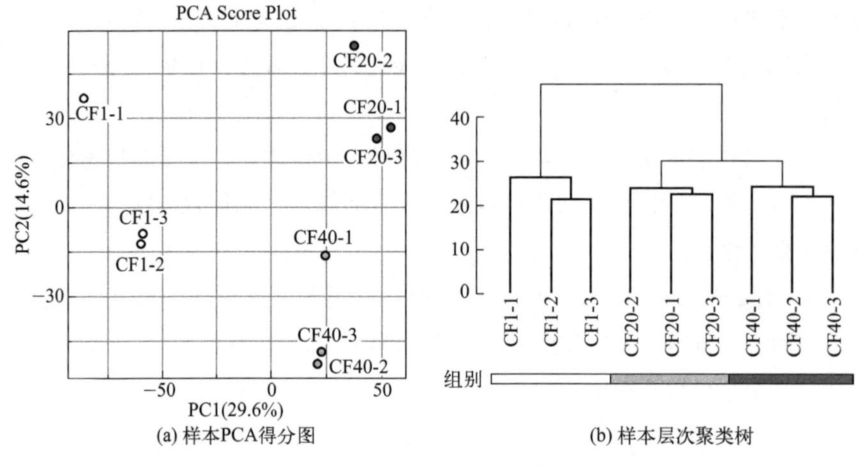

图 4-15 PCA和聚类分析

4.3.2.2 差异代谢物分析

共鉴定出567种代谢物，分为66类，包括84种羧酸及其衍生物、50种苯及其取代衍生物、35种有机氮及其衍生物、33种脂肪酰类、25种孕烯醇酮脂类、23种黄酮类化合物、14种类固醇及其衍生物、10种酚类化合物、10种吡啶及其衍生物、9种吲哚及其衍生物和274种不属于这10个主要类别的化合物。

差异代谢物结果显示［图4-16（a）］，CF20 vs CF1组合中筛选到差异代谢物149种（上调代谢物75种，下调代谢物74种）。CF40 vs CF1组合中筛选到差异代谢物114种（上调代谢物57种，下调代谢物57种）。CF40 vs CF20组合中筛选到差异代谢物80种（上调代谢物34种，下调代谢物46种）。在从生芽增殖（CF20 vs CF1）和高生长中（CF40 vs CF20），41种代谢物差异显著（21.8%）［图4-16（b）］，其中黄酮类化合物、羧酸及其衍生物、有机氧化合物为主要差异代谢物。共有15种代谢物在3种对比组合中均表达［图4-16（b）］，对15个差异代谢物进行层次聚类分析［图4-16（c）］，蒺藜皂苷（Tribuloside）、D-苯基乳酸（D-Phenyllactic acid）、*N*-(4-香豆酰基)-1-高丝氨酸内酯［*N*-(4-Coumaroyl)-1-homoserine lactone］、去甲基化安替比林（Demethylated antipyrine）、表儿茶素（Epicatechin）和5-羟基吲哚乙酸（5-Hydroxyindoleacetic acid）等代谢物的表达量总体趋势呈持续下降，芽子碱（Ecgonine）代谢物的表达量趋势呈持续上升，胞苷（Cytidine）、3-［(1′-羧基乙烯基)氧基］苯甲酸酯｛3-［(1-Carboxyvinyl)oxy］benzoate｝、甘露醇（Mannitol）、L-核酮糖（L-Ribulose）、*β*-乳糖（beta-Lactose）、脱氧胆酸钠（Sodium deoxycholate）、罗汉松脂素（Matairesinol）和（1′S，5′R）-5′-羟奥佛兰提素（（1′S，5′R）-5′-Hydroxyaverantin）等代谢物的表达量总体趋势呈先上升后下降。通过层次聚类分析差异代谢物的含量，生成层次聚类热图，来说明云南金花茶增殖苗生长发育的代谢模式，如图4-16（d）～（f）所示。云南金花茶增殖苗生长发育三个时期（CF1、CF20和CF40）的代谢表达模式组间差异显著，组内重复性良好。此外，在聚类热图中，大多数代谢物的表达水平发生了显著变化，表明在CF20 vs CF1和CF40 vs CF20代谢水平的DAMs可以决定云南金花茶增殖苗的生长发育特异性。

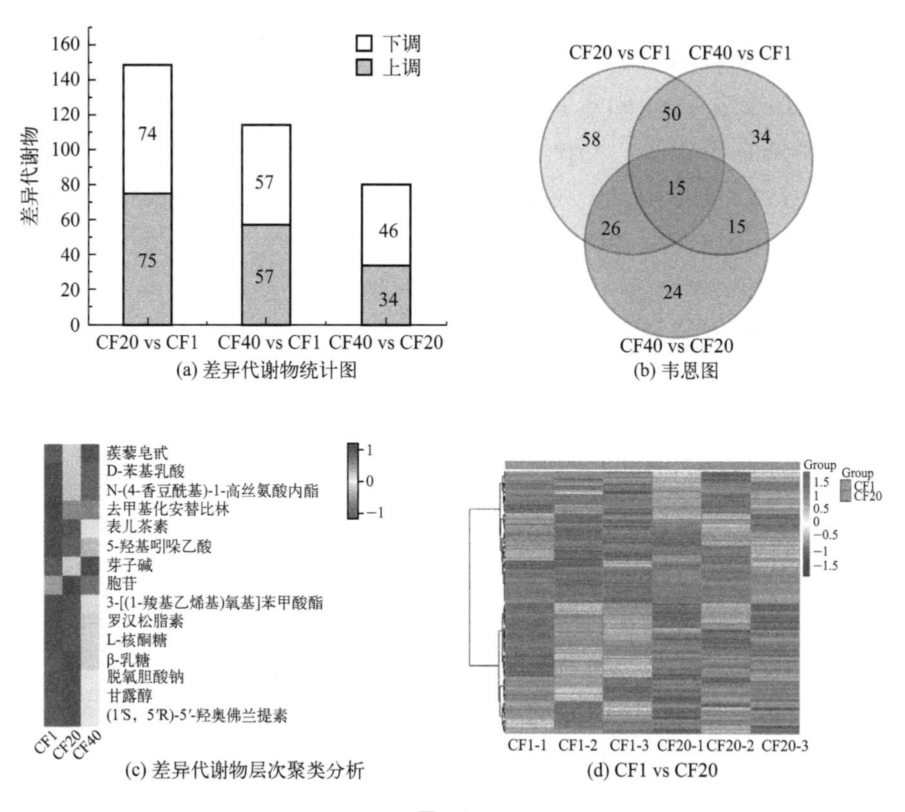

图 4-16

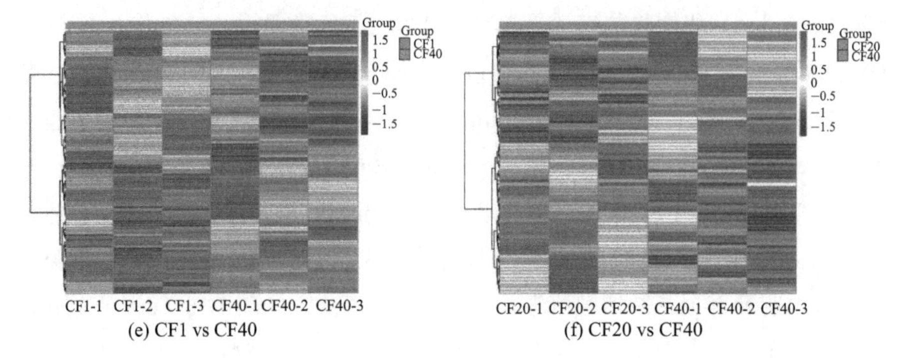

(e) CF1 vs CF40 (f) CF20 vs CF40

图4-16 差异代谢物分析

CF20 vs CF1组合中差异倍数最大的上调表达代谢物为3-（2-羟基苯基）丙酸［3-（2-Hydroxyphenyl）propanoic acid］，达到5.79，下调表达物为*N*-乙酰噻吩霉素（*N*-Acetylthienamycin），达到–4.88，如图4-17（a）所示。差异倍数前20的代谢物为3-（2-羟基苯基）丙酸、脱氧胆酸钠（Sodium deoxycholate）、UDP-N-乙酰-D-甘露糖胺（UDP-N-acetyl-D-mannosamine）、AMP、松三糖（Melezitose）、（1′S，5′R）-5′-羟奥佛兰提素（(1′S,5′R)-5′-Hydroxyaverantin）、罗汉松脂素（Matairesinol）、海藻糖（Trehalose）、甘氨酸（Glycylleucine）、L-谷氨酸γ半醛（L-Glutamic gamma-semialdehyde）、*N*-乙酰噻吩霉素、二氢黄体酮（5a-Pregnane-3,20-dione）、黄酮醇3-*O*-*β*-D-葡萄糖基-（1-＞2）-*β*-D-葡萄糖苷（Flavonol 3-*O*-beta-*D*-glucosyl-(1-＞2)-beta-D-glucoside）、5-羟基吲哚乙酸（5-Hydroxyindoleacetic acid）、辅酶Q1（Ubiquinone-1）、柚皮苷查尔酮（Eriodictyol chalcone）、对羟基苯乙酸（p-Hydroxyphenylacetic acid）、4-羟基香豆素（4-Hydroxycoumarin）、去甲基化安替比林（Demethylated antipyrine）、*N*-甲酰-L-蛋氨酸（*N*-Formyl-L-methionine）。

CF40 vs CF1组合中差异倍数最大的上调表达代谢物为AMP，达到3.97，下调表达物为*N*-乙酰噻吩霉素（*N*-Acetylthienamycin），达到–4.44，如图4-17（b）所示。差异倍数前20的代谢物为AMP、芽子碱（Ecgonine）、UDP-N-乙酰-D-甘露糖胺（UDP-N-acetyl-D-mannosamine）、2′,6′-二羟基-4′-甲氧基苯乙酮（2′,6′-Dihydroxy-4′-methoxyacetophenone）、松三糖（Melezitose）、脱氧胆酸钠（Sodium deoxycholate）、甘氨酸

（Glycylleucine）、3-*O*-甲基没食子酸甲酯（3-*O*-Methylgallate）、罗汉松脂素（Matairesinol）、L-谷氨酸γ半醛（L-Glutamic gamma-semialdehyde）、*N*-乙酰噻吩霉素、去甲基化安替比林（Demethylated antipyrine）、*N*-(4-香豆酰基)-1-高丝氨酸内酯（*N*-(4-Coumaroyl)-L-homoserine lactone）、2-*O*-（α-D-甘露糖基）-D-甘油酯（2-*O*-(alpha-D-Mannosyl)-D-glycerate）、黄素单核苷酸（FMN）、肌酸酐（Creatinine）、果糖-1-磷酸（Fructose-1P）、4α-羧基-4β-甲基-5α-胆甾-8,24-二烯-3β-醇(4α-Carboxy-4β-methyl-5α-cholest-8,24-dien-3β-ol)、3-甲基-L-酪氨酸（3-Methyl-L-tyrosine）、苦杏仁酸（Mandelic acid）。

CF40 vs CF20组合中差异倍数最大的上调表达代谢物为山柰酚-3-*O*-芸香糖苷（Kaempferol-3-*O*-rutinoside），达到2.21，下调表达物为山柰酚-3-槐三糖苷（Kaempferol 3-sophorotrioside），达到–2.82，如图4-17（c）所示。差异倍数前20的代谢物为山柰酚-3-*O*-芸香糖苷、3,4-二羟基苯乙酸（3,4-Dihydroxybenzeneacetic acid）、黄酮醇3-*O*-β-D-葡萄糖基-（1-＞2）-β-D-葡萄糖苷［Flavonol 3-*O*-beta-D-glucosyl-（1-＞2）-beta-D-glucoside］、4-（谷氨酰氨基）丁酸酯［4-(Glutamylamino）butanoate］、辅酶Q1（Ubiquinone-1）、

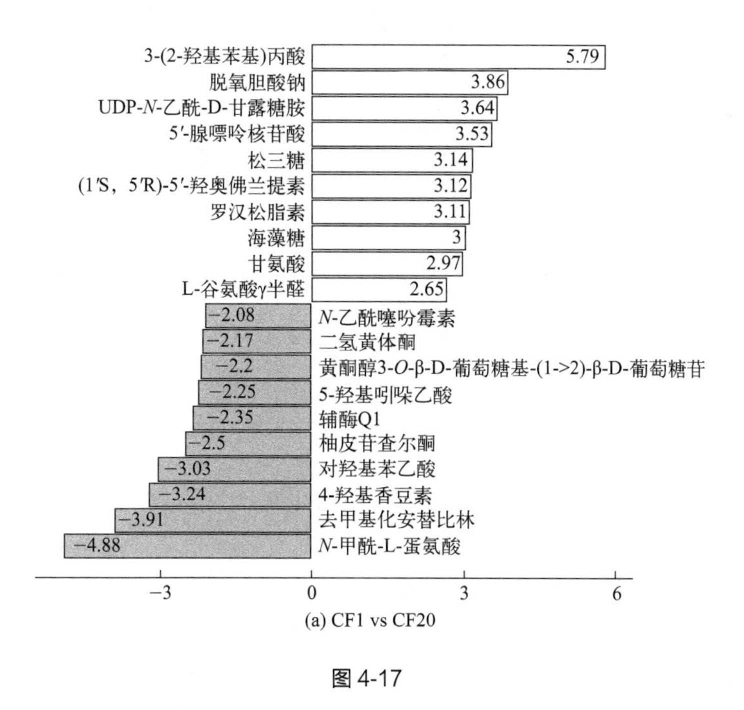

(a) CF1 vs CF20

图4-17

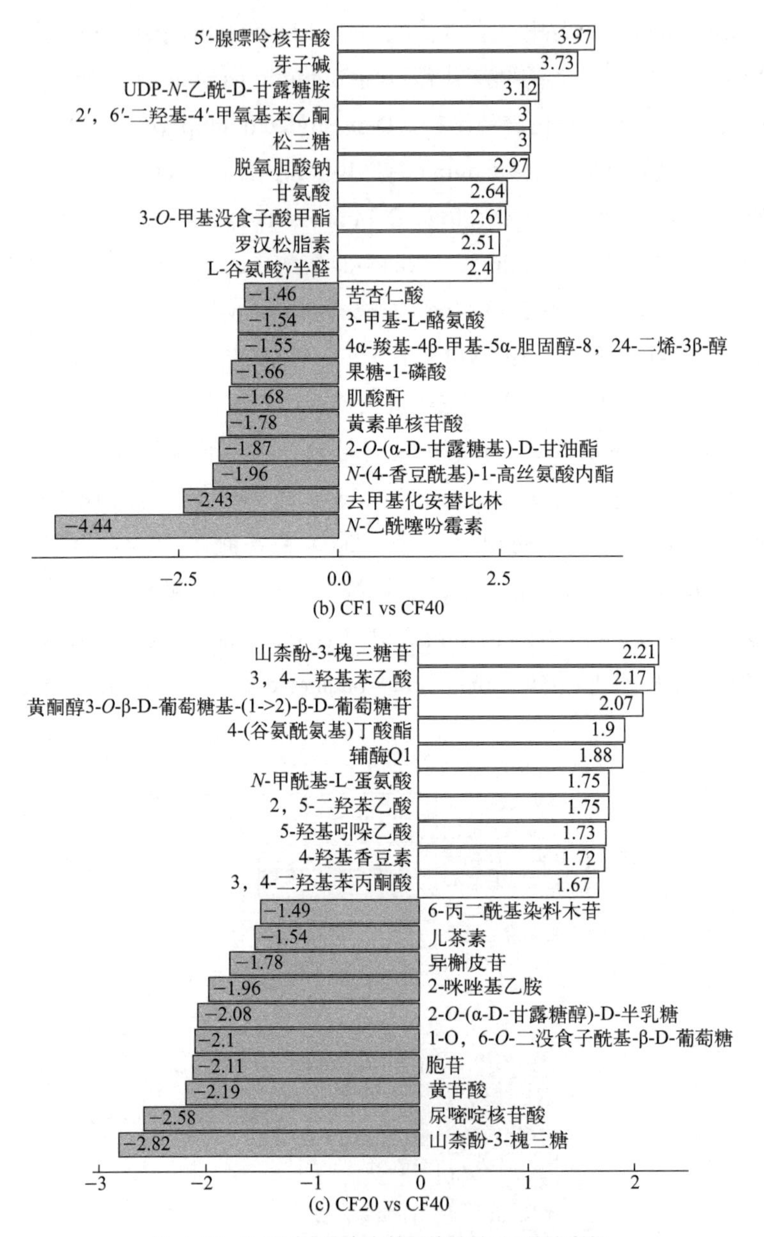

图 4-17 3 种对比组合中差异倍数前 20 的代谢物

N-甲酰基-L-蛋氨酸（*N*-Formyl-L-methionine）、2,5-二羟苯乙酸（Homogentisic acid）、5-羟基吲哚乙酸（5-Hydroxyindoleacetic acid）、4-羟基香豆素（4-Hydroxycoumarin）、3,4-二羟基苯丙酮酸［3-(3,4-Dihydroxyphenyl) pyruvate]、山柰酚-3-槐三糖、UMP、黄苷酸（Xanthoxic acid）、胞苷（Cytidine）、1-O,6-*O*-二没食子酰基-β-D-葡萄糖（1-O,6-*O*-Digalloyl-beta-D-glucose）、2-*O*-（α-D-甘露糖醇）-D-半乳糖（2-*O*-（alpha-D-Mannosyl）-D-glycerate）、2-咪唑基乙胺（Histamine）、异槲皮苷（Isoquercitrin）、儿茶素（Catechin）、6-丙二酰基染料木苷（6″-Malonylgenistin）。

4.3.2.3 代谢物 K–means 聚类分析

为进一步观察云南金花茶从生芽增殖生长过程的代谢变化，对3个发育阶段的 567种代谢物进行了K-means聚类分析，根据其累积模式分为5个簇，如图4-18所示。有93种代谢物聚类到簇Ⅰ中，在CF20中表达水平升高，在CF40中表达量下降，可能在云南金花茶丛生芽增殖生长前期起主要作用；簇Ⅱ中聚类到123种代谢物，在CF20中表达量升高，在CF40中表达水平趋于稳定；簇Ⅲ中聚类到162种代谢物，在CF20中表达量下降，在CF40中表达水平升高；有79种代谢物聚类到簇Ⅳ中，在CF20中表达量缓慢下降，在CF40中表达水平又升高，这些代谢物可能在从生芽增殖生长后期起重要作用；簇Ⅴ中聚类到108种代谢物，在云南金花茶从生芽增殖生长过程中代谢物表达量持续下降。

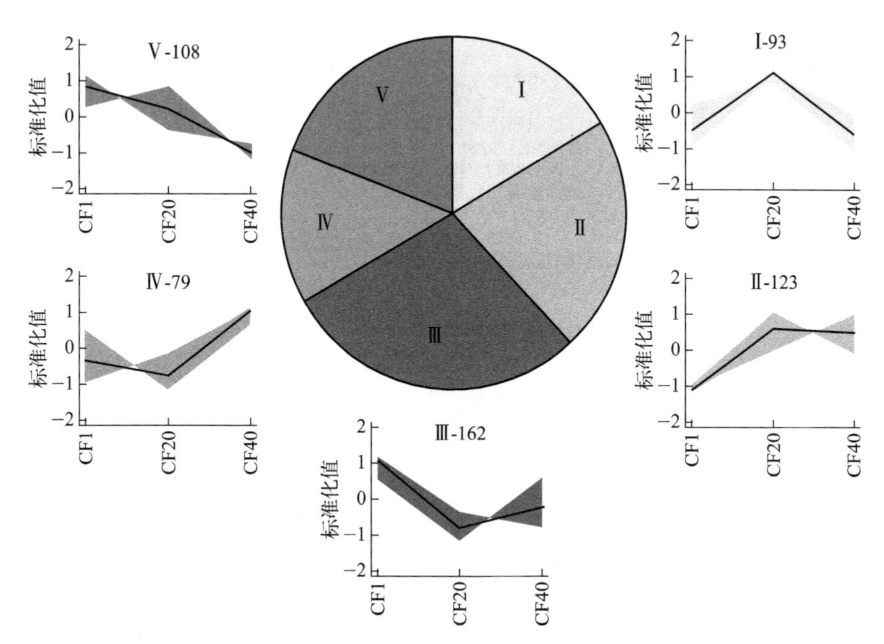

图4-18　云南金花茶增殖苗生长周期中代谢物的动态表达模式

4.3.2.4 差异代谢物KEGG通路分析

CF20 vs CF1中DAM富集到157条KEGG通路中，富集最显著的5条通路是癌症中的中枢碳代谢（Central carbon metabolism in cancer）、矿物质吸收（Mineral absorption）、蛋白质消化和吸收（Protein digestion and absorption）、黄酮和黄酮醇的合成（Flavone and flavonol biosynthesis）、氨基酸的生物合成（Biosynthesis of amino acids），如图4-19（a）所示。CF40 vs CF1中DAM富集到115条KEGG通路中，富集最显著的5条通路是氨基酸的生物合成（Biosynthesis of amino acids），其次是癌症中的中枢碳代谢（Central carbon metabolism in cancer）和矿物质吸收（Mineral absorption）、蛋白质消化和吸收（Protein digestion and absorption）、植物激素的生物合成（Biosynthesis of plant hormones），如图4-19（b）所示。CF40 vs CF20中DAM富集到118条KEGG通路中，富集最显著的5条通路是黄酮和黄酮醇生物合成（Flavone and flavonol biosynthesis）、苯丙烷类生物合成（Biosynthesis of phenylpropanoids）、类黄酮生物合成（Flavonoid biosynthesis）、吗啡成瘾（Morphine addiction）、乙醇代谢通路（Alcoholism），如图4-19（c）所示。

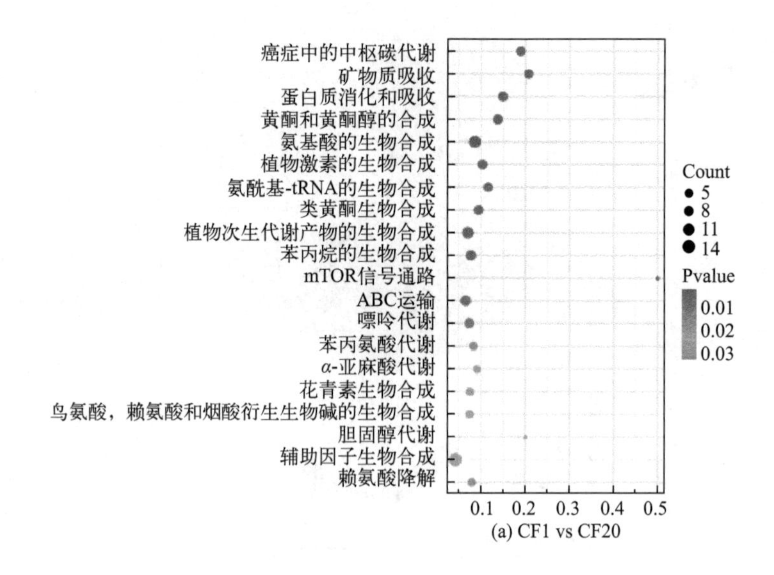

(a) CF1 vs CF20

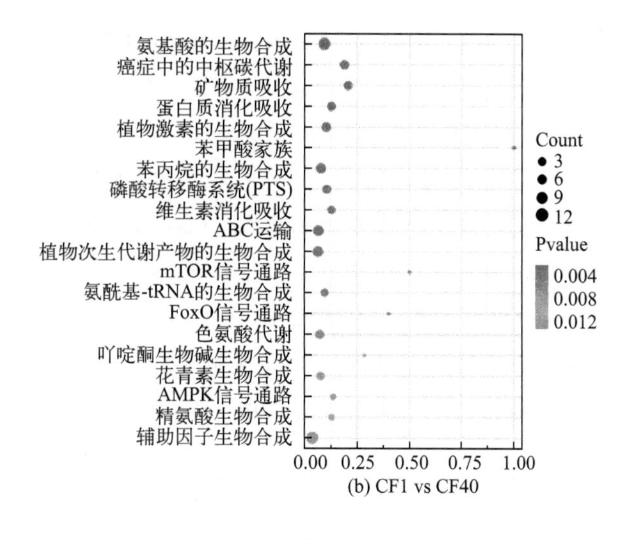

(b) CF1 vs CF40

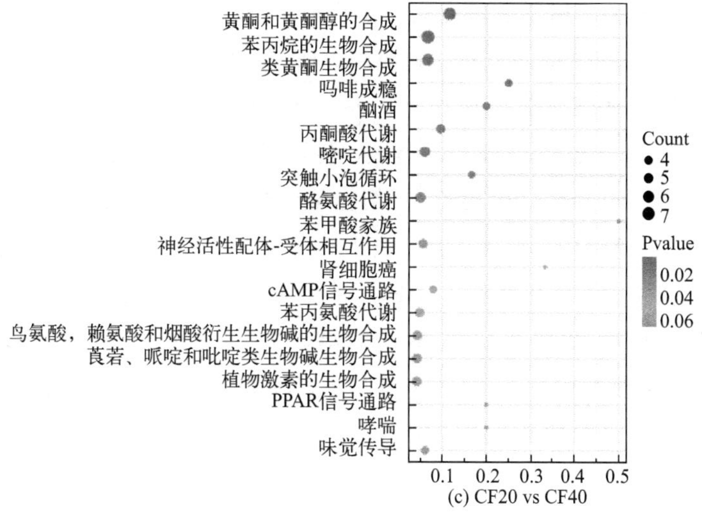

(c) CF20 vs CF40

图 4-19　KEGG 富集分析

在前20个富集途径中，植物激素的生物合成（Biosynthesis of plant hormones）和苯丙烷类生物合成（Biosynthesis of phenylpropanoids）在所有对照组中均显著富集，在CF20 vs CF1和CF40 vs CF1中，癌症中的中枢碳代谢（Central carbon metabolism in cancer）、矿物质吸收（Mineral absorption）、蛋白质消化和吸收（Protein digestion and absorption）、氨基酸的生物合成（Biosynthesis of amino acids）、氨酰tRNA生物合成（Aminoacyl-tRNA biosynthesis）、植物次生

代谢产物的生物合成（Biosynthesis of plant secondary metabolites）、mTOR信号通路（mTOR signaling pathway）、ABC转运蛋白（ABC transporters）、花青素生物合成（Anthocyanin biosynthesis）和辅助因子的生物合成（Biosynthesis of cofactors）均显著富集。黄酮和黄酮醇生物合成（Flavone and flavonol biosynthesis）、类黄酮生物合成（Flavonoid biosynthesis）、苯丙氨酸代谢（Phenylalanine metabolism）和鸟氨酸，赖氨酸和烟酸衍生生物碱的生物合成（Biosynthesis of alkaloids derived from ornithine，lysine and nicotinic acid）在CF20 vs CF1和CF40 vs CF20中显著富集。苯甲酸家族（Benzoic acid family）在CF40 vs CF1和CF40 vs CF20中显著富集。

4.3.2.5 激素信号通路相关基因的差异表达

为了了解参与植物激素合成和信号转导过程的基因和代谢物的调控网络，将所有的DEGs定位到相关通路中。研究中生长素、ABA、细胞分裂素和GA等激素的信号通路基因均有表达，如图4-20所示。在云南金花茶生长发育中，生长素Aux1、Aux/IAA基因、生长素应答因子ARF、生长素应答启动子CH3、细胞分裂素受体CRE1、组氨酸磷酸化转移蛋白AHP、A类响应因子A-ARR在CF20的表达水平显著高于其他阶段。生长素转运抑制响应蛋白TIR1、ABA响应元件结合因子ABF、GA受体GID1、光敏色素互作因子4TF、JA中F-box蛋白COI1、SA转录因子TGA、病程相关蛋白PR1随着云南金花茶的生长表达量增加，对云南金花茶发育具有正调控作用。茉莉酸ZIM结构域蛋白JAZ、bHLH拉链型转录因子MYC2，SA调节蛋白NPR1对云南金花茶发育具有负调控作用。

在生长素信号转导中，生长素特异性地结合TIR1/AFB受体形成蛋白复合物，从而驱动Aux/IAA转录抑制剂的泛素化和降解，从而释放ARF，促进或抑制下游基因的转录产生生长素反应。在CF1时，有5个Aux/IAA基因、3个ARF基因、1分SAUR和4个GH3基因表达水平高于其他阶段，这与检测的CF1中IAA和Me-IAA含量高相一致。生长素转运抑制响应蛋白TIR1的编码基因在CF40表达上调。生长素应答因子ARF、生长素应答启动子CH3、生长素应答基因SAUR在不同阶段表达水平不同，说明不同基因在不同阶段的表达可能有助于生长素信号的特异性。进一步分析了细胞分裂素信号转导相关基因的表达。细胞分裂素受体CRE1和B类响应因子B-ARR

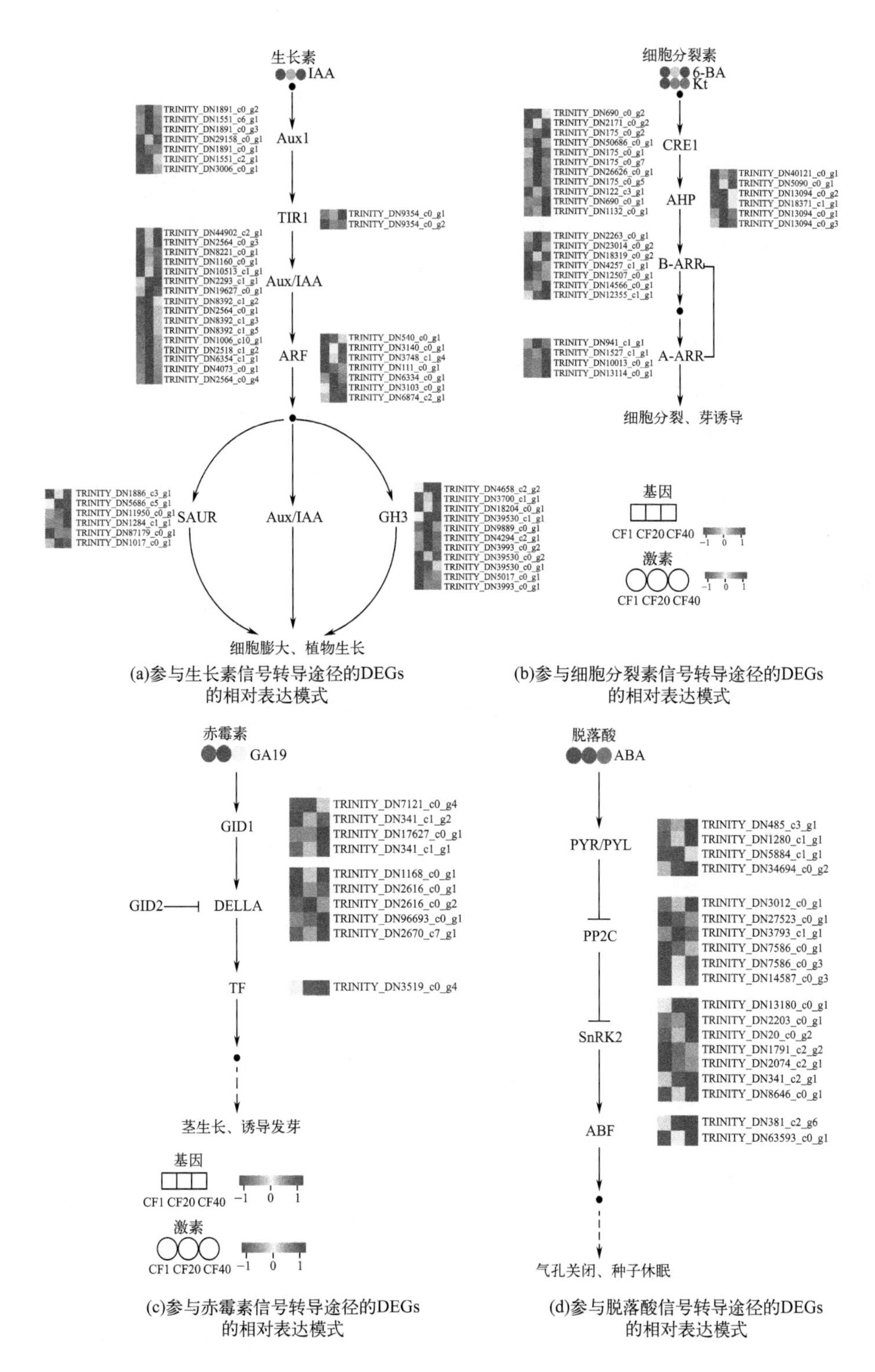

(a)参与生长素信号转导途径的DEGs的相对表达模式

(b)参与细胞分裂素信号转导途径的DEGs的相对表达模式

(c)参与赤霉素信号转导途径的DEGs的相对表达模式

(d)参与脱落酸信号转导途径的DEGs的相对表达模式

图 4-20

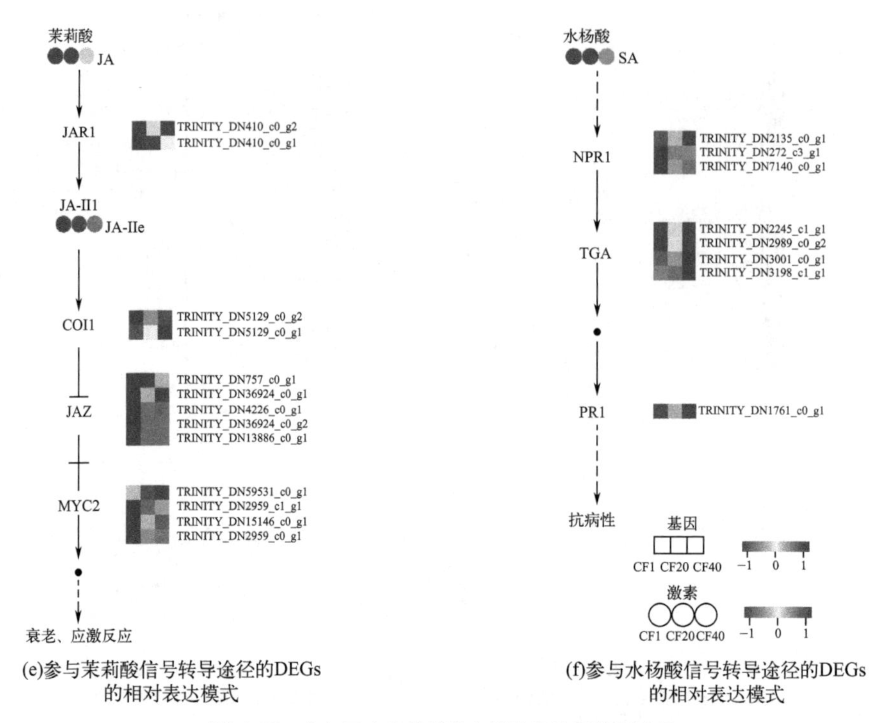

(e)参与茉莉酸信号转导途径的DEGs的相对表达模式

(f)参与水杨酸信号转导途径的DEGs的相对表达模式

图 4-20 参与云南金花茶发育的激素信号转导途径

在不同阶段表达不同，A类响应因子A-ARR在CF1和CF20表达较高，但在CF40表达下调。组氨酸磷酸化转移蛋白AHP在CF1低表达，随着增殖苗生长和发育表达上调。实验中发现细胞分裂素在CF1中含量最高，与基因表达模式不一致，可能是外源添加细胞分裂素形成的。脱落酸在CF1中含量最高，随后含量下降，在脱落酸信号转导中不同基因在生长阶段表达不同，可能是部分基因的下调或上调导致脱落酸含量下降，从而促进云南金花茶增殖苗的生长和发育。茉莉酸信号转导中，茉莉酸ZIM结构域蛋白JAZ和bHLH拉链型转录因子MYC2在CF1高表达，这与检测的CF1中茉莉酸含量高相一致，说明JA在生长发育早期有一个快速的代谢转化过程。水杨酸信号转导中，调节蛋白NPR1在CF1高表达，而转录因子TGA和病程相关蛋白PR1在CF40高表达，水杨酸含量先上升后下降，总体保持一个较高的水平。DELLA蛋白是赤霉素信号途径中的负调控因子，阻遏植物的生长发育。CF20中GA浓度较高，GA与GID1结合与DELLA形成GID1-GADELLA蛋白复合体，DELLA蛋白被泛素化，从而解除DELLA蛋白的阻遏作用。植物激素信号转导途径中的DEGs可能与云南金花茶增殖苗发生和发育密切相关，这些DEGs的相互作用形成了一个平衡的网络调节增殖苗的生长和发育。

4.3.2.6 苯丙烷类生物合成途径代谢物和基因的差异表达

苯丙烷途径负责多种产物的生物合成，包括木质素、黄酮类化合物等。该途径的许多中间体和最终产物在植物中发挥着重要作用，如植物抗毒素、抗氧化剂和芳香化合物等。因此，研究建立了云南金花茶中苯丙烷类生物合成的调控网络。如图4-21所示，根据转录组和代谢组KEGG富集通路图，共鉴定出22个涉及苯丙烷类生物合成途径的DEG和14个DAM。其中，1个*PAL*基因（TRINITY_DN90644_c0_g1）、1个*4CL*基因（TRINITY_DN536_c1_g1）、1个*CAD*基因（TRINITY_DN243_c3_g1）、2个*CCR*基因（TRINITY_DN7831_c0_g1、TRINITY_DN24043_c0_g1）、2个*COMT*基因（TRINITY_DN42605_c0_g1、TRINITY_DN4120_c0_g3）的表达水平在CF1中的表达高于CF20或者CF40。2个*PAL*基因（TRINITY_DN843_c0_g1、TRINITY_DN29205_c1_g1）、3个*4CL*基因（TRINITY_DN3793_c0_g2、TRINITY_DN10126_c0_g1、TRINITY_DN92228_c0_g1）、1个*C4H*基因（TRINITY_DN206_c0_g1）、2个*CAD*（TRINITY_DN49359_c0_g3、TRINITY_DN20867_c0_g1）基因的表达水平在CF20中的表达高于CF1或者CF40。3个*PAL*基因（TRINITY_DN23572_c0_g1、TRINITY_DN7360_c0_g1、TRINITY_DN1460_c3_g1）、1个*CAD*基因（TRINITY_DN1095_c0_g1）的表达水平在CF40中的表达高于CF1或者CF20。DAMs的含量显示出不同的表达趋势，p-Coumaraldehyde（香豆醛，M148T195）、Methylchavicol（M149T459）、Isomethyleugenol（M179T561）和Sinapyl alcohol（M209T514）在CF1时表达量最高。Cinnamaldehyde（M133T417）、Sinapic acid（M207T516）和p-Coumaric acid（对香豆酸，M163T291）在CF20中的表达量高于CF1和CF40。Cinnamic acid（肉桂酸，M131T519）、Caffeic acid（咖啡酸，M181T348）、Ferulic acid（阿魏酸，M177T547）、Conife ryladehyde（M179T404）和Methyleugenol（M179T799）在CF40中的表达量高于CF1和CF20。

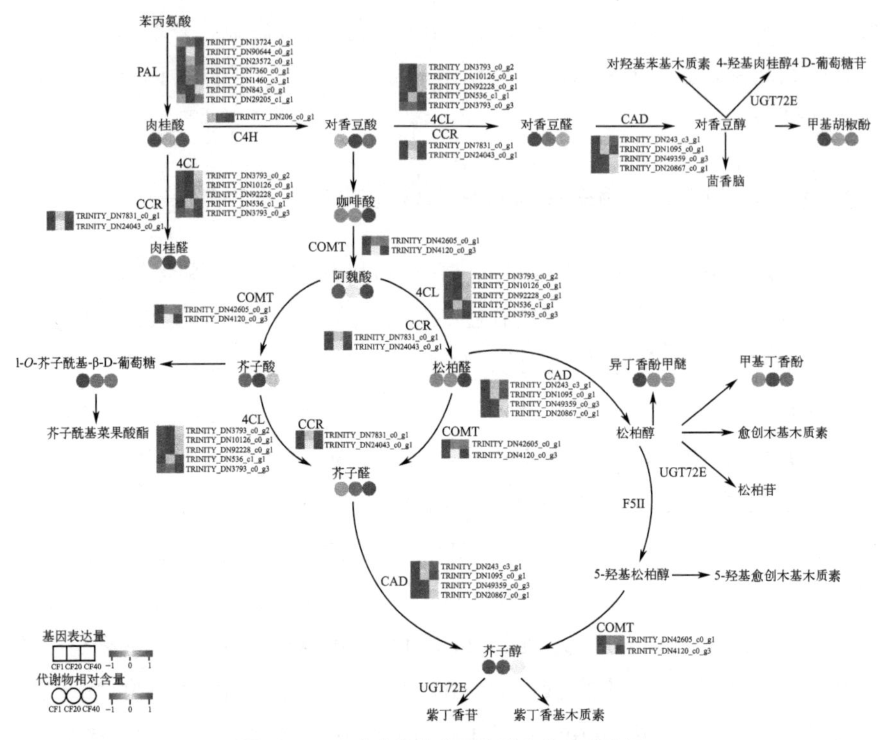

图 4-21　云南金花茶苯丙烷类生物合成途径

注：热图显示苯丙烷类生物合成过程中 DEG 和 DAM 的表达模式。矩形代表 DEGs 的表达变化，圆圈代表 DAMs 的表达变化。PAL：苯丙氨酸解氨酶；4CL：4- 香豆酸：辅酶 A 连接酶；CCR：肉桂酰辅酶 A 还原酶；C4H：肉桂酸 4- 氢化酶；CAD：肉桂醇脱氢酶；COMT：咖啡酸 -*O*- 甲基转移酶。

4.3.2.7　代谢组和转录组 KEGG 通路富集分析

为了评估代谢组和转录组之间的关系，整合了KEGG途径富集结果（图4-22）。结果显示，所有对照组中的代谢相关通路高度富集，如苯丙烷类生物合成（Phenylpropanoid biosynthesis）、黄酮类生物合成（Flavonoid biosynthesis）、戊糖和葡萄糖醛酸相互转化（Pentose and glucuronate interconversions）。其中，参与类黄酮合成的类黄酮生物合成途径在CF1 vs CF40、CF20 vs CF40中显著富集，苯丙烷类生物合成途径在CF1 vs CF20、CF1 vs CF40、CF20 vs CF40中显著富集。参与多糖合成的戊糖和葡萄糖醛酸相互转化和淀粉和蔗糖代谢途径（Starch and sucrose metabolism）在CF1 vs CF20、CF20 vs CF40中显著富集。此外，根据代谢物结果，苯丙素类化合物在3个发

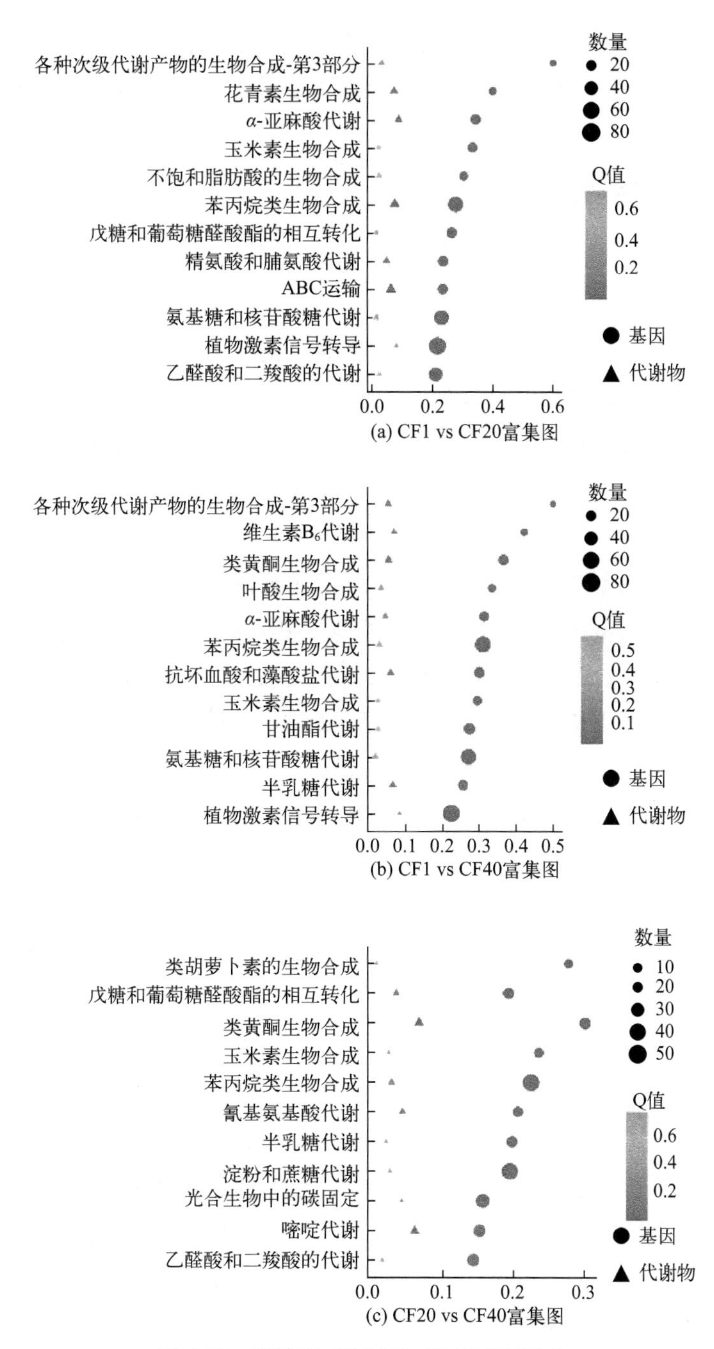

(a) CF1 vs CF20富集图

(b) CF1 vs CF40富集图

(c) CF20 vs CF40富集图

图 4-22 代谢组和转录组的 KEGG 通路富集

育时期变化较大。同时，转录组结果显示，各对照组对苯丙烷类生物合成的影响更为显著。总之，DAMs和DEGs都与苯丙烷类生物合成途径显著相关。

4.3.3 讨论与结论

4.3.3.1 讨论

代谢组可以定性定量解析代谢物种类，揭示植物生长发育及逆境适应中代谢产物变化。本研究对3个生长发育阶段云南金花茶增殖苗的代谢物进行了分析，共检测到567种代谢物，其中羧酸及其衍生物最多。KEGG富集分析显示植物激素的生物合成和苯丙烷类生物合成在所有对照组中均显著富集。

从生芽的生长发育需要植物同时对多种外源和内源激素信号作出反应（Metzger & Krasnow，1999）。生长素和细胞分裂素被认为是控制植物组织培养中生长发育最重要的激素（Sun et al，2023），高生长素水平抑制拟南芥芽的活性，而细胞分裂素则起到相反的作用（Waldie & Leyser，2018）。生长素能够通过AXR1直接抑制细胞分裂素的生物合成，从而抑制芽的生长（Nordstrom et al，2004）。外源细胞分裂素能够克服生长素对芽活性的抑制作用，决定着生长素转运蛋白PIN3、PIN4和PIN7的转录表达，以促进arr1突变体芽的增殖（Waldie & Leyser，2018）。蔗糖、GA和ABA等在调节从生芽生长中发挥作用。蔗糖及其信号网络在芽生长的早期中发挥着重要作用，能够抑制生长素诱导的独角金内酯途径促进芽生长（Bertheloot et al，2020），即使存在生长素的情况下，也可以通过外源添加的蔗糖诱导芽的生长（Mason et al，2014）。有研究表明，WRKY71通过生长素途径调节EXB1基因的表达，在拟南芥侧芽分化中发挥重要作用，并通过ABA信号通路正向调节侧芽分化（Guo et al，2015）。WRKY70是水杨酸和茉莉酸调节防御信号的重要成员，调节SA和JA参与防御（Chen & Sumida，2018）。图4-11显示，WRKY转录因子家族所占的比例较大，通过调节植物激素信号合成途径中基因的表达促进增殖苗生长和发育，这也可能是云南金花茶中ABA、SA和JA含量较高的原因之一。FAR1可以正向调控ABA信号通路，使植物更好地适应环境，云南金花茶中FAR1家族在CF1和CF20所占比例较大，ABA随着增殖苗生长发育含量下降，可能与CF40中FAR1家族成员数量减少有关。

此外，还建立了云南金花茶中苯丙烷类生物合成的调控网络，可视化了苯丙烷类生物合成基因在该途径中的作用。苯丙烷类生物合成途径起始于苯丙氨酸，由苯丙氨酸合成不同化合物，涉及PAL、4CL、CCR、C4H、CAD和COMT等多种酶。苯丙类生物合成途径的初始反应是由PAL催化的，它催化苯丙氨酸转化为肉桂酸（Humphreys & Chapple，2002），PAL往往与植物的正常生长及次生代谢物的生成密切相关。如图4-21所示，2个PAL在增殖苗生长和发育阶段表达下调，有3个PAL表达上调，2个PAL表达先上调后下降，推测PAL在不同阶段的不同表达调控着云南金花茶增殖苗的生长和发育。4-香豆酸: 辅酶A连接酶（4CL）能催化肉桂酸、芥子酸、香豆素和阿魏酸等多种底物，并控制着G型或S型木质素单体的生成。肉桂酸和阿魏酸在云南金花茶增殖苗生长发育中显著上调，芥子酸和香豆素在CF20中高表达，3个阶段4CL的表达不同，同时在代谢物中未发现木质素单体。MYB家族中许多基因被证实参与了植物次生代谢的调控，包括其在类黄酮和木质素生物合成中的重要调控作用（Zhang et al，2011），而R2R3-MYB在拟南芥中的异源表达降低了木质素含量，改变了木质素组成（Zhu et al，2013）。在转录组数据中发现了大量的MYB转录因子，因此，推测这些MYB转录因子抑制了木质素的产生。

4.3.3.2 结论

本研究采用全局精准非靶向代谢组学分析了云南金花茶增殖苗发育过程中代谢物的变化规律，主要结论如下。

（1）检测出567种代谢物，分为5种累积模式，代谢物的变化主要发生在增殖苗发育的早期阶段。鉴定出222种差异表达的代谢物，显著富集在植物激素的生物合成和苯丙烷类生物合成途径中。研究结果为云南金花茶增殖苗生长发育过程中代谢物的变化规律提供了见解，有助于增殖苗发育过程中代谢物积累的认识。

（2）1～20d云南金花茶丛生芽以增殖为主，20～40d以高生长为主，增殖为辅，代谢产物在丛生芽增殖和高生长阶段的积累存在显著差异。在丛生芽增殖（CF20 vs CF1）中3-（2-羟基苯基）丙酸、脱氧胆酸钠、UDP-*N*-乙酰-D-氨基甘露糖胺、AMP和松三糖显著积累，差异代谢物主要富集在癌症中的中枢碳代谢、矿物质吸收、蛋白质消化和吸收、黄酮和黄酮醇的合成和氨基酸的生物合成途径中。山柰酚-3-*O*-芸香糖苷、3,4-二羟基苯乙酸、黄酮醇3-*O*-β-D-葡萄糖基-（1-＞2）-β-D-葡萄糖苷、4-（谷氨酰氨基）丁酸酯和辅酶Q1的含量在丛生芽高生长（CF40 vs CF20）中显著上调，差异代谢物主要富集在黄酮和黄酮醇生物合成、苯丙烷类生物合成、类黄酮生物合成、吗啡成瘾和乙醇代谢通路中。植物激素的生物合成、苯丙烷类生物合成，黄酮和黄酮醇生物合成、类黄酮生物合成、苯丙氨酸代谢和鸟氨酸，赖氨酸和烟酸衍生生物碱的生物合成途径在丛生芽增殖和高生长阶段均显著富集。植物激素信号转导途径中的DEGs可能与云南金花茶增殖苗的个体发生和发育密切相关。本研究为云南金花茶丛生芽增殖和高生长过程中代谢物的变化提供了见解，明确了代谢物参与的生命活动过程。

第5章

云南金花茶人工栽培及其微生物群落调查

5.1 云南金花茶栽培与管理

5.1.1 云南金花茶植种植现状

野生云南金花茶分布在云南省的个旧市、河口县、马关县，其主要适生于海拔1000m以下的阴生或半阴生林下。据初步估算，河口县、马关县人工种植柚木、竹子、橡胶、杉木以及以下放荒的退化香蕉地均可以种植云南金花茶，面积约20万亩[1]，但是最适宜种植区的面积在5万亩左右。

云南金花茶的人工繁殖问题得以解决后，逐渐开始人工种植。目前，已种植的点主要分布在河口镇坝洒社区、南溪镇，面积约200亩。坝洒社区主要为人工香蕉退化地，已恢复成次生构树林，种植面积20亩。南溪镇种植面积较大的主要有5宗地，一宗香蕉退化地，已恢复成次生构树林，面积约20亩；一宗为菠萝蜜果树林下，面积约30亩；一宗为柚木林下，面积约30亩；两宗为橡胶退化林，面积60亩；零星种植面积约40亩。总体而言，目前云南金花茶的人工种植近几年才开始，为了更好地推进云南金花茶的种植，以现有种植面积为基础，鼓励种植户管理好、经营好，探索性地开发云南金花茶药食产品，让群众看到产业发展的未来前景，以点带面引导群众规模性地种植。

5.1.2 栽培技术要点

云南金花茶为深根性树种，主根发达，垂直深入地下。云南金花茶一般喜土质疏松、排水、透气良好的微酸性土壤。由于云南金花茶喜阴、不耐寒，野生状态下多分布于阔叶林下。通过对种植不同年限的云南金花茶进行土壤

---

[1] 1亩=666.7m^2。

采样，对土壤中的有机碳、总氮、总磷以及pH值等指标进行测定，结果如图5-1所示。从图5-1中可以看出不同栽培年限下云南金花茶根际土壤中的有机碳总量变化不大，总氮、总磷逐渐升高，pH值降低。因此，开展人工种植，在选择造林地时需要考虑云南金花茶的生长习性，如酸性土壤、有机质较丰富等，可在当地橡胶、柚木、竹子等林下进行种植。

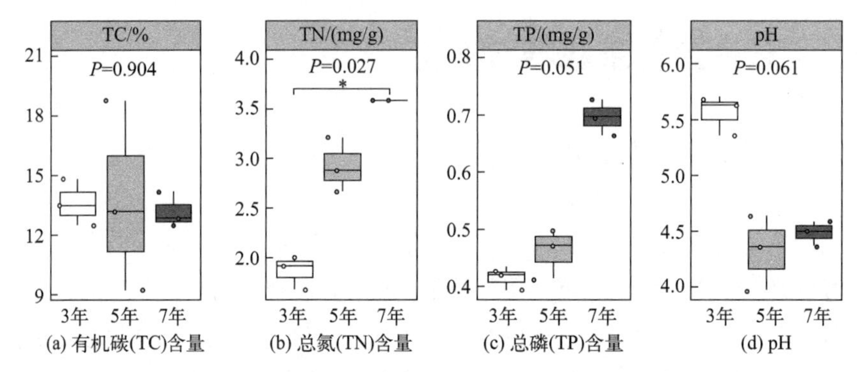

(a) 有机碳(TC)含量　(b) 总氮(TN)含量　(c) 总磷(TP)含量　(d) pH

图5-1　不同栽培年限下云南金花茶的土壤化学性质

注：* 表示差异显著，$P \leqslant 0.05$（组间采用Kruskal-Wallis检验，事后检验采用Dunn's检验）。

造林地确认后，在进行育苗、整地方式、造林密度、种植点配置等实际操作时，具体可参照《造林技术规程》（GB/T 15776—2023）进行执行。如出现成活率达不到要求时，要分析原因并及时进行补植。一般来说，采用营养袋育苗造林，加之在云南金花茶的适宜种植区进行种植，均可获得较高的造林成活率。图5-2为造林后的云南金花茶。

(a) 当年种植的云南金花茶

(b) 种植7年的云南金花茶

图5-2　云南金花茶人工种植

5.1.3 栽后管理

在造林工作完成后，后期的管理非常重要，技术措施要及时跟上，否则，可能会出现保存率低、生长不良、病虫害危害严重以及产量少等问题。由于云南金花茶目前人工种植面积少，尚未开展系统的管护试验，在前期可以参照广西金花茶的抚育管理模式进行管理，包括施肥、除草、整形修剪、病虫害防治等，不断试验归纳，后期逐步形成云南金花茶的技术规程。在前期种植的云南金花茶人工林中，发现的病虫害较少，主要有叶斑病、藻斑病以及木蠹蛾等，相应症状如图5-3所示。针对出现的这些问题，要足够重视，提前预防，并制定切实可行的防治技术措施。

(a) 健康叶片

(b) 叶斑病

(c) 藻斑病

(d) 木蠹蛾危害

图5-3 云南金花茶病虫害图

5.2 云南金花茶根系内生微生物群落特征研究

5.2.1 材料与方法

5.2.1.1 样品收集和处理

2023年8月21日在中国云南省河口瑶族自治县云南金花茶的适生区（22° 40′17.69″N，103°56′30.3″E）进行云南金花茶样本的采集。在云南金花茶人工种植3年、5年和7年的3个样地进行云南金花茶的采样（采样地信息见表5-1），3个种植年龄的地块之间的直线距离大于2 km）。在每个样点中随机挑选3株健康的云南金花茶进行根系的采集。

表5-1　云南金花茶生长环境信息

样本序号	坡度/（°）	株高/m	胸径/cm	分枝数	土壤类型	树龄/a
3年-1	10	132.5	2.45	9	砖红壤	3
3年-2		212.4	2.81	10	砖红壤	3
3年-3		167.2	2.22	6	砖红壤	3
5年-1	43	180.3	2.11	6	砖红壤	5
5年-2		203.2	2.32	7	砖红壤	5
5年-3		215.1	1.96	6	砖红壤	5
7年-1	35	232.6	3.97	6	砖红壤	7
7年-2		252.3	4.05	5	砖红壤	7
7年-3		235.7	8.03	7	砖红壤	7

云南金花茶根系的采样方法如下：首先，除去杂草和表层土后，在两个不同方向的根系分布较多的10～30cm土层中进行根系的取样。其次，除去根表面松散的土壤和根缝中的砾石后，用75%酒精消毒后的剪刀剪下云南金花茶的细根，并放入2mL冷冻管中，如图5-4所示。再次，所有的样本均保存在干冰中，运送到实验室后在–80℃下保存。最后，在实验室中对根系样本

进行表面消毒：先使用超声浴清洗仪对细根进行超声处理10min。再在0.5% NaClO中表面消毒5min，在75%酒精中表面消毒5min，然后用无菌水进行冲洗。将最后一次冲洗的无菌水接种到胰蛋白酶大豆琼脂（TSA）培养基和马铃薯葡萄糖琼脂（PDA）培养基中，验证表面灭菌是否成功。

(a) 3年生植株　(b) 5年生植株　(c) 7年生植株　(d) 采样示意

图5-4　云南金花茶样点图及采样示意

5.2.1.2　DNA的提取和高通量测序

为了进行微生物高通量测序，每个样点称取3个不同株的200mg细根使用CTAB法提取总DNA。而后采用1.2%琼脂糖凝胶电泳检测DNA质量，再把提取的总DNA稀释至浓度为1ng/μL。稀释后的DNA作为PCR扩增模板。然后，使用引物（799F：5′-AACMGGATTAGATACCCKG-3′和1193R：5′-ACGTCATCCCCACCTTCC-3′）扩增16S rRNA基因，并使用引物ITS1-F：5′-CTTGGTCATTTAGAGGAAGTAA-3′和ITS2：5′-GCTGCGTTCTTCATCGATGC-3′扩增真菌的ITS区域。PCR扩增在总反应体积为25μL的条件下进行，反应体积为5×反应缓冲液5μL、5×GC缓冲液5μL、dNTP（2.5mmol/L）2μL、正向引物（10μmol/L）1μL、反向引物（10μmol/L）1μL、DNA模板2μL、ddH$_2$O 8.75μL、Q5 DNA聚合酶0.25μL。PCR扩增程序包括98 ℃初始变性2min，25个循环分别为98℃变性15s、55℃退火30s、72℃延伸30s，循环结束后最后72℃延伸5min。然后，使用的Illumina MiSeq PE250平台进行文库构建和测序。原始序列存放在NCBI数据库中，登录号为PRJNA1028152。

5.2.1.3 生物信息学分析

使用QIIME 2进行微生物组生物信息学分析，并进行轻微修改。简单地说，使用Q2-demux插件对原始序列数据进行拆分并进行质量过滤，然后使用DADA2进行高质量滤波、去噪、合并和嵌合体去除，用mafft（Q2-alignment）对所有扩增序列变体（ASV）进行比对，并用fasttree2（Q2-phylogeny）构建系统发育树；将样品序列抽平后使用Q2-diversity计算α多样性指数（Chao1指数、Faith's系统发育多样性（PD）、Goods_coverage、香农（Shannon）多样性指数、辛普森（Simpson）多样性指数、Pielou指数和Observed species）；使用Q2-feature-classifier比对silva_138_1参考序列对细菌ASV进行分类，同时对比unite_9参考序列对真菌ASV进行分类。

5.2.1.4 数据统计分析

所有序列均来自9个样品（3个根样品×3个栽培年）。然后，使用MOTHUR v1.35.1“sub.sample”将序列数抽样到最小样本序列数，即细菌26182个reads和真菌81025个序列。后续所有数据分析均基于抽样数据进行。使用R v3.4.3“vegan”软件包计算样品的稀释曲线。采用rv3.4.3“vegan”软件包，采用基于Bray-Curtis距离的非度量多维尺度（nonmetric multidimensional scaling，NMDS）分析，比较不同年龄样品间群落β多样性差异，并用置换多变量方差分析（PERMANOVA）进行不同栽培年际间的差异检验。利用PICRUSt2软件进行细菌和真菌功能预测，参考KEGG（kyoto encyclopedia of genes and genomes）数据库，得到KO（KEGG Orthology）功能的丰度预测表及KEGG代谢途径（KEGG pathway）丰度表。

5.2.2 结果与分析

5.2.2.1 云南金花茶根系内生细菌群落特征研究

（1）云南金花茶根内生细菌序列长度分布

云南金花茶根内生细菌序列除杂后，序列长度372～384bp，其中376bp的序列占46.33%，380bp的序列占12.93%，378bp的序列占11.37%，377bp的序列占9.88%，而375bp的序列占7.51%。总体来说，序列分布较集中在370 bp以上，测序可靠性较高（图5-5）。

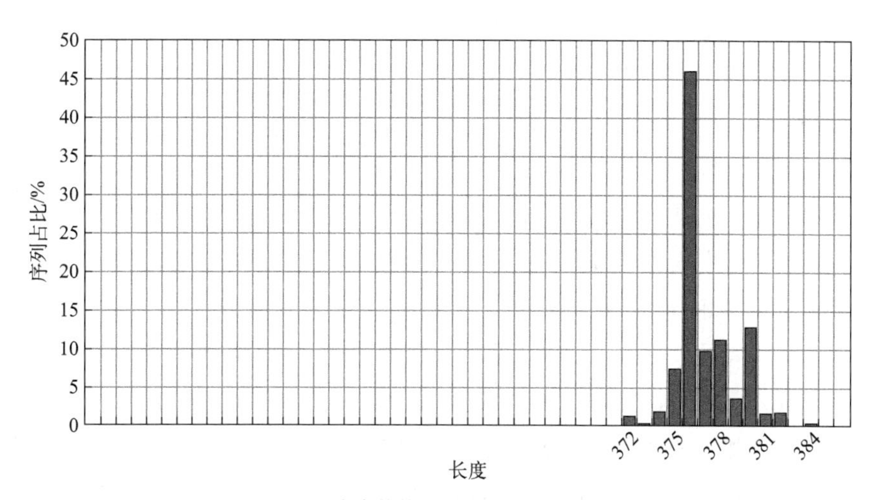

图5-5 云南金花茶根内生细菌序列长度分布

（2）云南金花茶根内生细菌稀释曲线和物种累积曲线

稀释曲线是生态学领域的一种常用方法，通过从每个样本中随机抽取一定数量的序列（即在不超过现有样本测序量的某个深度下进行重抽样），可以预测样本在一系列给定的测序深度下，所可能包含的物种总数及其中每个物种的相对丰度。如图5-6所示，云南金花茶根内生细菌在测序深度达到25000序列时已经趋于平缓，说明测序深度能够较好反应物种信息，提高测序深度，物种的多样性变化不大。

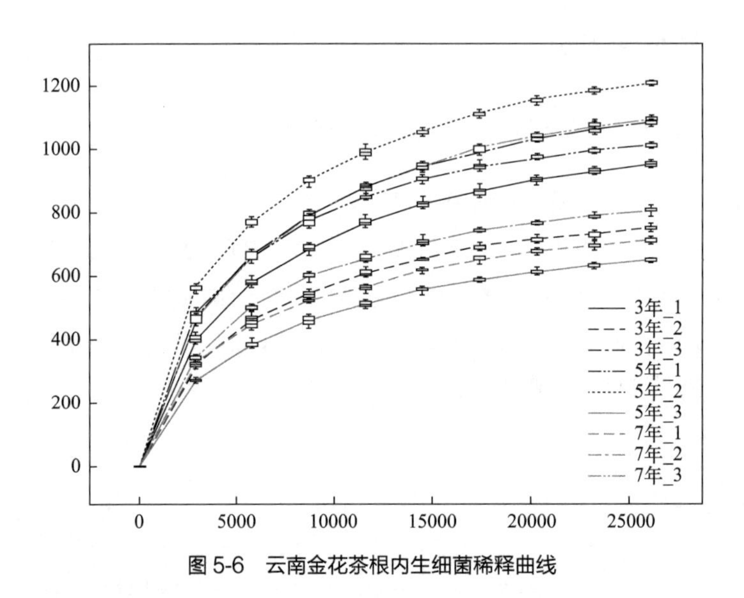

图5-6　云南金花茶根内生细菌稀释曲线

物种累积曲线（Species accumulation curves）与稀释曲线类似，用于衡量和预测群落中物种丰富度随样本量扩大而增加的幅度，被广泛用于判断样本量是否足够并估计群落丰富度。一般而言，在样本量较少时，随着新样本的加入，将有较大可能性发现大量的新物种，此时曲线将呈现急剧上升的形态；当样本量已经较大时，此时群落中的ASV总数将不再随着新样本的加入而显著增加，曲线也将趋于平缓。如图5-7所示，云南金花茶根内生细菌随着样本的增加有上升的趋势，但第9个样本的盒子图中中位数和最大最小值已经较为接近，说明曲线已经开始趋于平缓，已经有较好的测序深度。

（3）云南金花茶根内生细菌丰度等级曲线

丰度等级曲线（Rank abundance curve）将每个样本/分组中的ASV按其丰度大小沿横坐标依次排列，并以各自的丰度值为纵坐标，用折线或曲线将各ASV互相连接，从而反映各样本中ASV丰度的分布规律。从图5-8来看，ASV丰度（$\log_2$）大于1的ASV超过400个，而不同样本根内生细菌丰度较低的ASV（即$\log_2 < 1$）数量600～800个。

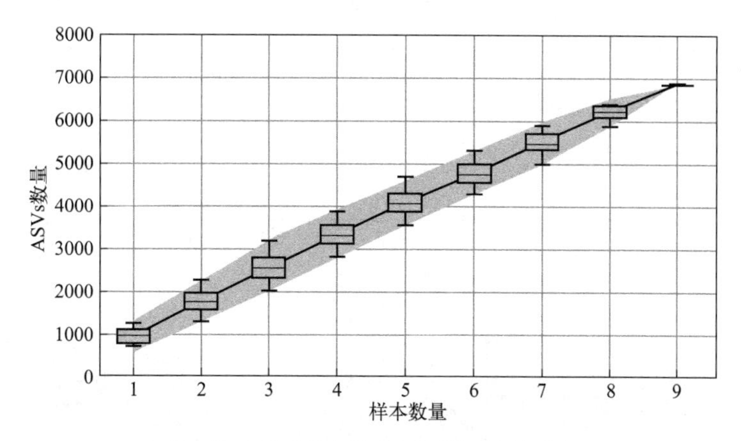

图5-7　云南金花茶根内生细菌物种累积曲线

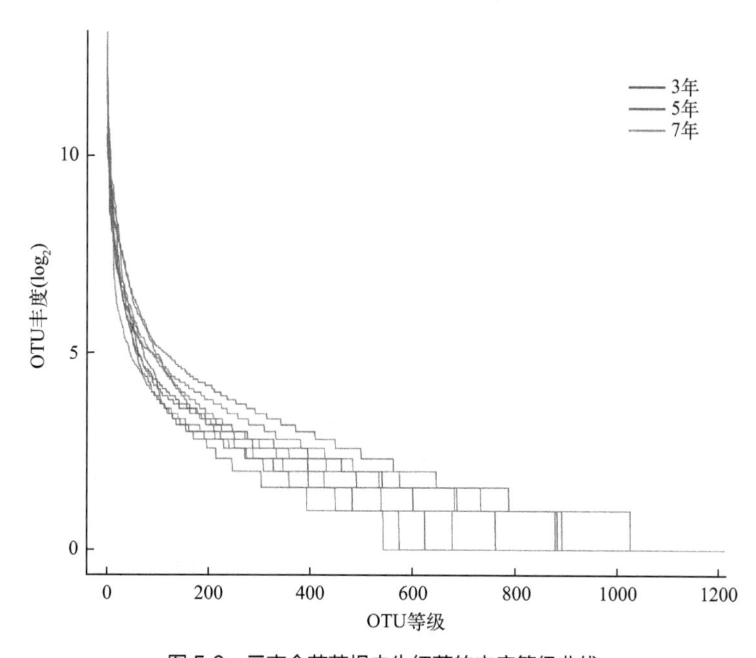

图5-8　云南金花茶根内生细菌的丰度等级曲线

（4）云南金花茶根内生细菌的分类单元数统计及其分类

在对云南金花茶根内生细菌进行分类后，我们统计了不同样本的分类单元数量如图5-9所示。结果显示，3年生的云南金花茶根内生细菌平均有11个门、22个纲、49个目、66个科、76个已知属和23个已知种；5年生的云南金花茶根内生细菌平均有13个门、24个纲、53个目、71个科、84个已知属和24个已知种；7年生的云南金花茶根内生细菌平均有12个门、21个纲、46个目、61个科、76个已知属和20个已知种。

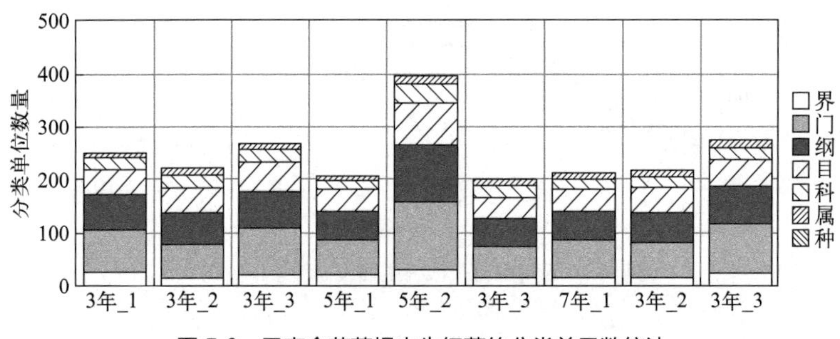

图5-9　云南金花茶根内生细菌的分类单元数统计

如图5-10所示，云南金花茶根系内生细菌最丰富的类群为Proteobacteria和Actinobacteriota，其余类群在不同种植年限间稍有不同。其中，3年生云南金花茶最丰富的细菌门类为Proteobacteria（47.85%）、Actinobacteriota（49.38%）、Firmicutes（0.71%）、Myxococcota（0.36%）、Planctomycetota（0.45%）、Acidobacteriota（0.39%）、Bdellovibrionota（0.31%）。5年生云南金花茶最丰富的细菌门类为Proteobacteria（40.25%）、Actinobacteriota（53.42%）、Firmicutes（1.41%）、Myxococcota（1.21%）、Planctomycetota（0.69%）、Acidobacteriota（0.91%）、Bdellovibrionota（0.91%）、NB1-j（0.3%）。7年生云南金花茶最丰富的细菌门类为Proteobacteria（59.45%）、Actinobacteriota（37.57%）、Myxococcota（0.51%）、Planctomycetota（0.61%）、Acidobacteriota（0.42%）、Bdellovibrionota（0.3%）、Desulfobacterota（0.39%）。

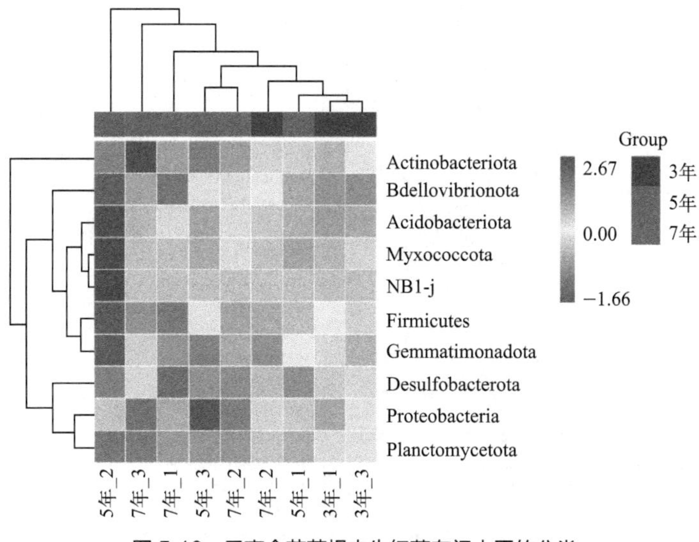

图 5-10　云南金花茶根内生细菌在门水平的分类

如图5-11所示，云南金花茶根系内生细菌最丰富的科为Acidothermaceae和Xanthobacteraceae，其余内生细菌在不同种植年限间稍有不同。其中，3年生云南金花茶最丰富的细菌在科水平为Acidothermaceae（47.91%）、Xanthobacteraceae（29.92%）、Caulobacteraceae（8.43%）、Comamonadaceae（1.05%）、Rhizobiaceae（1.01%）、Sphingomonadaceae（0.83%）、Burkholderiaceae（0.7%）、Reyranellaceae（0.55%）、Bacillaceae（0.46%）、Dongiaceae（0.41%）。5年生云南金花茶最丰富的细菌在科水平为Acidothermaceae（47.43%）、Xanthobacteraceae（7.02%）、Caulobacteraceae（6.93%）、Rhodomicrobiaceae（4.97%）、Rhodanobacteraceae（2.7%）、Sphingomonadaceae（2.67%）、Hyphomicrobiaceae（1.93%）、IMCC26256（1.05%）、Bacillaceae（1.02%）、Burkholderiaceae（0.98%）。7年生云南金花茶最丰富的细菌在科水平为Acidothermaceae（35.86%）、Xanthobacteraceae（18.33%）、Enterobacteriaceae（17.01%）、Caulobacteraceae（8.04%）、Erwiniaceae（3.19%）、Pseudomonadaceae（1.52%）、Sphingomonadaceae（1.01%）、Rhizobiaceae（0.72%）、Acetobacteraceae（0.65%）、Pirellulaceae（0.57%）。

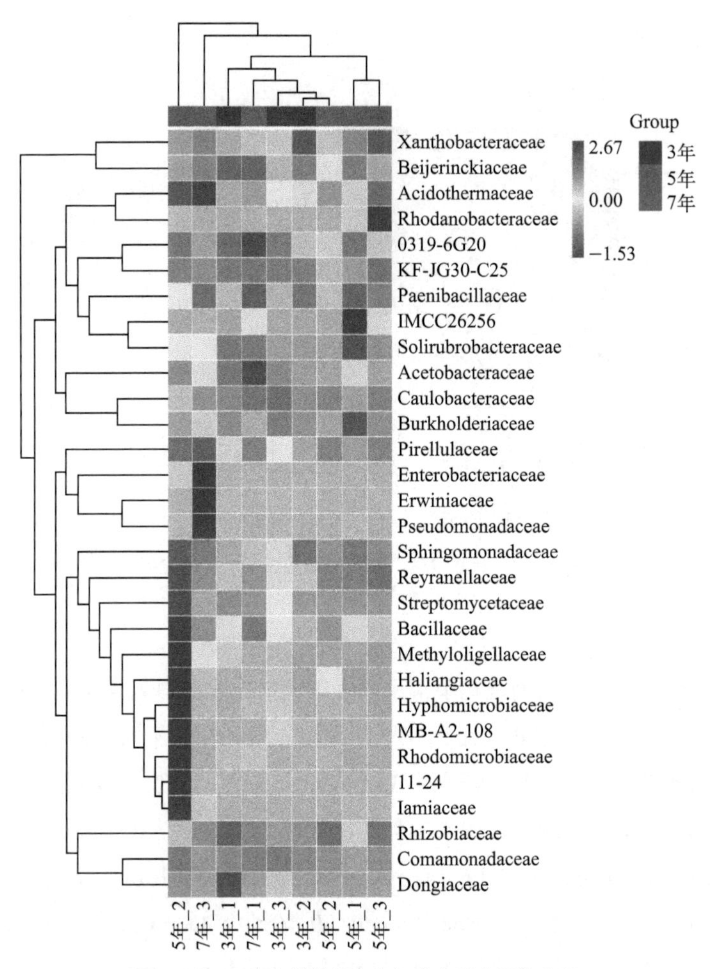

图 5-11　云南金花茶根内生细菌在科水平的分类

如图5-12所示，云南金花茶根系内生细菌最丰富的属为*Acidothermus*、*Bradyrhizobium*和*Phenylobacterium*，其余内生菌在不同种植年限间稍有不同。其中，3年生云南金花茶最丰富的细菌属为*Acidothermus*（47.91%）、*Bradyrhizobium*（28.77%）、*Phenylobacterium*（7.77%）、*Sphingomonas*（0.65%）、*Allorhizobium-Neorhizobium-Pararhizobium-Rhizobium*（0.56%）、*Bacillus*（0.46%）、*Reyranella*（0.45%）、*Ralstonia*（0.43%）、*Dongia*（0.41%）、*Mesorhizobium*（0.4%）。5年生云南金花茶最丰富的细菌在属水平为*Acidothermus*（47.43%）、*Phenylobacterium*（6.08%）、*Bradyrhizobium*

(5.31%)、*Rhodomicrobium*(4.97%)、*Hyphomicrobium*(1.25%)、*Pseudolabrys*(1.14%)、IMCC26256(1.05%)、*Sphingomonas*(1.03%)、*Bacillus*(0.99%)、*Haliangium*(0.97%)。7年生云南金花茶最丰富的细菌在属水平为*Acidothermus*(35.86%)、*Bradyrhizobium*(14.86%)、*Phenylobacterium*(7.34%)、*Enterobacter*(4.81%)、*Pantoea*(1.98%)、*Pseudomonas*(1.51%)、*Rhodomicrobium*(0.46%)、*Reyranella*(0.43%)、*Mesorhizobium*(0.42%)、*Novosphingobium*(0.38%)。

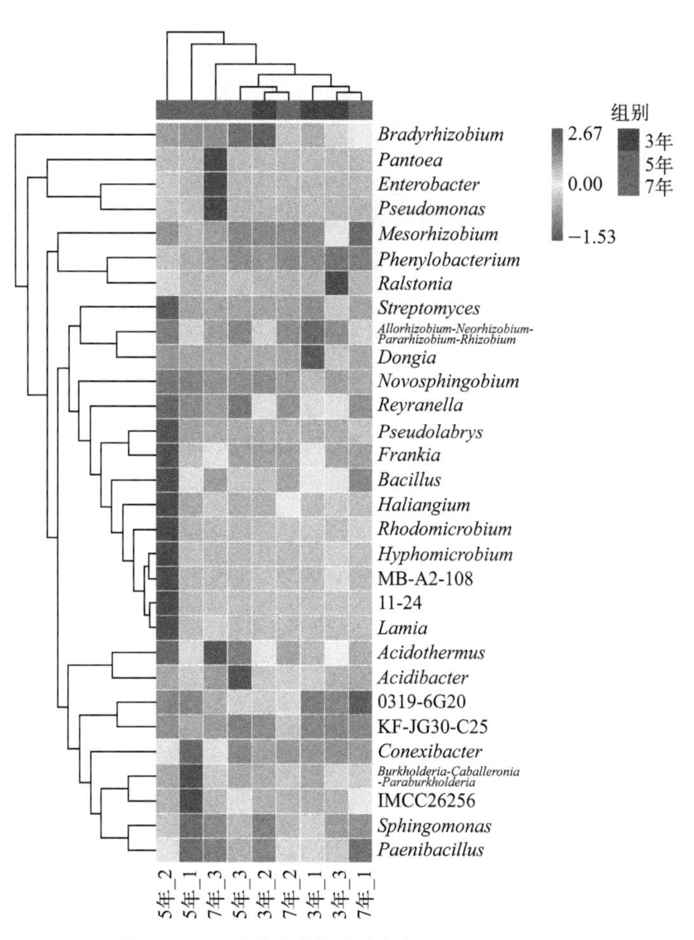

图5-12 云南金花茶根内生细菌在属水平的分类

（5）云南金花茶根内的共有细菌和特有细菌

从不同栽培年限的云南金花茶根内生细菌种类来说，3年、5年和7年云南金花茶根内共有的细菌有131个ASV，3年和5年生的云南金花茶共有92个ASV，3年和7年生的云南金花茶共有201个ASV，5年和7年生的云南金花茶共有51个ASV；3年、5年和7年生的云南金花茶特有的ASV分别为1997个、2085个和2300个，如图5-13所示。

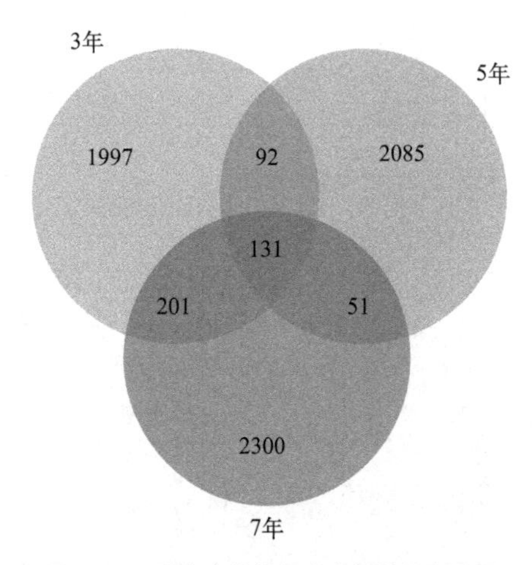

图5-13 云南金花茶根内生细菌的韦恩图

同时，我们也分析了不同种植年份云南金花茶根内生细菌的差异菌株（图5-14）。LEfSe（LDA Effect Size）分析是一种将非参数的Kruskal-Wallis以及Wilcoxon秩和检验，与线性判别分析（Linear discriminant analysis，LDA）效应量（Effect size）相结合的分析手段。LEfSe分析是一种差异分析方法，但LEfSe分析可以直接对所有分类水平同时进行差异分析；同时，LEfSe更强调寻找分组之间稳健的差异物种，即标志物种（biomarker）。它的一大特点是，不仅局限于对不同样本分组中的群落组成差异进行分析，更可以深入到不同的子分组（Subgroup）中，挑取在不同子分组中表现一致的标志微生物类群，目前在微生物扩增子分析、宏基因组分析等领域已获得了广泛的应用，且特别适用于医学研究中寻找生物标记物。本研究中，设置LDA阈值为2，在3年生云南金花茶根内生细菌类群中没有找到标志物种。另外在7年生云南金花茶根内生细菌中找到1种标志物，为*Plot4 2H12*。而5年生云南金花茶根内生菌的标志物种较多，为Bacilli、*KF JG30 C25*、Alcaligenaceae、*Bordetella*、*Altererythrobacter*、*Pseudonocardia*、Alicyclobacillaceae、Alicyclobacillales、Pseudonocardiaceae、*Herbaspirillum*。

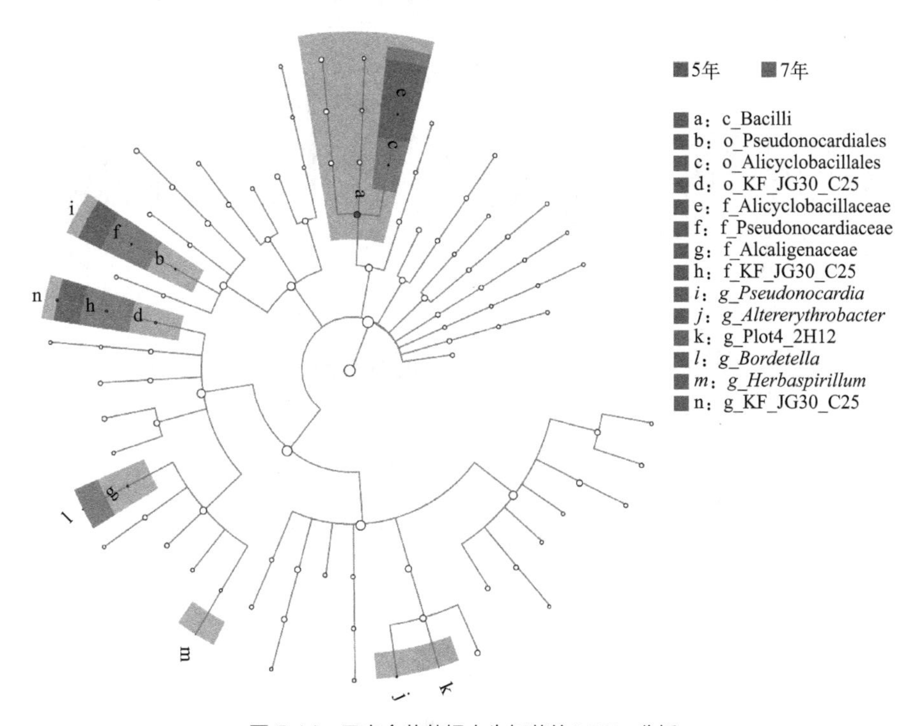

图5-14　云南金花茶根内生细菌的LEfSe分析

（6）云南金花茶根内生细菌的α-和β-多样性分析

α-多样性是指局部均匀生境下的物种在丰富度（richness）、多样性（diversity）和均匀度（evenness）等方面的指标，也被称为生境内多样性（within-habitat diversity）。为了能较为全面地评估微生物群落的alpha多样，本文以Chao1和Observed species指数表征丰富度，以Shannon和Simpson指数表征多样性，以Faith's PD指数表征基于进化的多样性，以Pielou's evenness指数表征均匀度，以Good's coverage指数表征覆盖度。在本文中，Chao1、Observed species和Faith's PD指数中位数均呈现先下降后上升的趋势。

Shannon、Simpson和Pielou's evenness指数中位数均呈现先上升后下降的趋势。Good's coverage指数中位数呈现持续上升的趋势。但是，不同种植年限间的云南金花茶根内生细菌的α-多样性间均没有显著差异（图5-15）。

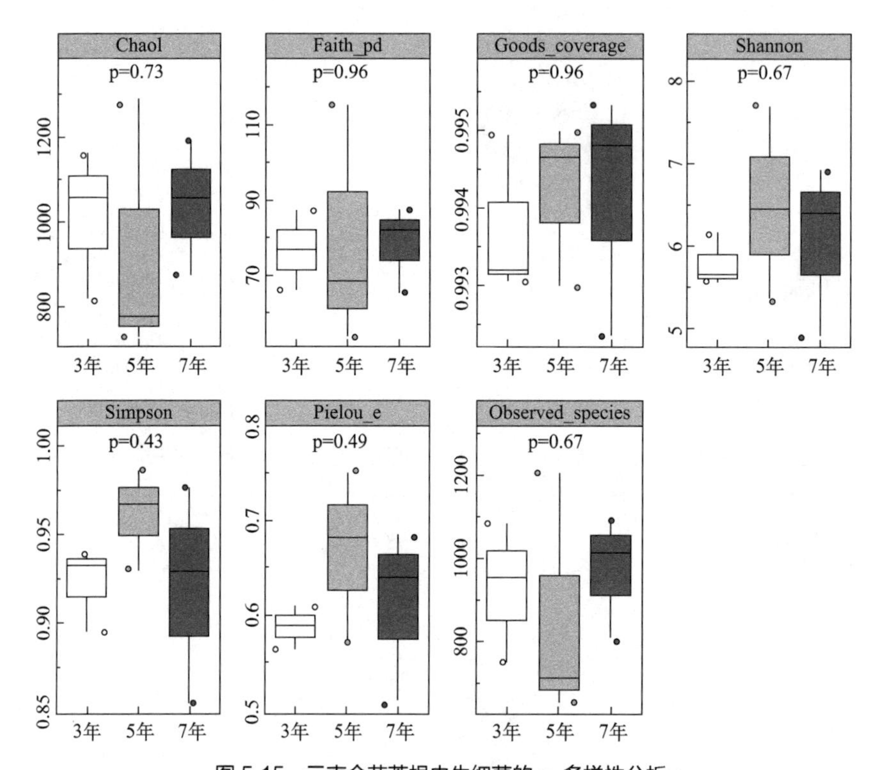

图5-15　云南金花茶根内生细菌的α-多样性分析

非量度多维尺度分析（NMDS）是通过对样本距离矩阵作降维分解，简化数据结构，从而在特定距离尺度下描述样本的分布特征。NMDS分析不依赖于特征根和特征向量的计算，而是通过对样本距离进行等级排序，使样本在低维空间中的排序尽可能符合彼此之间的相似距离的远近关系（而非确切的距离数值）。因此，NMDS分析不受样本距离的数值影响，仅考虑彼此之间的大小关系，对于结构复杂的数据，排序结果可能更稳定。NMDS结果的应力值（Stress）越小越好，一般认为当该值小于0.2时，NMDS分析的结果较可靠。在本文中，β-多样性的NMDS应力值为0.0833，小于0.2，说明可用

NMDS分析不同种植年限的云南金花茶根内生细菌的群落结构。结果显示，不同种植年限的云南金花茶根内生细菌稍有差异，但差异不显著（图5-16）。

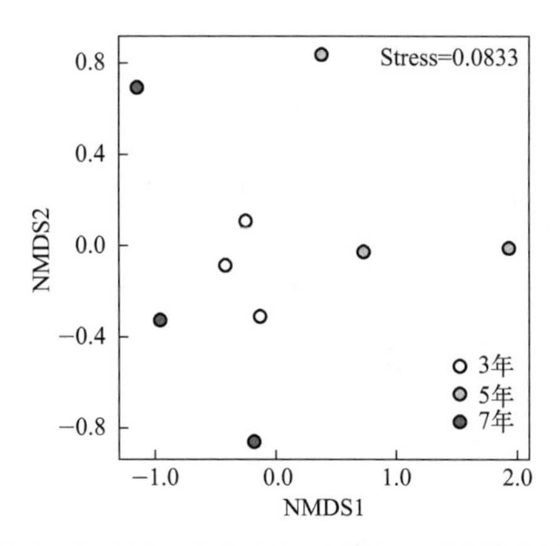

图 5-16 云南金花茶根内生细菌的 *β*- 多样性分析

（7）云南金花茶根内生细菌的功能分析

PICRUSt2（Phylogenetic Investigation of Communities by Reconstruction of Unobserved States）是一款基于样本中的标记基因序列丰度来预测样本功能丰度的软件（Gavin M. Douglas，et al.，preprint）。这里的功能是指基因家族，如KEGG同源基因、EC酶分类号等。PICRUSt2能将16S rRNA基因序列在多个功能数据库中进行预测，包括MetaCyc、KEGG、COG、Pfam和TIGRFAM等，本文中，我们进行了云南金花茶根内生细菌的功能分析，结果见图5-17。其中，前20的功能注释为氨基酸生物合成（Amino Acid Biosynthesis）、辅因子、辅基、电子载体与维生素生物合成（Cofactor，Prosthetic Group，Electron Carrier，and Vitamin Biosynthesis）、核苷和核苷酸生物合成（Nucleoside and Nucleotide Biosynthesis）、脂肪酸和脂质生物合成（Fatty Acid and Lipid Biosynthesis）、碳水化合物生物合成（Carbohydrate Biosynthesis）、发酵（Fermentation）、三羧酸循环（TCA cycle）、芳香族化合物降解（Aromatic Compound Degradation）、细胞结构生物合成（Cell Structure Biosynthesis）、核苷和核苷酸降解（Nucleoside and Nucleotide Degradation）、次生代谢物生物合成（Secondary Metabolite Biosynthesis）、碳水化合物降解（Carbohydrate Degradation）、氨基酸降解（Amino Acid Degradation）、呼

吸（Respiration）、无机养分代谢（Inorganic Nutrient Metabolism）、电子转移（Electron Transfer）、羧酸盐降解（Carboxylate Degradation）、次生代谢物降解（Secondary Metabolite Degradation）、糖酵解（Glycolysis）、胺和多胺降解（Amine and Polyamine Degradation）。

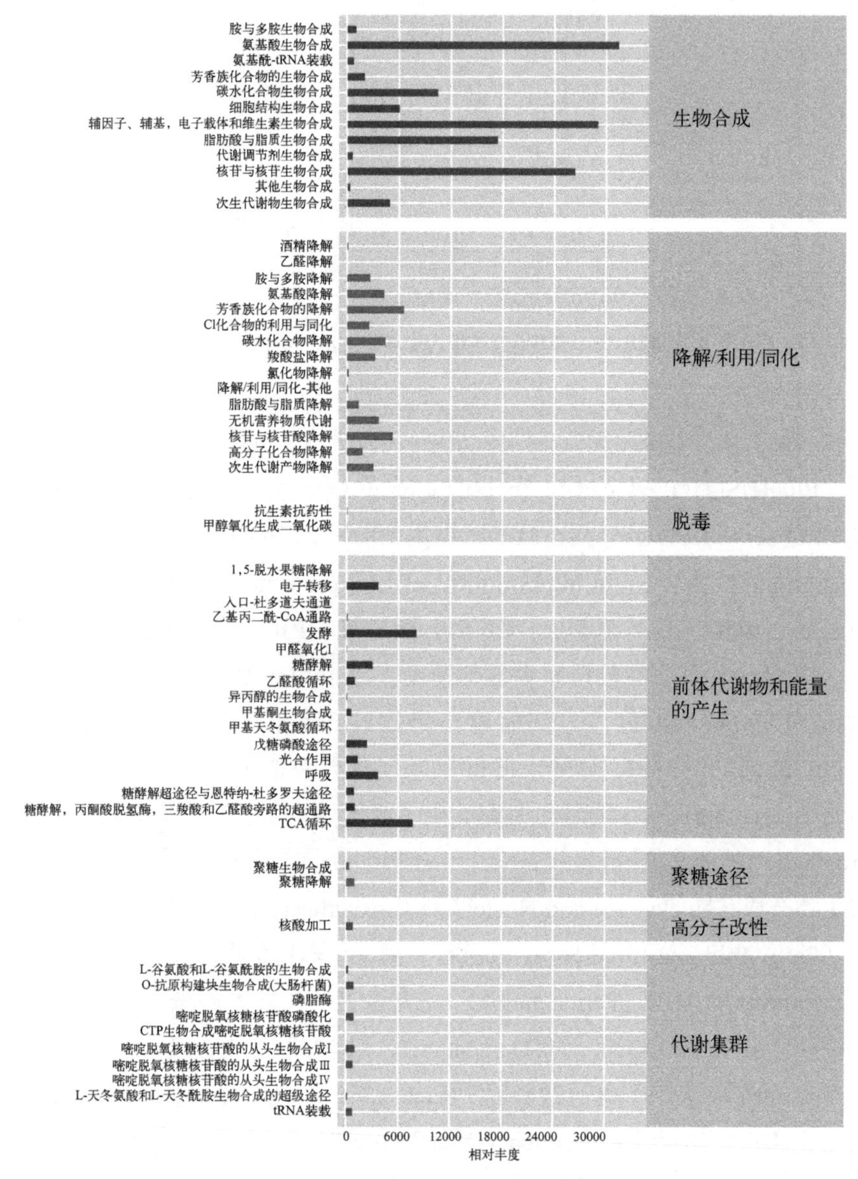

图 5-17　云南金花茶根内生细菌的功能分析

（8）云南金花茶根内促生细菌的丰度分析

为了探索主要功能微生物的变化，我们分析了文献中报道的常见植物根际促生细菌*Enterobacter*，*Pseudomonas*，*Bacillus*，*Streptomyces*，*Paenibacillus*和*Burkholderia*属的丰度（图5-18）。云南金花茶的根内促生细菌的丰度均较低，5年生云南金花茶的*Bacillus*和*Paenibacillus*略高，但总体来说，不同栽培年限的云南金花茶根内促生细菌的丰度变化不大。

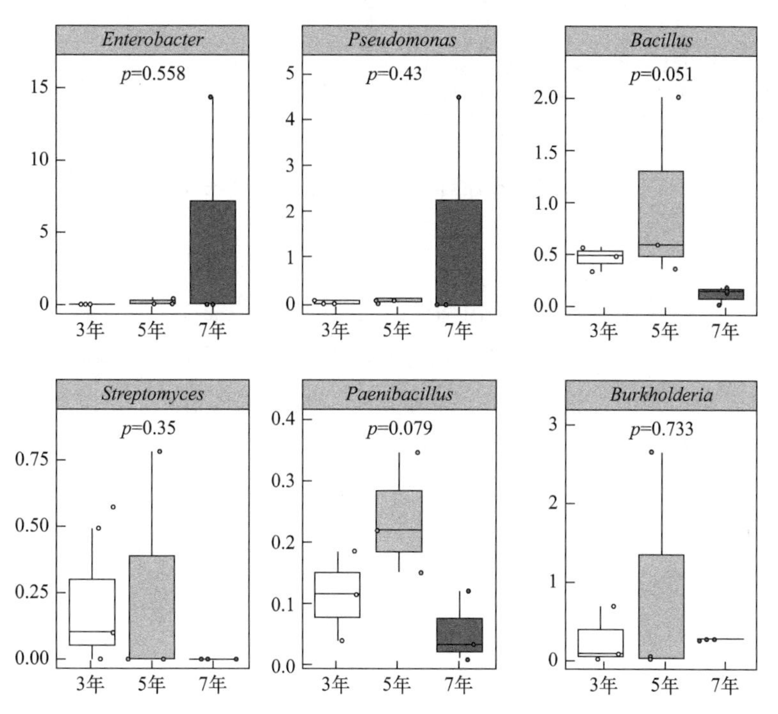

图5-18　云南金花茶根内促生细菌的丰度分析

5.2.2.2　云南金花茶根系内生真菌群落特征研究

（1）云南金花茶根内生真菌序列长度分布

云南金花茶根内生真菌序列除杂后，序列长度228～408bp，其中237 bp的序列占12.57%，253bp的序列占10.51%，272bp的序列占8.49%，259bp的序列占6.41%，而250bp的序列占5.59%。总体来说，序列分布较集中在230bp以上，测序可靠性较高（图5-19）。

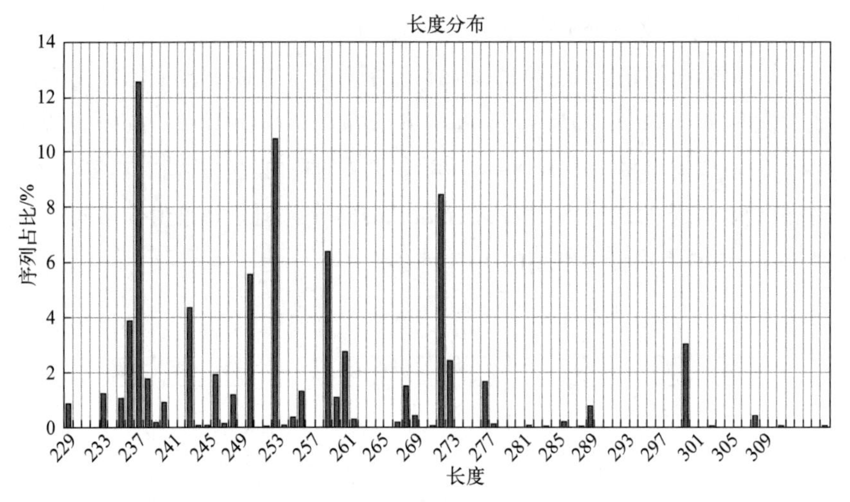

图 5-19　云南金花茶根内生真菌序列长度分布

（2）云南金花茶根内生真菌稀释曲线和物种累积曲线

如图5-20所示，云南金花茶根内生真菌在测序深度达到25000～30000序列时已经趋于平缓，说明测序深度能够较好反应物种信息，提高测序深度，物种的多样性变化不大。

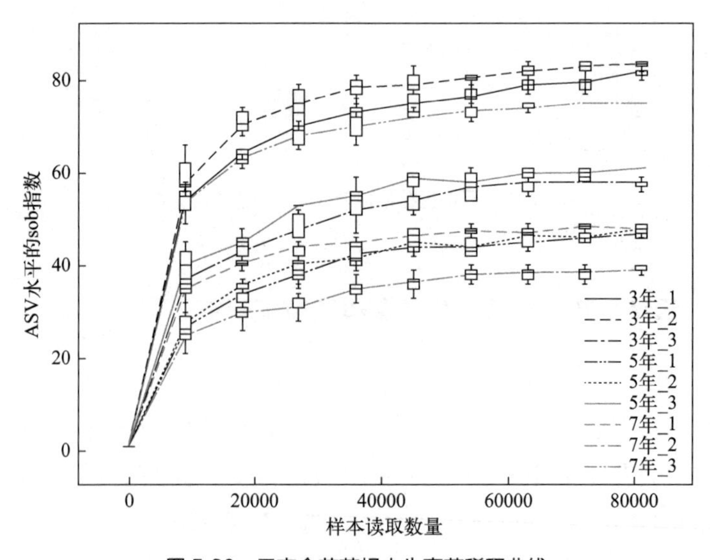

图 5-20　云南金花茶根内生真菌稀释曲线

图5-21的物种累计曲线所示，云南金花茶根内生真菌随着样本的增加有上升的趋势，但第9个样本的盒子图中位数和最大最小值已经比较接近，说明曲线已经开始趋于平缓，已经有较好的测序深度。

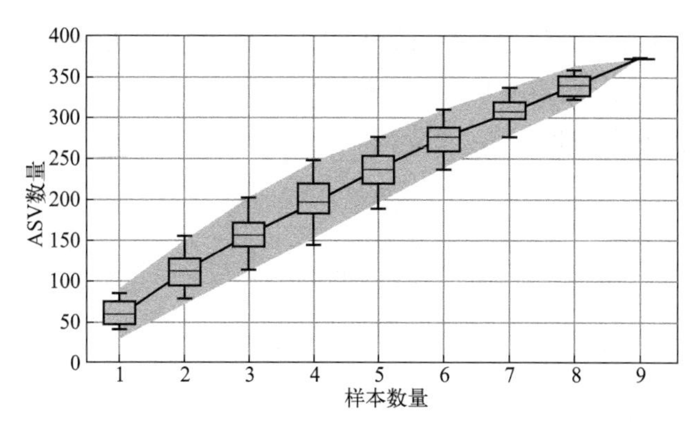

图5-21 云南金花茶根内生真菌物种累积曲线

（3）云南金花茶根内生真菌丰度等级曲线

从图5-22云南金花茶根内生真菌的丰度等级曲线来看，ASV丰度（log_2）大于1的ASV超过30个，而不同样本根内生真菌丰度较低的ASV（即$log_2<1$）数量20～50个。

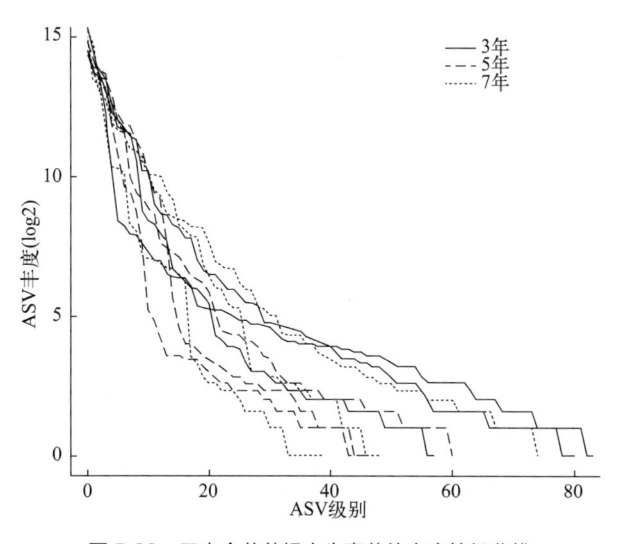

图5-22 云南金花茶根内生真菌的丰度等级曲线

（4）云南金花茶根内生真菌的分类单元数统计及其分类

在对云南金花茶根内生真菌进行分类后，我们统计了不同样本的分类单元数量（图5-23）。结果显示，3年生的云南金花茶根内生真菌平均有4个门、10个纲、17个目、21个科、26个已知属和31个已知种；5年生的云南金花茶根内生真菌平均有3个门、9个纲、16个目、17个科、24个已知属和26个已知种；7年生的云南金花茶根内生真菌平均有4个门、7个纲、14个目、16个科、20个已知属和21个已知种。

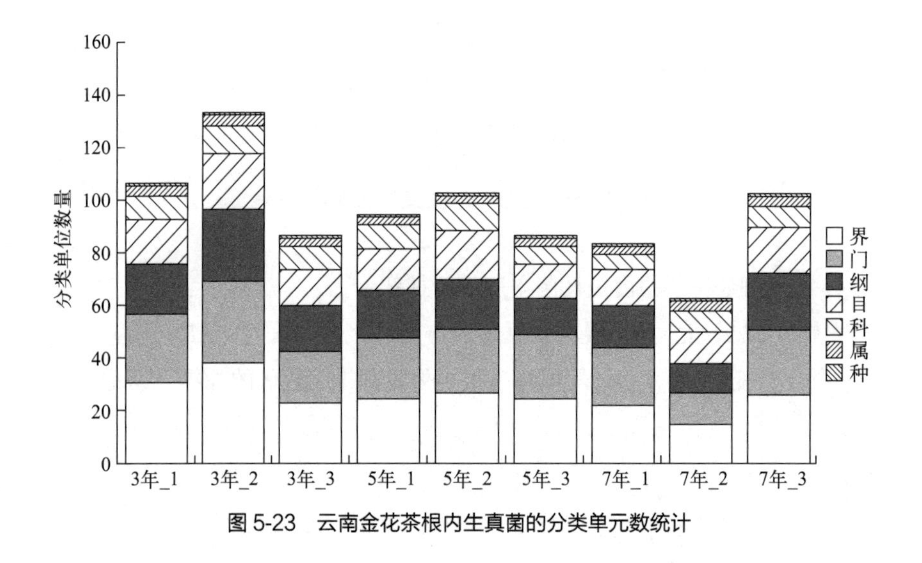

图5-23　云南金花茶根内生真菌的分类单元数统计

如图5-24所示，云南金花茶根系内生菌最丰富的类群为Ascomycota和Basidiomycota，其余类群在不同种植年限间稍有不同。其中，3年生云南金花茶最丰富的真菌门类为Ascomycota（79.87%）、Basidiomycota（16.66%）、Mortierellomycota（0.02%）。5年生云南金花茶最丰富的真菌门类为Ascomycota（89.20%）、Basidiomycota（3.81%）、Mortierellomycota（0.43%）。7年生云南金花茶最丰富的真菌门类为Ascomycota（45.78%）、Basidiomycota（29.28%）、Rozellomycota（1.13%）、Glomeromycota（0.11%）Mortierellomycota（0.01%）。

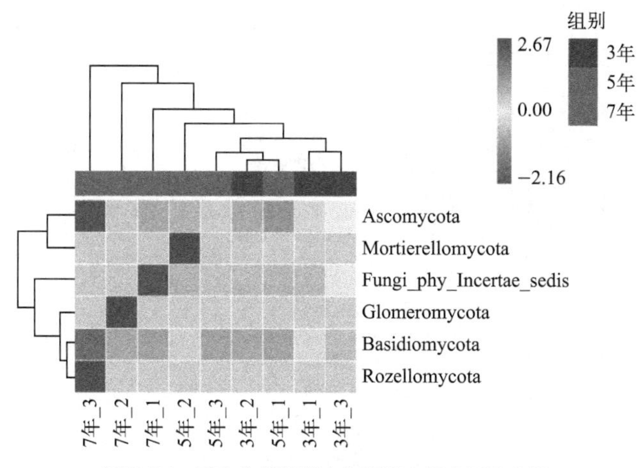

图5-24 云南金花茶根内生真菌在门水平的分类

如图5-25所示，云南金花茶根系内生真菌最丰富的科为Melanconidaceae、Nectriaceae和Sordariales_fam_Incertae_sedis，其余内生菌在不同种植年限间稍有不同。其中，3年生云南金花茶最丰富的真菌在科水平为Phaeomoniellales_fam_Incertae_sedis（18.55%）、Sordariales_fam_Incertae_sedis（16.63%）、Nectriaceae（15.2%）、Hoehnelomycetaceae（14.11%）、Melanconidaceae（12.35%）、Magnaporthaceae（6.22%）、Aspergillaceae（4.57%）、Herpotrichiellaceae（4.46%）、Fungi_fam_Incertae_sedis（0.5%）、Sordariomycetes_fam_Incertae_sedis（0.14%）。5年生云南金花茶最丰富的真菌在科水平为Melanconidaceae（25.59%）、Nectriaceae（19.03%）、Sordariales_fam_Incertae_sedis（8.72%）、Pleosporales_fam_Incertae_sedis（7.8%）、Aspergillaceae（6.23%）、Hyaloscyphaceae（5.74%）、Branch06_fam_Incertae_sedis（4.7%）、Auriculariales_fam_Incertae_sedis（2.06%）、Sordariomycetes_fam_Incertae_sedis（0.34%）、Herpotrichiellaceae（0.26%）。7年生云南金花茶最丰富的真菌在科水平为Melanconidaceae（17.44%）、Hymenogastraceae（11.88%）、Aspergillaceae（5.38%）、Sordariales_fam_Incertae_sedis（5.1%）、Sordariomycetes_fam_Incertae_sedis（4.68%）、Ceratobasidiaceae（4.4%）、Nectriaceae（3.24%）、Fungi_fam_Incertae_sedis（2.49%）、Phallaceae（1.66%）、Dothideomycetes_fam_Incertae_sedis（1.31%）。

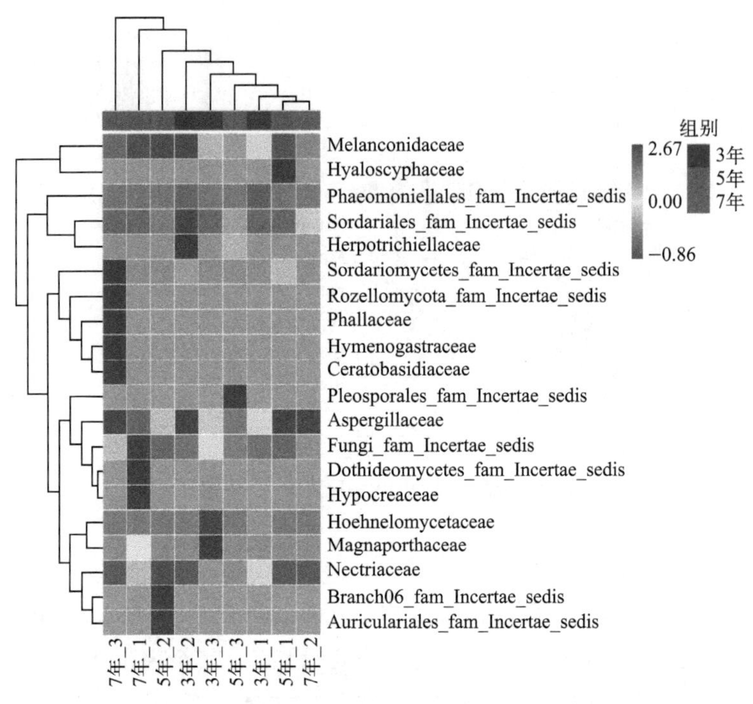

图5-25 云南金花茶根内生真菌在科水平的分类

如图5-26所示，云南金花茶根系内生菌最丰富的属为*Melanconiella*和*Lunulospora*，其余内生菌在不同种植年限间稍有不同。其中，3年生云南金花茶最丰富的真菌在属水平为*Phaeomoniellales_gen_Incertae_sedis*（18.55%）、*Lunulospora*（16.61%）、*Atractiella*（14.11%）、*Melanconiella*（12.35%）、*Dactylonectria*（7.55%）、*Fusarium*（6.24%）、*Mycoleptodiscus*（6.22%）、*Aspergillus*（4.57%）、*Exophiala*（4.46%）、*Sordariomycetes_gen_Incertae_sedis*（0.14%）。5年生云南金花茶最丰富的真菌在属水平为*Melanconiella*（25.59%）、*Dactylonectria*（9.93%）、*Lunulospora*（7.95%）、*Polyschema*（7.8%）、*Glutinomyces*（5.74%）、*Penicillium*（4.73%）、*Branch06_gen_Incertae_sedis*（4.7%）、*Thelonectria*（3.46%）、*Penicillifer*（2.5%）、*Oliveonia*（2.06%）。7年生云南金花茶最丰富的真菌在属水平为*Melanconiella*（17.44%）、*Gymnopilus*（11.88%）、*Penicillium*（5.37%）、*Lunulospora*（5.08%）、*Sordariomycetes_gen_Incertae_sedis*（4.68%）、*Fusarium*（3.24%）、*Phallus*（1.66%）、*Mycoleptodiscus*（0.83%）。

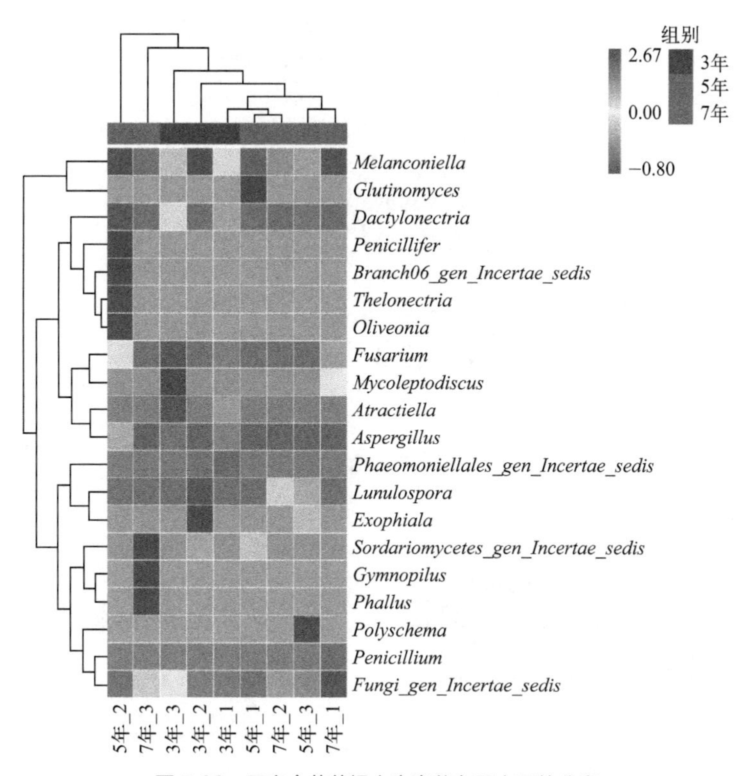

图 5-26　云南金花茶根内生真菌在属水平的分类

（5）云南金花茶根内的共有真菌和特有真菌

从不同栽培年限的云南金花茶根内生真菌种类来说，3年、5年和7年云南金花茶根内共有的真菌有14个ASV，3年和5年生的云南金花茶共有19个ASV，3年和7年生的云南金花茶共有6个ASV，5年和7年生的云南金花茶共有15个ASV；3年、5年和7年生的云南金花茶特有的ASV分别为136、78和105个（图5-27）。

本研究中，在5年生云南金花茶根内生真菌类群中以*Penicillifer*、*Epicoccum*和Didymellaceae为标志物种。另外在7年生云南金花茶根内生真菌以Mycosphaerellales、*Zasmidium*、Mycosphaerellaceae、Sclerotiniaceae和Hypocreales fam Incertae sedis为标志物。而3年生云南金花茶根内生菌的标志物种较多，为Phaeomoniellales、*Phaeomoniellales-gen-Incertae-sedis*、*Atractiella*、Atractiellomycetes、Hoehnelomycetaceae、*Filobasidium*、*Knufia*、Trichomeriaceae（图5-28）。

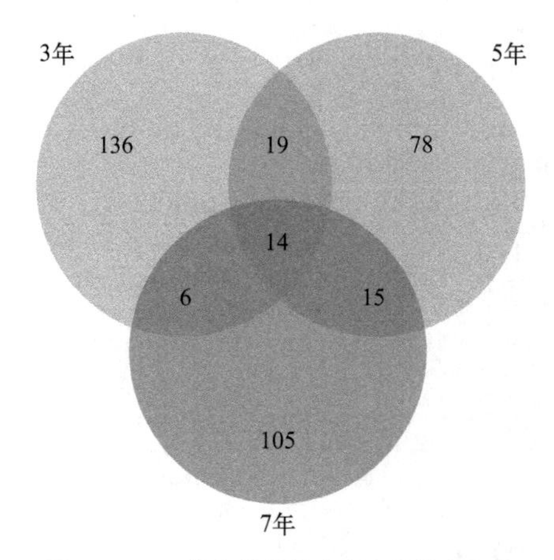

图 5-27　云南金花茶根内生真菌的韦恩图

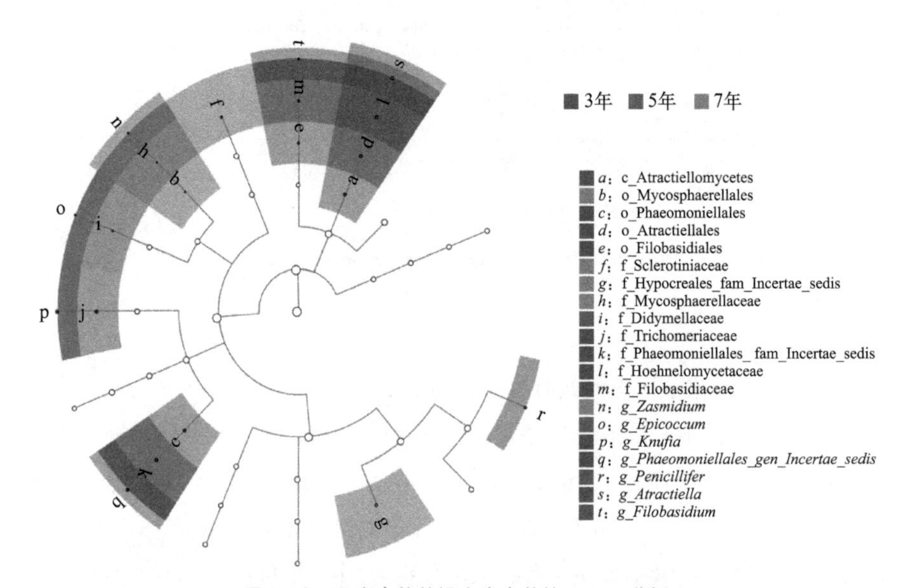

图 5-28　云南金花茶根内生真菌的 LEfSe 分析

（6）云南金花茶根内生真菌的α-和β-多样性分析

在本文中，3年生云南金花茶根内生真菌的Chao1、Observed species指数高于5年和7年生云南金花茶根内生真菌，但5年和7年生云南金花茶根内生真菌指数的中位数差异不大。Good's coverage指数中位数呈现持续上升的趋势。其余几个指数在不同种植年限间中位数差距不大。不同种植年限间的云南金花茶根内生真菌的α-多样性间均没有显著差异（图5-29）。

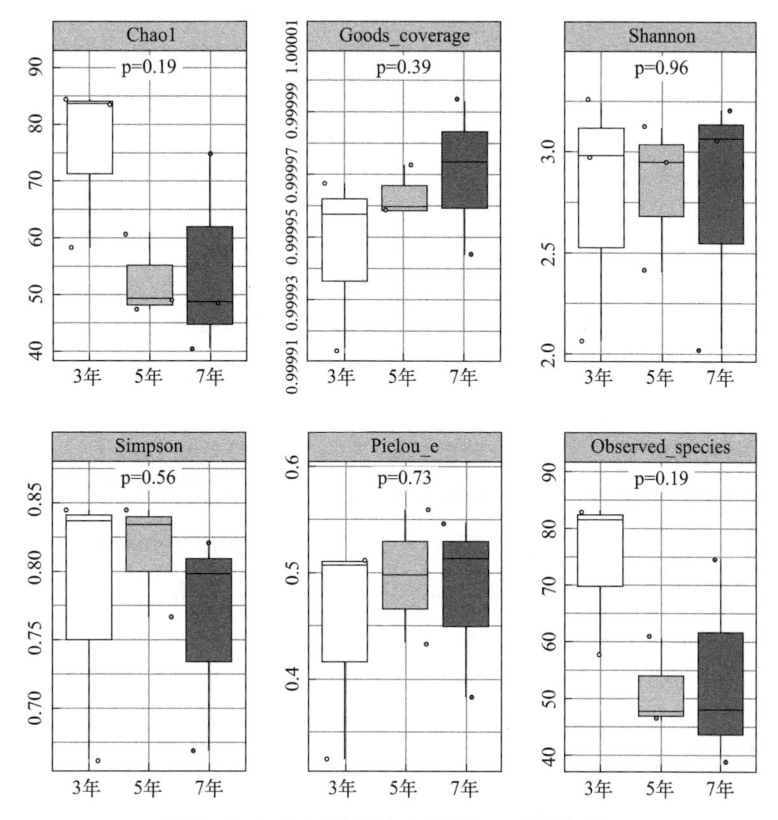

图5-29 云南金花茶根内生真菌的α-多样性分析

在本文中，β-多样性的NMDS应力值为0.0857，小于0.2，说明可用NMDS分析不同种植年限的云南金花茶根内生真菌的群落结构。结果显示，不同种植年限的云南金花茶根内生真菌稍有差异，但差异不显著（图5-30）。

（7）云南金花茶根内生真菌的功能分析

本文中，我们基于PICRUSt2进行了云南金花茶根内生真菌的功能分析，其中，前20的功能注释为核苷和核苷酸生物合成（Nucleoside and Nucleotide Biosynthesis）、电子转移（Electron Transfer）、呼吸（Respiration）、辅因子、辅基、电子载体与维生素生物合成（Cofactor，Prosthetic Group，Electron Carrier，and Vitamin Biosynthesis）、脂肪酸和脂质生物合成（Fatty Acid and

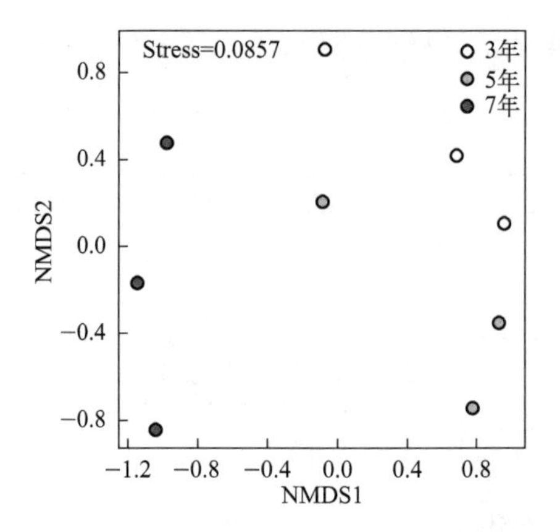

图 5-30 云南金花茶根内生真菌的 β- 多样性分析

Lipid Biosynthesis）、氨基酸生物合成（Amino Acid Biosynthesis）、碳水化合物生物合成（Carbohydrate Biosynthesis）、碳水化合物降解（Carbohydrate Degradation）、脂肪酸和脂质降解（Fatty Acid and Lipid Degradation）、次生代谢物生物合成（Secondary Metabolite Biosynthesis）、戊糖磷酸途径（Pentose Phosphate Pathways）、发酵（Fermentation）、乙醛酸循环（glyoxylate cycle）、核苷和核苷酸降解（Nucleoside and Nucleotide Degradation）、氨基酸降解（Amino Acid Degradation）、无机养分代谢（Inorganic Nutrient Metabolism）、三羧酸循环（TCA cycle）、氨酰充电（Aminoacyl-tRNA Charging）、tRNA充电（tRNA charging）、甲基酮生物合成（methyl ketone biosynthesis）（图5-31）。

（8）云南金花茶根内病原真菌和生防真菌的丰度分析

为了探索主要功能微生物的变化，我们分析了文献中报道的常见植物病原真菌和茶树生防菌的丰度（图5-32）。*Fusarium*（镰刀菌）是一种常见的植物病原真菌，以内生真菌形式存在于云南金花茶的根内，相对来说，丰度较低，不同种植年限间的云南金花茶的根内镰刀菌属丰度没有显著差异。另外3个属，*Trichoderma*，*Penicillium*和*Aspergillus*，被报道为茶树的生物防治剂，在云南金花茶的根内存在。*Aspergillus*的丰度在3年生的云南金花茶根内显著高于7年生的云南金花茶根内生真菌。其余的各个生防菌在不同栽培年限的云南金花茶根内没有显著差异。

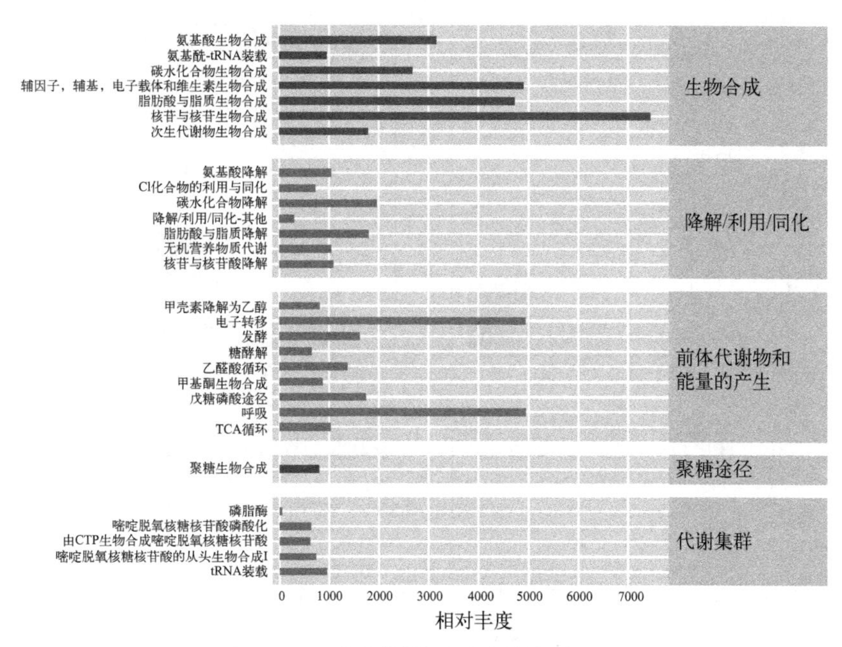

图 5-31　云南金花茶根内生真菌的功能分析

5.2.3　讨论与结论

云南金花茶分布于云南省个旧市、马关县和河口县，约有663种野生单株属于极小种群物种，被列为国家二级保护植物（Liu et al，2018）。根据IUCN的评估标准，云南金花茶属于“极度濒危”等级。近年来，云南金花茶多酚和黄酮类化合物的抗炎、抗氧化和抗肿瘤作用已被证实（Peng et al，2022）。因此，人工栽培云南金花茶不仅有利于其作为极小种群植物物种的恢复和保护，也为今后开发利用云南金花茶资源提供了物质保障。对于极小种群植物的保育措施，其中之一就是把受威胁的云南金花茶迁移到野生植株生长区域内外的多个地点（Gao et al，2022）。但是由于极小种群分布范围较窄，即使在同一县种植，也难以评价其环境适宜性。云南金花茶在人工栽培后不可避免地积累了当地的微生物。据报道，植物根部的细菌和真菌群落不是完全随机的，也不是简单地基于根际土壤的丰度梯度分布；它们是根分泌物介导的筛选和富集过程的结果。尽管自然界中有许多细菌类群，但土壤中主要细菌类群的分布和丰度是相似的。主要的细菌属于Proteobacteria（变形

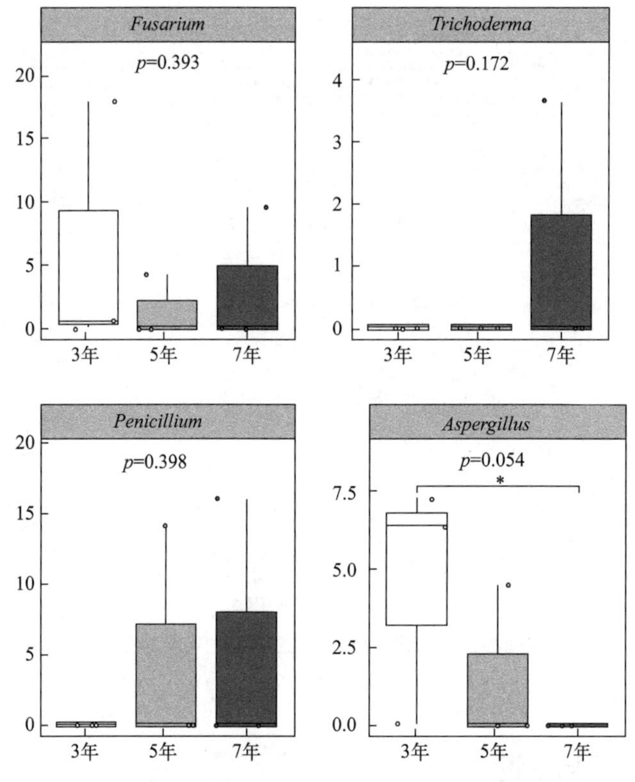

图 5-32 云南金花茶根内病原真菌和生防真菌的丰度分析

菌门）、Acidobacteria（酸菌门）、Actinobacteria（放线菌门）和Bacteroidetes（拟杆菌门）。然而，植物根中内生细菌的数量差异很大，Proteobacteria和Firmicutes（厚壁菌门）在根中的数量是根际土壤的两倍多，而拟杆菌在根际土壤中的数量相对较少。根际土壤和根际真菌主要包括Ascomycetes（子囊菌门）和Basidiomycetes（担子菌门），但是土壤和植物根中的真菌群落似乎更容易受到随机变化的影响，并且对环境因素的反应不同于细菌（Eppinga et al，2006）。在本研究中，Proteobacteria、Acidobacteria和Actinobacteria是土壤中的主要细菌类群，而Ascomycetes和Basidiomycetes是主要的真菌类群，与文献的报道一致（Romila & Dutta，2012）。有趣的是，在根内生菌中观察到更多的放线菌群，这可能是具有植物生长辅助活性（IAA产生，ACC脱氨酶活性）以及抗真菌和抗菌活性等多种生物活性化合物的有用来源（Bag et al，2022）。厚壁菌类在根系中较丰富，但总体而言，在本研究中厚壁菌类的总丰度低于1%。就真菌而言，在云南金花茶根内有更多的Ascomycota，Melanconiella（机会性病原体和内生真菌）和*Penicillum*（生防菌）（生物控制剂）。Glomeromycota在根系中的丰度为0.036%，是丛植菌根真菌的主要类群，但是在本研究中丰度较低，可能与ITS序列不适用于丛植菌根真菌的扩增有关。在根中发现了病原真菌镰刀菌属（*Fusarium*），这表明人工栽培后积累了更多的本地病原真菌（Ren et al，2018）。总的来说，上述结果表明了云南金花茶根内有益微生物和有害微生物之间的平衡。

5.3 云南金花茶根际土壤微生物群落特征研究

5.3.1 材料与方法

5.3.1.1 样品收集和处理

在云南金花茶根系内生微生物群落特征研究中挑选的3棵对应云南金花茶样本进行根际土的采集。云南金花茶根际土壤的采样方法如下：除去杂草和表层土后，在两个不同方向的根系分布较多的10～30cm土层中进行根际土壤和根系的取样。在取根际土壤时，首先除去根表面松散的土壤和根缝中的砾石后，将根表面的土壤轻轻收集在2mL冷冻管中。所有的样本均保存在干冰中，运送到实验室后在–80℃下保存。

5.3.1.2 高通量测序及生物信息学分析

为了进行微生物高通量测序，每个样点对应的植株根际土壤样品称取0.5g并用DNA提取试剂盒（FastDNA®SPIN kit For soil，MpBio）提取总DNA。后续的高通量测序及生物信息学分析同上一节。

5.3.1.3 数据统计分析

所有reads均来自9个样品（3个根际土壤 × 3个栽培年）。然后，使用MOTHUR v1.35.1“sub.sample”将序列reads数抽样到最小样本reads数，即细菌26182个reads和真菌81025个reads。后续所有数据分析均与本章5.2节云南金花茶根系内生微生物群落特征研究中5.2.1.2和5.2.1.3相同。

5.3.2 结果与分析

5.3.2.1 不同年龄云南金花茶根际土壤细菌群落差异性分析

（1）云南金花茶根际土壤细菌序列长度分布

云南金花茶根际土壤细菌序列除杂以后，序列长度370～385bp，其中380bp的序列占22.76%，376bp的序列占9.84%，377bp的序列占12.26%，378 bp的序列占12.63%，379bp的序列占9.31%，381bp占6.72%，382bp占13.66%（图5-33）。总地来说，序列分布主要集中在380 bp左右，测序可靠性较高，可用于后续分析。

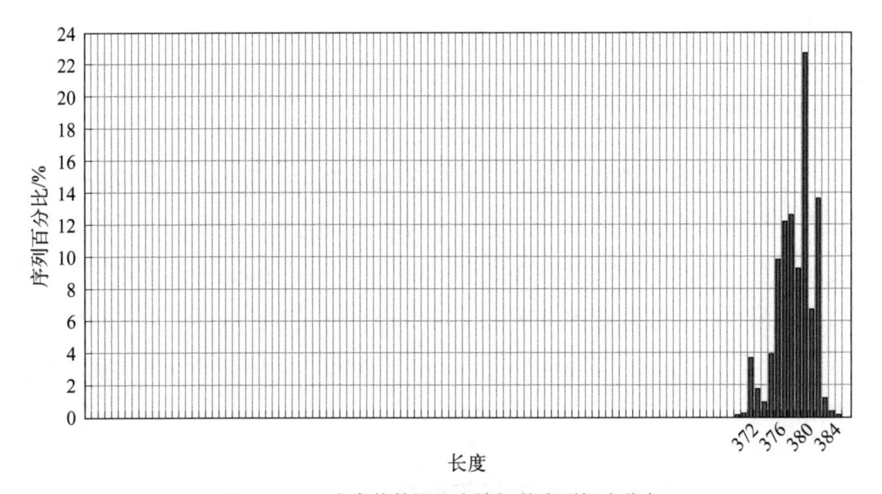

图5-33 云南金花茶根际土壤细菌序列长度分布

（2）云南金花茶根际土壤细菌稀释曲线和物种累积曲线

如图5-34所示，云南金花茶根际土壤所有样品的细菌大概在测序深度达到25000 reads时已经趋于平缓，说明测序深度可以很好地反应物种信息，提高测序深度不会引起较大的物种多样性变化，该测序深度可以反应云南金花茶根际土壤样品的细菌多样性。

如图5-35所示，不同年龄云南金花茶根际土壤的细菌随着样本的增加有上升的趋势，但第9个样本的盒子图中中位数和最大最小值已经比较接近，与稀释曲线结果一致，说明曲线已经开始趋于平缓，已经有较好的测序深度。

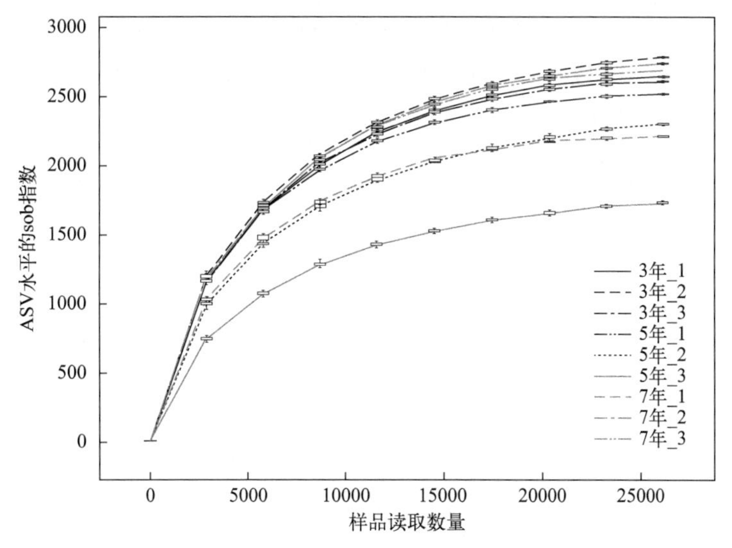

图5-34　云南金花茶根际土壤细菌稀释曲线

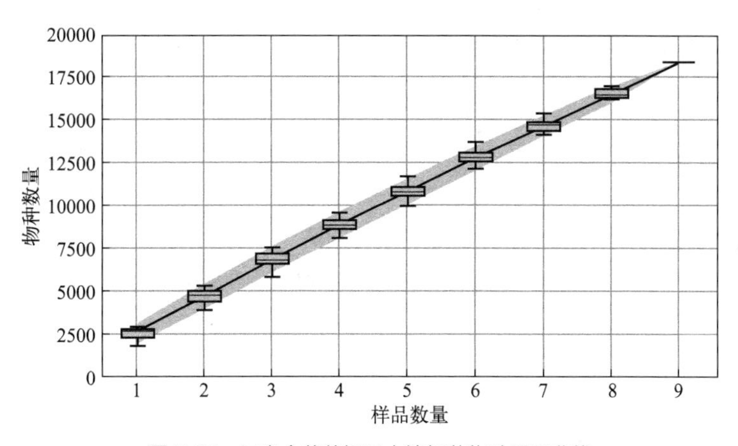

图5-35　云南金花茶根际土壤细菌物种累积曲线

（3）云南金花茶根际土壤细菌丰度等级曲线

如图5-36所示，ASV丰度（$\log_2$）大于1的ASV超过1500个，而不同样本根际土壤细菌丰度较低的ASV（即$\log_2$＜1）数量1500～2000个。

（4）云南金花茶根际土壤细菌的分类单元数统计及其分类

对不同年龄云南进化擦根际土壤细菌进行分类后，我们对不同样本的分类单元数量进行了统计（图5-37）。结果表明，3年生的云南金花茶根际土壤细菌平均有21个门、42个纲、77个目、101个科、119个属和25个已知种；5年生的云南金花茶根际土壤细菌平均有18个门、35个纲、65个目、85个科、110个属和24个已知种；7年生的云南金花茶根际土壤细菌平均有17个门、34个纲、64个目、83个科、95个属和23个已知种。

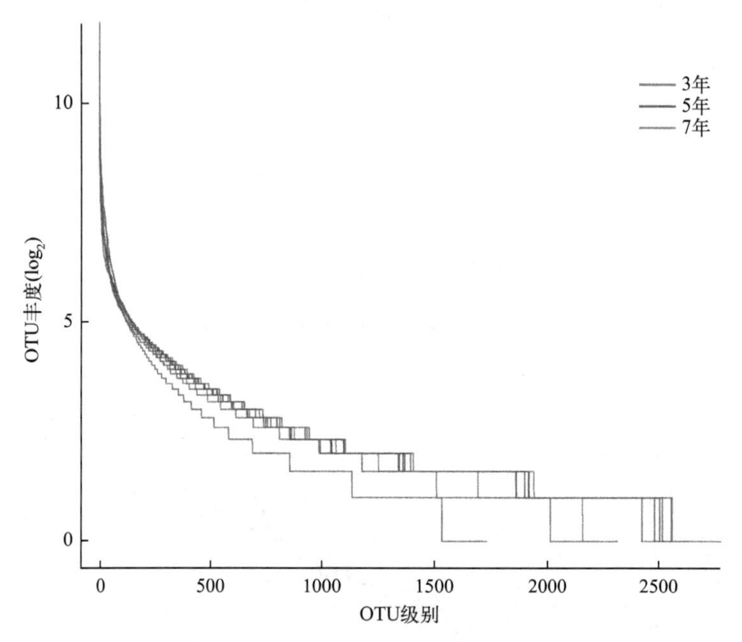

图 5-36　云南金花茶根际土壤细菌的丰度等级曲线

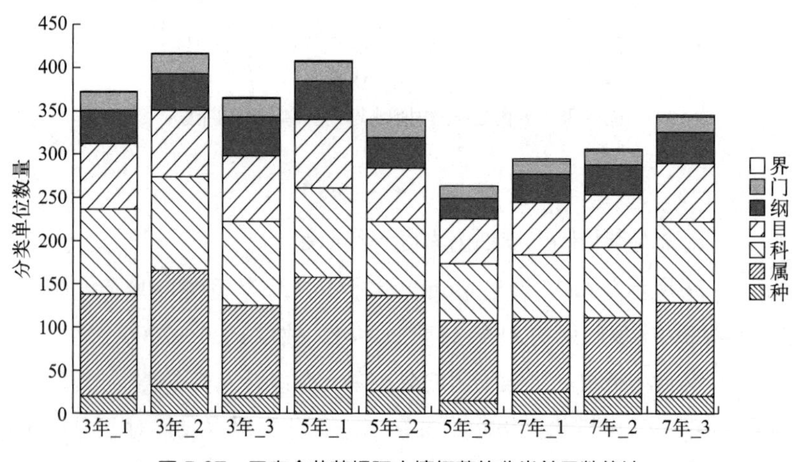

图 5-37　云南金花茶根际土壤细菌的分类单元数统计

如图5-38所示，云南金花茶根际土壤细菌最丰富的类群为Proteobacteria、Actinobacteriota和Acidobacteriota，不同的种植年限间根际土壤细菌在其余类群有所不同。其中，3年生云南金花茶最丰富的细菌在门类水平为Proteobacteria（43.83%）、Actinobacteriota（9.15%）、Gemmatimonadota（6.01%）、Acidobacteriota（6.85%）、RCP2-54（4.65%）、Myxococcota（5.11%）、Desulfobacterota（6.83%）、Nitrospirota（3.55%）、NB1-j（4.22%）、MBNT15（3.03%）。5年生云南金花茶最丰富的细菌在门类水平为Proteobacteria（64.4%）、Actinobacteriota（15.88%）、Gemmatimonadota（4.01%）、Acidobacteriota（3.44%）、RCP2-54（1.46%）、Myxococcota（2.19%）、Desulfobacterota（1.22%）、Nitrospirota（1.54%）。7年生云南金花茶最丰富的细菌在门类水平为Proteobacteria（54.51%）、Actinobacteriota（12.99%）、Gemmatimonadota（6.37%）、Acidobacteriota（4.68%）、RCP2-54（8.36%）、Myxococcota（3.85%）、Desulfobacterota（2.36%）。

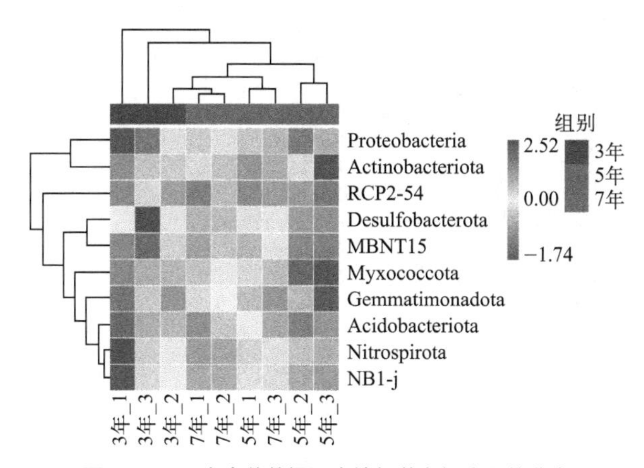

图5-38　云南金花茶根际土壤细菌在门水平的分类

如图5-39所示，不同种植年限根际土壤细菌最丰富的科为Nitrosomonadaceae、Gemmatimonadaceae、Acidothermaceae和Acetobacteraceae。其中，3年生云南金花茶根际土壤细菌最丰富的科为Nitrosomonadaceae（7.16%）、Gemmatimonadaceae（5.97%）、RCP2-54（4.65%）、NB1-j（4.22%）、Nitrospiraceae（3.54%）、MBNT15（3.03%）、Subgroup_22（2.8%）、Sphingomonadaceae（2.4%）、

Haliangiaceae（2.32%）、Caulobacteraceae（2.01%）。5年生云南金花茶根际土壤细菌最丰富的科为Acidothermaceae（9.46%）、Acetobacteraceae（4.72%）、KF-JG30-C25（4.27%）、Gemmatimonadaceae（3.98%）、Sphingomonadaceae（2.82%）、Nitrosomonadaceae（1.88%）、SC-I-84（1.71%）、Beijerinckiaceae（1.58%）、Caulobacteraceae（1.57%）、Nitrospiraceae（1.54%）。7年生云南金花茶根际土壤细菌最丰富的科为RCP2-54（8.36%）、Gemmatimonadaceae（6.36%）、Acetobacteraceae（4.33%）、Caulobacteraceae（3.54%）、Nitrosomonadaceae（3.3%）、IMCC26256（3.13%）、KF-JG30-C25（2.19%）、Haliangiaceae（1.58%）、Acidothermaceae（1.49%）、Burkholderiaceae（1.38%）。

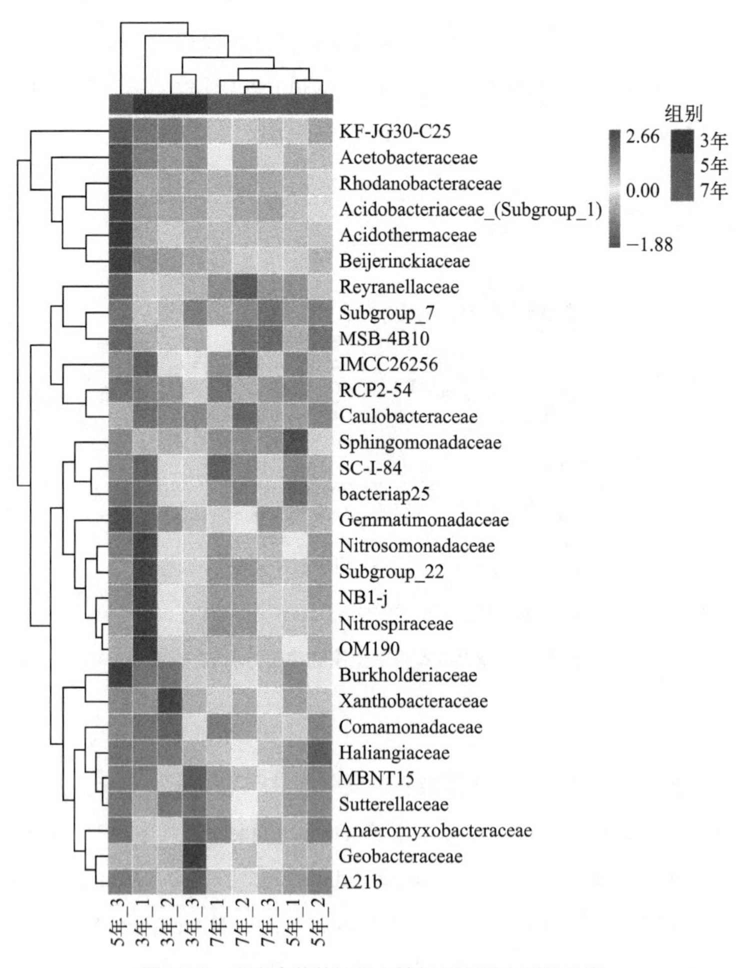

图5-39 云南金花茶根际土壤细菌在科水平的分类

如图5-40所示，不同种植年限云南金花茶根际土壤细菌最丰富的属为RCP2-54、Ellin6067、IMCC26256、*Acidothermus*和KF-JG30-C25。其中3年生云南金花茶根际土壤最丰富的属为Ellin6067（4.84%）、RCP2-54（4.65%）、NB1-j（4.22%）、*Nitrospira*（3.54%）、MBNT15（3.03%）、Subgroup_22（2.8%）、*Haliangium*（2.32%）、SC-I-84（1.91%）、OM190（1.58%）、IMCC26256（1.37%）。5年生云南金花茶根际土壤最丰富的属为*Acidothermus*（9.46%）、KF-JG30-C25（4.27%）、*Sphingomonas*（2.14%）、

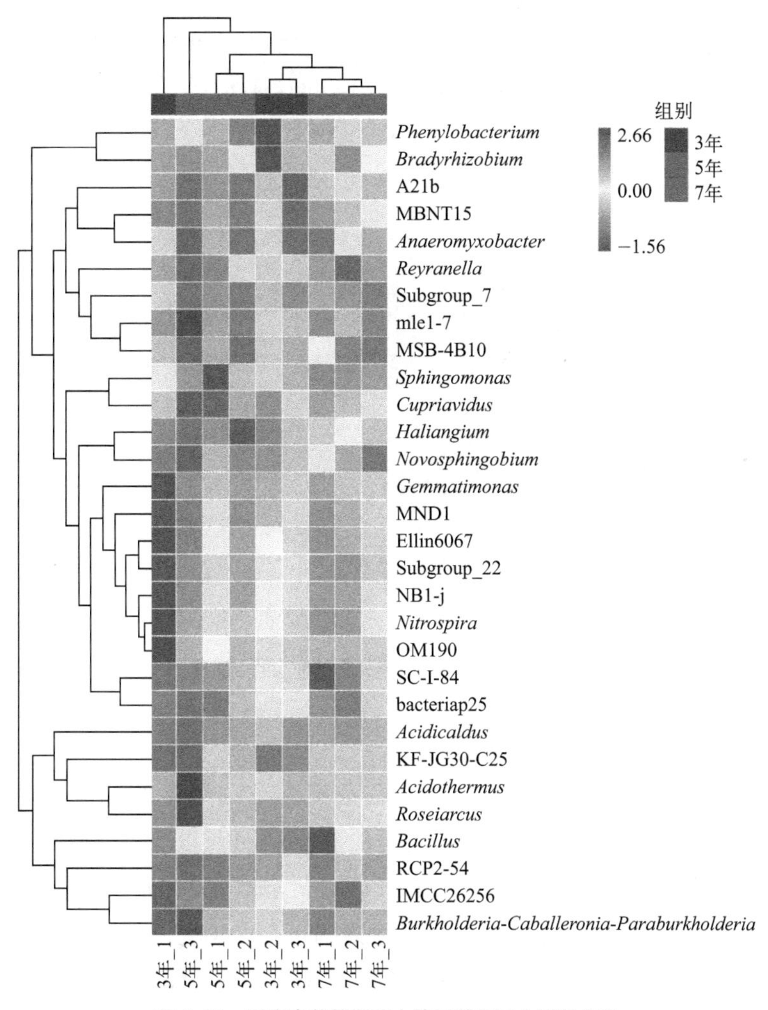

图5-40　云南金花茶根际土壤细菌在属水平的分类

SC-I-84（1.71%）、*Roseiarcus*（1.56%）、*Nitrospira*（1.54%）、RCP2-54（1.46%）、IMCC26256（1.4%）、Ellin6067（1.38%）、NB1-j（0.97%）。7年生云南金花茶根际土壤最丰富的属为RCP2-54（8.36%）、IMCC26256（3.13%）、KF-JG30-C25（2.19%）、Ellin6067（1.88%）、*Haliangium*（1.58%）、*Acidothermus*（1.49%）、Subgroup_7（1.05%）、MBNT15（1.03%）。

（5）云南金花茶根际土壤共有细菌和特有细菌

不同种植年限的云南金花茶根际土壤细菌种类不同，3年、5年和7年云南金花茶根际土壤共有的细菌有325个ASV，3年和5年生的云南金花茶根际土壤共有250个ASV，3年和7年生云南金花茶根际土壤共有291个ASV，3年和7年生云南金花茶根际土壤共有200个ASV；3年、5年和7年生的云南金花茶特有的ASV分别为6455、5096和5789个（图5-41）。

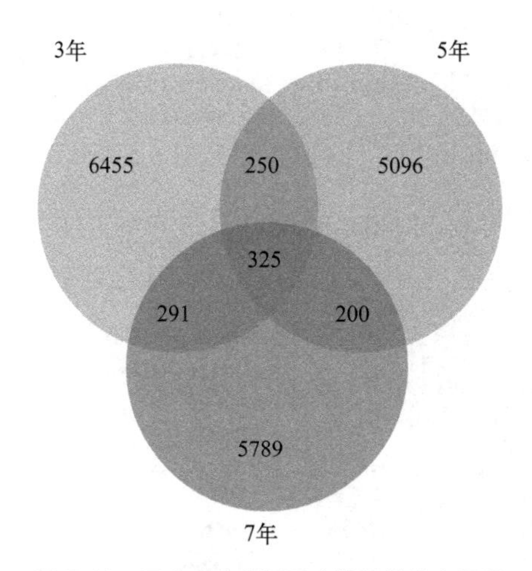

图5-41　云南金花茶根际土壤细菌的韦恩图

为了探究不同种植年限云南金花茶根际土壤细菌的差异性，采用LEfSe（LDA Effect Size）将非参数的Kruskal-Wallis以及Wilcoxon秩和检验与线性判别分析（Linear discriminant analysis，LDA）效应量（Effect size）相结合对差异细菌进行分析，结果显示，3年生云南金花茶根际土壤细菌的标志物种分别为P-MBNT15，Thermoanaerobaculia，MBNT15，Pla4_lineage，Thermoanaerobaculales，Ktedonobacterales，Haliangiales，

Thermoanaerobaculaceae。5年生云南金花茶根际土壤细菌的标志物种分别为Ktedonobacteria，Ktedonobacterales，Rhodospirillales，KF JG30 C25，Magnetospirillaceae，JG30_KF_AS9，KF IG30_C25，*Acidipila Silvibacterium*。7年生云南金花茶根际土壤细菌的标志物种分别为Enterobacterales，Rhizobiales Incertae Sedis，*Myxococcaceae*，*Acidisoma*，*Allorhizobium Neorhizobiun*，*Bauldia*（图5-42）。

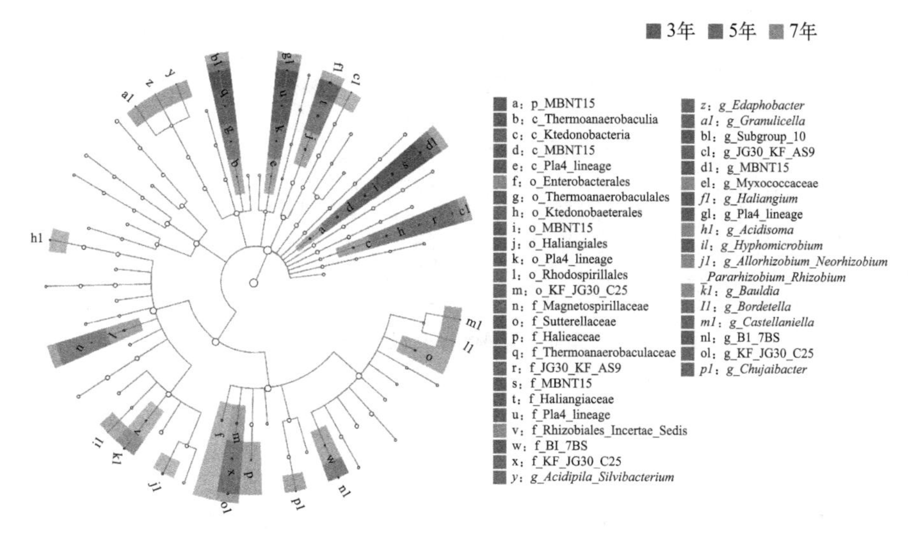

图5-42　云南金花茶根际土壤细菌的LEfSe分析

（6）云南金花茶根际土壤细菌的α-和β-多样性分析

为了探究不同种植年限下云南金花茶根际土壤细菌在均匀生境下的丰富度、多样性和均匀度，对其进行α-多样性分析。在本文中，Chao1、Observed species、Faith's_PD、Shannon、Simpson、Pielou's evenness和Good's coverage指数中位数均呈现先下降后上升的趋势。但是不同种植年限间的云南金花茶根际土壤细菌的α-多样性间均没有显著差异（图5-43）。

为了探究不同种植年限下云南金花茶根际土壤细菌的分布特征，对其进行非量度多维尺度分析（NMDS）。结果显示，β-多样性的NMDS应力值为0.321，大于0.2，说明不同种植年限的云南金花茶根际土壤细菌稍有差异，但差异不显著（图5-44）。

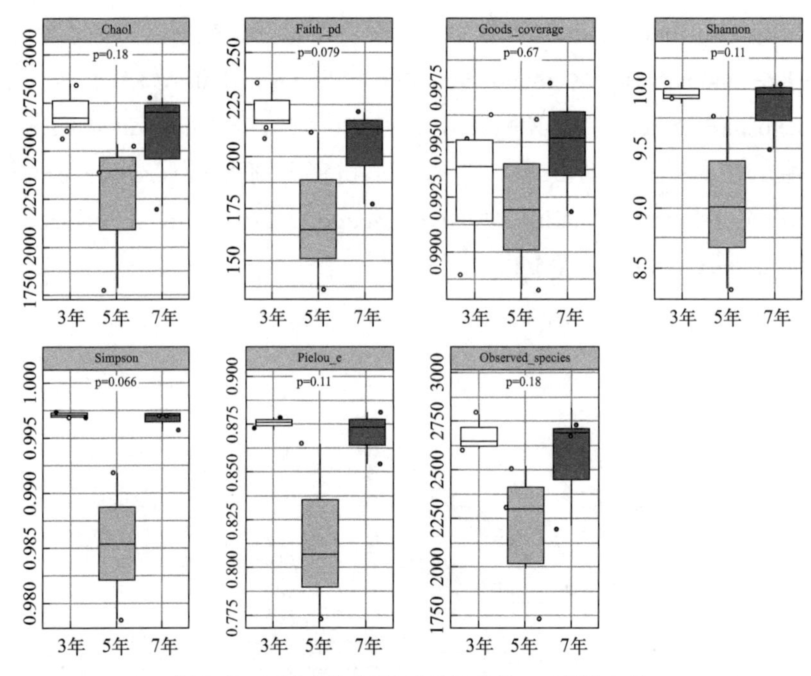

图 5-43　云南金花茶根际土壤细菌的 *α*- 多样性分析

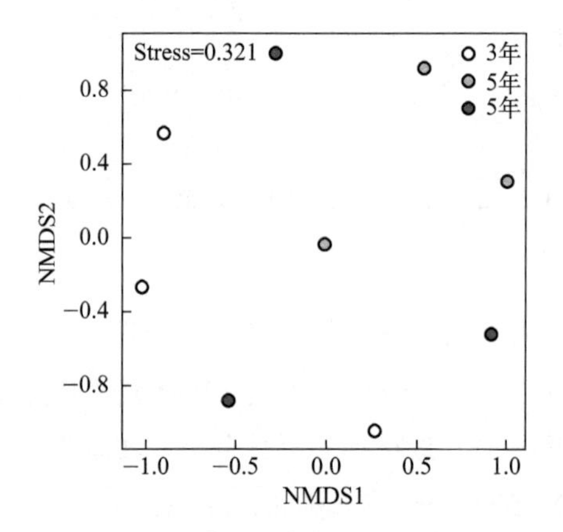

图 5-44　云南金花茶根际土壤细菌的 *β*- 多样性分析

（7）云南金花茶根际土壤细菌的功能分析

为了探究不同种植年限下云南金花茶根际土壤细菌标记基因序列丰度的变化和功能，使用PICRUSt2软件对3年、5年和7年的云南金花茶根际土壤细菌原始数据进行分析，结果如图5-45所示。从图5-45可知，不同种植年限的

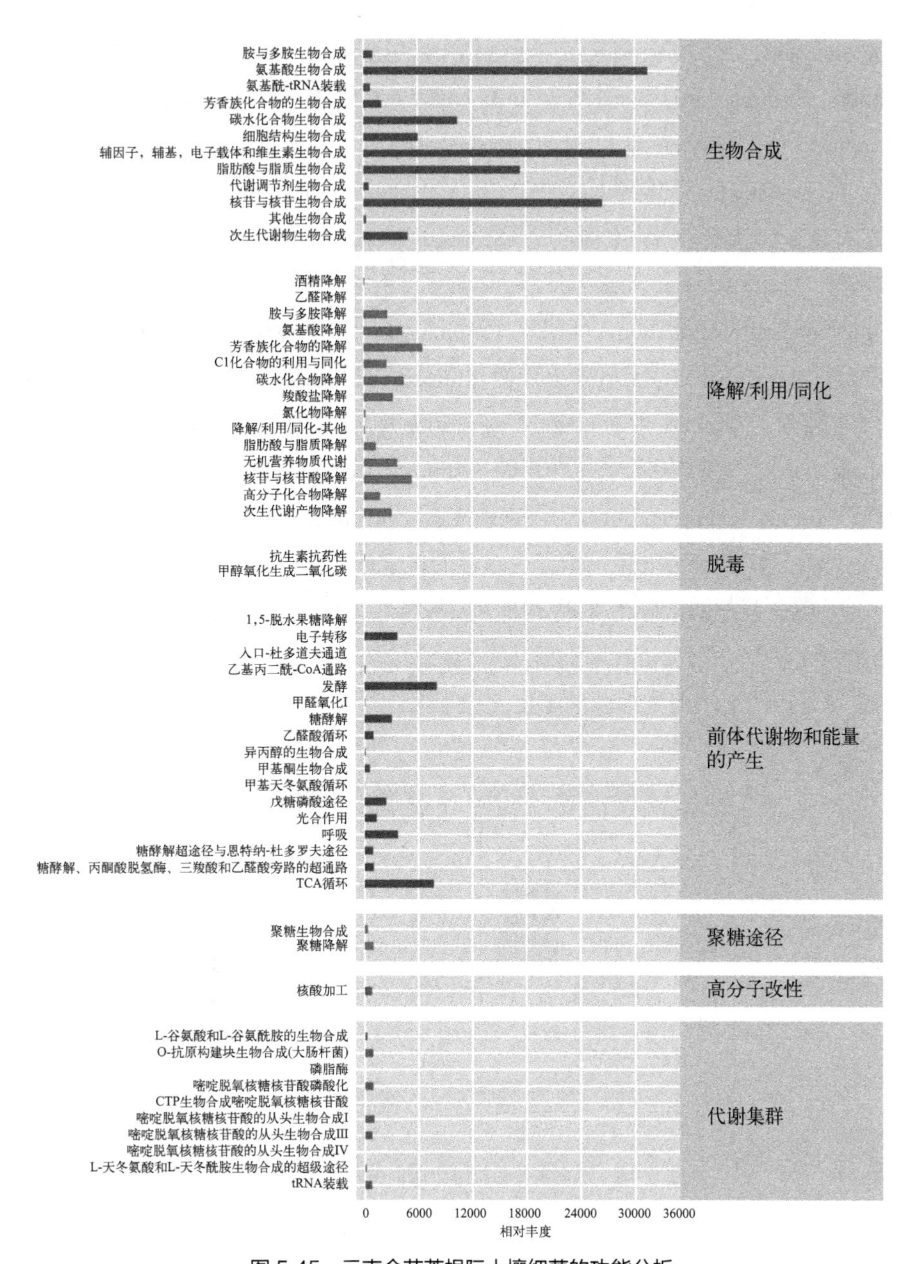

图 5-45　云南金花茶根际土壤细菌的功能分析

云南金花茶根际土壤细菌的前20的功能注释分别为氨基酸生物合成（Amino Acid Biosynthesis）、核苷和核苷酸生物合成（Nucleoside and Nucleotide

Biosynthesis）、辅因子、辅基、电子载体与维生素生物合成（Cofactor，Prosthetic Group，Electron Carrier，and Vitamin Biosynthesis）、脂肪酸和脂质生物合成（Fatty Acid and Lipid Biosynthesis）、碳水化合物生物合成（Carbohydrate Biosynthesis）、发酵（Fermentation）、细胞结构生物合成（Cell Structure Biosynthesis）、三羧酸循环（TCA cycle）、次生代谢物生物合成（Secondary Metabolite Biosynthesis）、核苷和核苷酸降解（Nucleoside and Nucleotide Degradation）、化合物利用与同化（C1 Compound Utilization and Assimilation）、呼吸（Respiration）、电子转移（Electron Transfer）、糖酵解（Glycolysis）、无机养分代谢（Inorganic Nutrient Metabolism）、芳香族化合物降解（Aromatic Compound Degradation）、碳水化合物降解（Carbohydrate Degradation）、芳香族化合物生物合成（Aromatic Compound Biosynthesis）、氨基酸降解（Amino Acid Degradation）、戊糖磷酸途径（Pentose Phosphate Pathways）。

（8）云南金花茶根际土壤促生细菌的丰度分析

云南金花茶的根际土壤促生细菌的种类较云南金花茶根内少，根际主要是*Burkholderia*和*Bacillus*属细菌（图5-46）。但总体来说，不同栽培年限的云南金花茶根际土壤促生细菌的丰度变化不大。

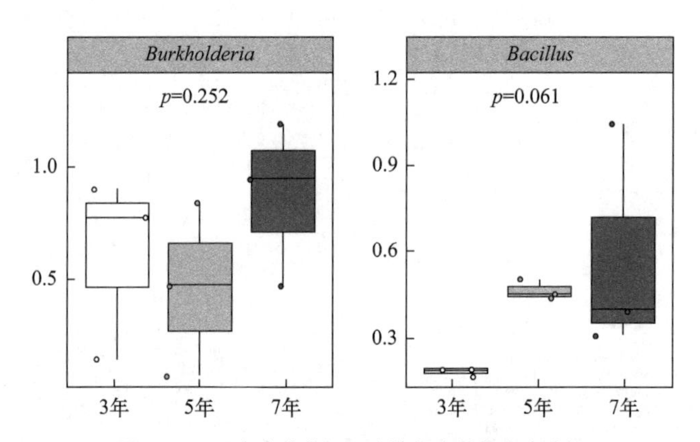

图5-46 云南金花茶根际土壤促生菌的丰度分析

5.3.2.2 不同年龄云南金花茶根际土壤真菌群落差异性分析

（1）云南金花茶根际土壤真菌序列长度分布

云南金花茶根际土壤真菌序列除杂后，序列长度228～437bp，其中266bp的占12.64%，250bp的占8.23%，251bp占7.56%，243bp占5.77%，

272bp占5.37%，所有序列分布比较集中，大概在250bp，测序结果可靠性较高，满足后续分析要求（图5-47）。

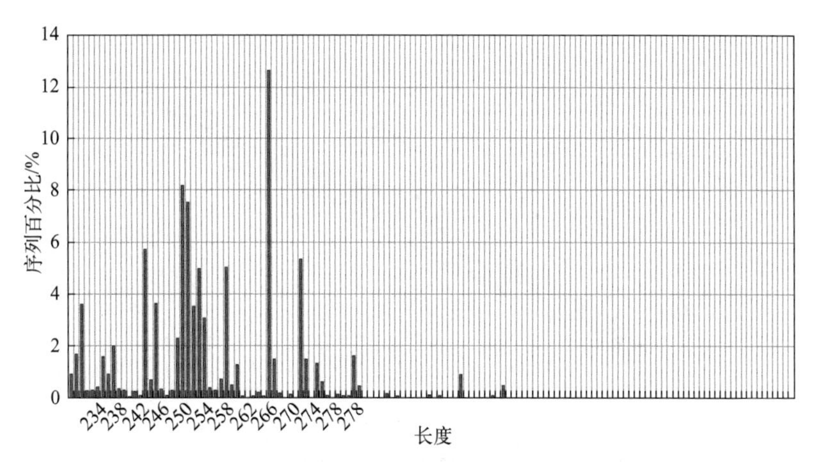

图5-47 云南金花茶根际土壤真菌序列长度分布

（2）云南金花茶根际土壤真菌稀释曲线和物种累积曲线

如图5-48所示，云南金花茶根际土壤真菌在测序深度达到25000～30000 reads时已经趋于平缓，说明测序深度能够较好反应物种信息，提高测序深度，物种的多样性变化不大。

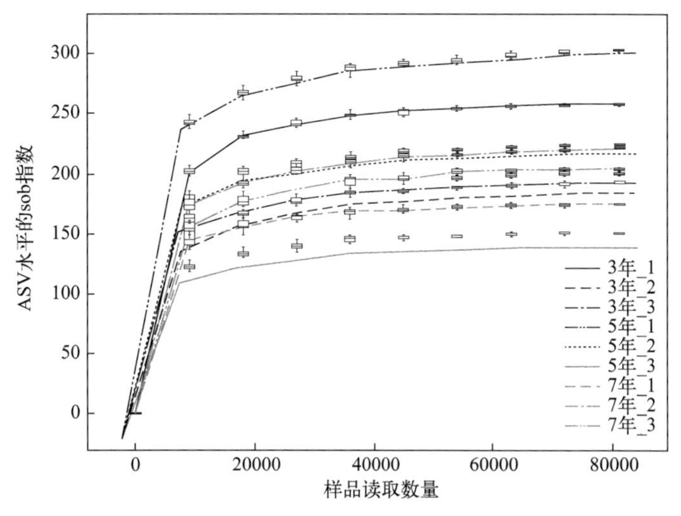

图5-48 云南金花茶根际土壤真菌稀释曲线

图5-49的物种累计曲线所示，云南金花茶根际土壤真菌随着样本的增加有上升的趋势，但第9个样本的盒子图中位数和最大最小值已经较为接近，说明曲线已经开始趋于平缓，已经有较好的测序深度。

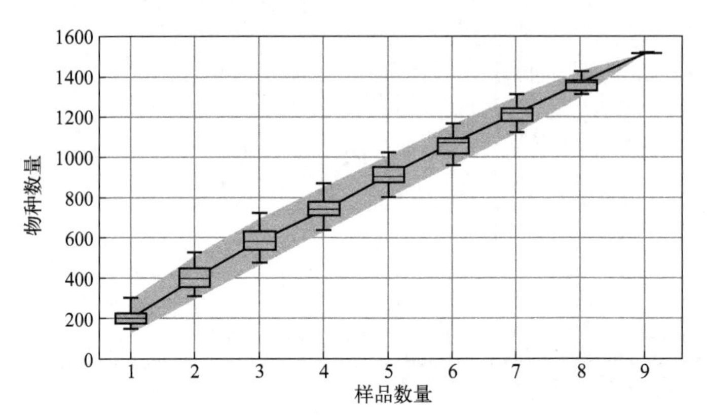

图5-49 云南金花茶根际土壤真菌物种累积曲线

（3）云南金花茶根际土壤真菌丰度等级曲线

从图5-50云南金花茶根际土壤真菌的丰度等级曲线来看，ASV丰度（$\log_2$）大于1的ASV超过150个，而不同样本根际土壤真菌丰度较低的ASV（即$\log_2<1$）数量50～100个。

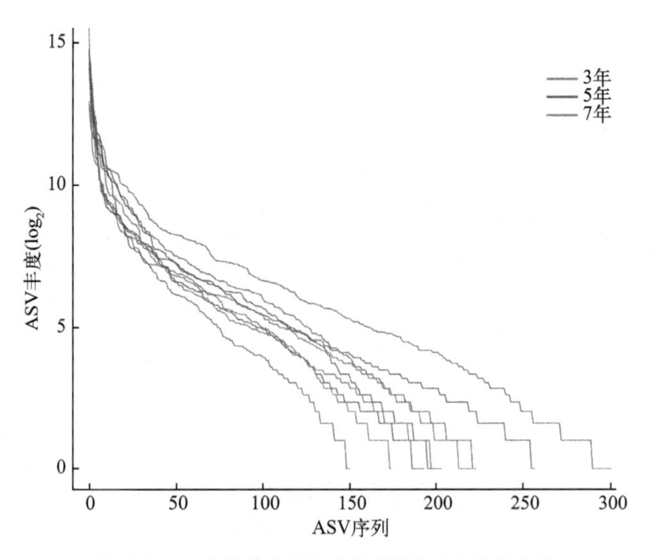

图5-50 云南金花茶根际土壤真菌的丰度等级曲线

（4）云南金花茶根际土壤真菌的分类单元数统计及其分类

在对云南金花茶根际土壤真菌进行分类后，我们统计了不同样本的分类单元数量（图5-51）。结果显示，3年生的云南金花茶根际土壤真菌平均有7个门、13个纲、34个目、46个科、53个已知属和70个已知种；5年生的云南金花茶根际土壤真菌平均有7个门、12个纲、30个目、39个科、57个已知属和78个已知种；7年生的云南金花茶根际土壤真菌平均有7个门、14个纲、32个目、38个科、45个已知属和55个已知种。

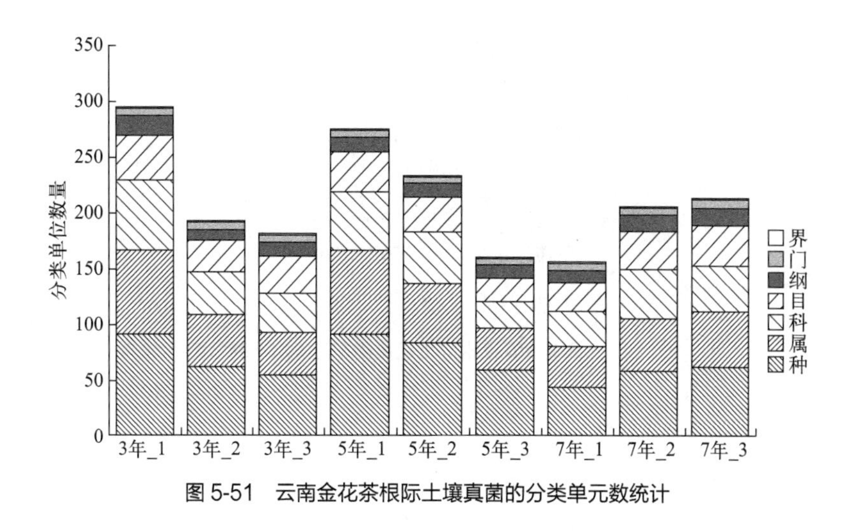

图5-51 云南金花茶根际土壤真菌的分类单元数统计

如图5-52所示，云南金花茶根系内生菌最丰富的类群为Ascomycota和Basidiomycota，其余类群在不同种植年限间稍有不同。其中，3年生云南金花茶最丰富的真菌门类为Ascomycota（68.23%）、Basidiomycota（3.48%）、Fungi_phy_Incertae_sedis（1.58%）、Mortierellomycota（0.39%）、Rozellomycota（0.42%）、Glomeromycota（0.65%）、Chytridiomycota（0.02%）。5年生云南金花茶最丰富的真菌门类为Ascomycota（72.89%）、Basidiomycota（5.48%）、Fungi_phy_Incertae_sedis（1.21%）、Mortierellomycota（3.62%）、Rozellomycota（1.13%）、Glomeromycota（0.14%）、Chytridiomycota（0.22%）。7年生云南金花茶最丰富的真菌门类为Ascomycota（32.98%）、Basidiomycota（21.88%）、Fungi_phy_Incertae_ sedis（2.12%）、Mortierellomycota（0.39%）、Rozellomycota（1.92%）、Glomeromycota（0.08%）、Chytridiomycota（0.01%）、Kickxellomycota（0.02%）、Aphelidiomycota（0%）、Mucoromycota（0.01%）。

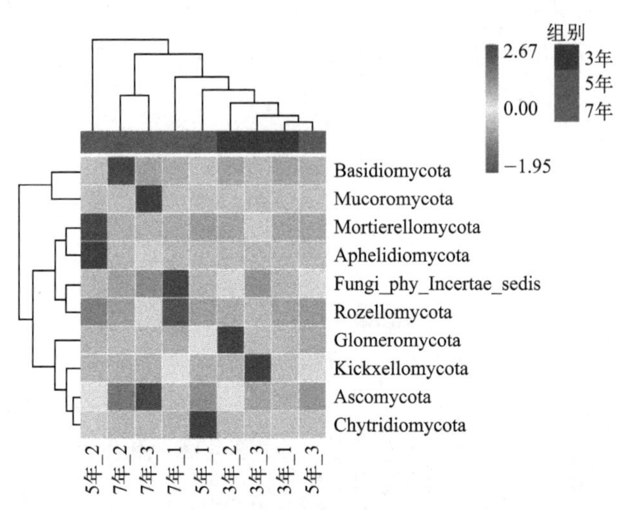

图 5-52 云南金花茶根际土壤真菌在门类水平的分类

如图5-53所示，云南金花茶根系内生真菌最丰富的科为Melanconidaceae、Nectriaceae和Sordariales_fam_Incertae_sedis，其余内生菌在不同种植年限间稍有不同。其中，3年生云南金花茶根际土壤最丰富的真菌科为Sordariales_fam_Incertae_sedis（23.95%）、Archaeorhizomycetaceae（17.56%）、Melanconidaceae（9.93%）、Nectriaceae（2.78%）、Plectosphaerellaceae（2.24%）、Fungi_fam_Incertae_sedis（1.58%）、Chaetosphaeriaceae（1.51%）、Aspergillaceae（1.49%）、Chaetomiaceae（1.46%）、Hypocreaceae（1.35%）。5年生云南金花茶根际土壤最丰富的真菌在门类水平为Hypocreaceae（25.62%）、Nectriaceae（12.83%）、Aspergillaceae（12.8%）、Melanconidaceae（4.58%）、Sordariales_fam_Incertae_sedis（3.75%）、Mortierellaceae（3.62%）、Trimorphomycetaceae（3%）、Chaetomiaceae（2.67%）、Bionectriaceae（1.98%）、Trichosporonaceae（1.36%）。7年生云南金花茶根际土壤最丰富的真菌科为Archaeorhizomycetaceae（16.99%）、Hypocreaceae

(4.2%)、Trimorphomycetaceae(4.12%)、Sordariales_fam_Incertae_sedis(3.27%)、Trichosporonaceae(3.06%)、Fungi_fam_Incertae_sedis(2.12%)、Aspergillaceae(2.08%)、Rozellomycota_fam_Incertae_sedis(1.92%)、Nectriaceae(1.22%)、Chaetomiaceae(1.07%)、Melanconidaceae(0.58%)。

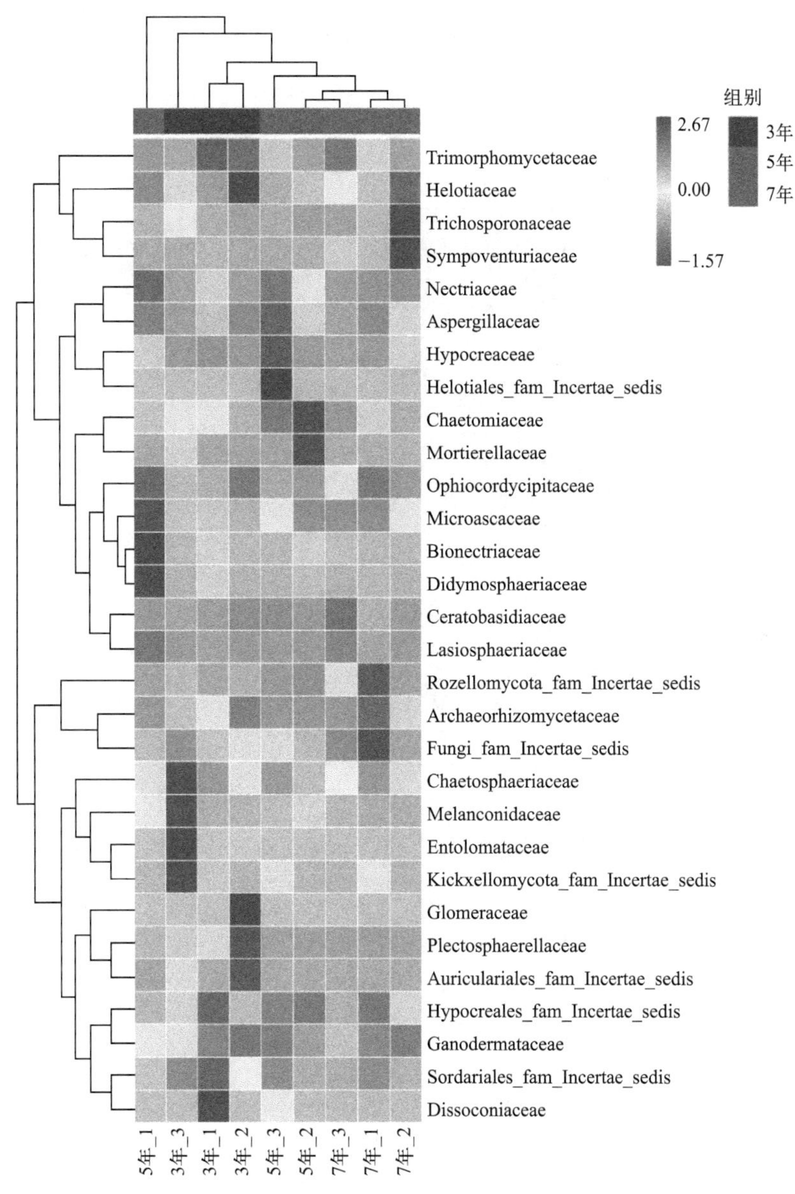

图 5-53　云南金花茶根际土壤真菌在科水平的分类

如图5-54所示，云南金花茶根际土壤真菌最丰富的属为*Staphylotrichum*、*Trichoderma*、*Archaeorhizomyces*。其中，3年生云南金花茶根际土壤最丰富的真菌属为*Staphylotrichum*（23.94%）、*Archaeorhizomyces*（17.56%）、*Melanconiella*（9.93%）、*Fusarium*（1.68%）、*Verticillium*（1.61%）、*Fungi_gen_Incertae_sedis*（1.58%）、*Trichoderma*（1.35%）、*Codinaea*（1.19%）、*Aspergillus*（0.99%）、*Apiotrichum*（0.83%）。5年生云南金花茶根际土壤

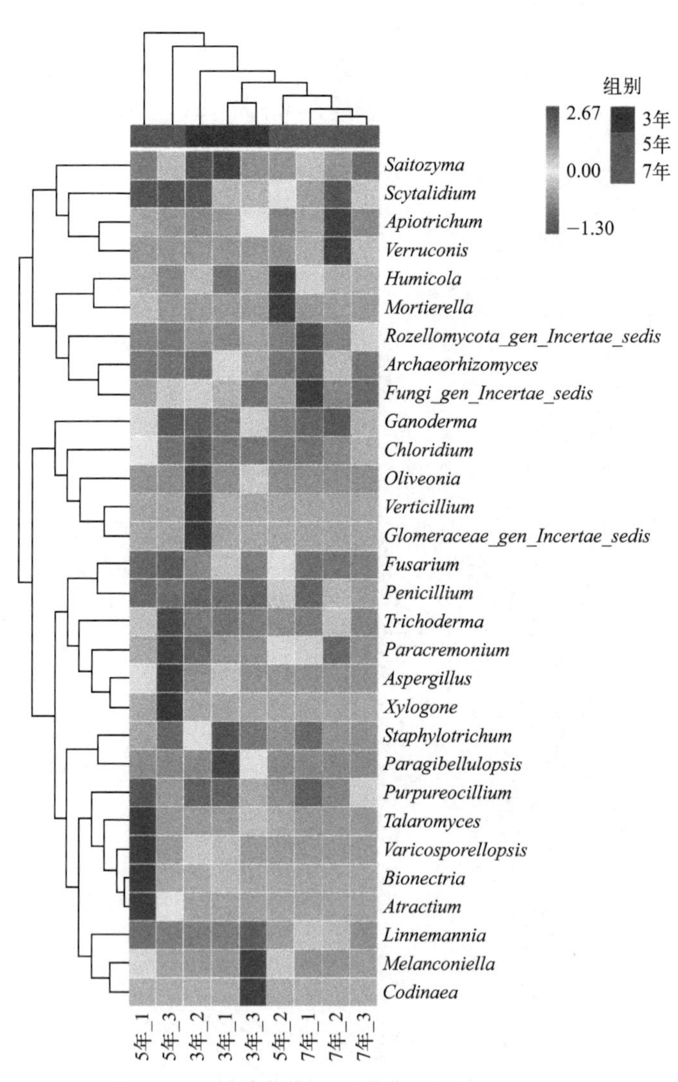

图5-54　云南金花茶根际土壤真菌在属水平的分类

最丰富的真菌属为*Trichoderma*（25.62%）、*Fusarium*（9.29%）、*Penicillium*（6.88%）、*Melanconiella*（4.58%）、*Aspergillus*（4.24%）、*Staphylotrichum*（3.7%）、*Saitozyma*（3%）、*Mortierella*（2.95%）、*Humicola*（1.98%）、*Bionectria*（1.85%）。7年生云南金花茶根际土壤最丰富的真菌属为*Archaeorhizomyces*（16.99%）、*Trichoderma*（4.2%）、*Saitozyma*（4.12%）、*Staphylotrichum*（3.25%）、*Apiotrichum*（3.06%）、*Fungi_gen_Incertae_sedis*（2.12%）、*Penicillium*（2.08%）、*Rozellomycota_gen_Incertae_sedis*（1.92%）、*Humicola*（0.93%）、*Melanconiella*（0.58%）。

（5）云南金花茶根际土壤共有真菌和特有的真菌

从不同栽培年限的云南金花茶根际土壤真菌种类来看，3年、5年和7年云南金花茶根内共有的真菌有32个ASV，3年和5年生的云南金花茶共有45个ASV，3年和7年生的云南金花茶共有19个ASV，5年和7年生的云南金花茶共有25个ASV；3年、5年和7年生的云南金花茶特有的ASV分别为486、465和443个（图5-55）。

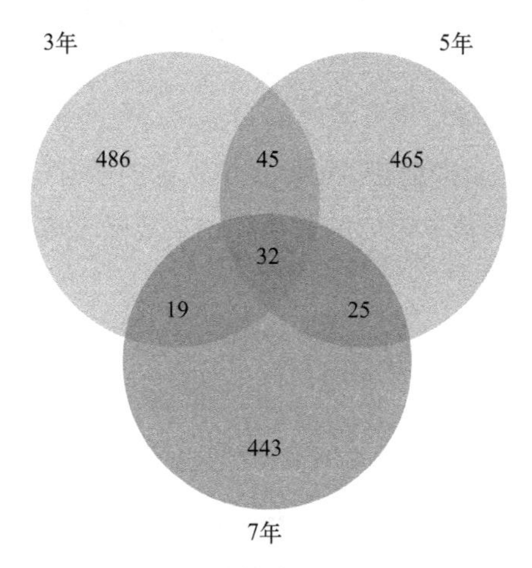

图5-55　云南金花茶根际土壤真菌的韦恩图

本研究中，在3年生云南金花茶根际土壤真菌类群中以Bolbitiaceae、Entolomataceae、Trichomeriaceae和Knufia。另外在5年生云南金花茶根际土壤真菌以Chytridiomycota、Phaeomoniellales、Phaeomoniellales fam Incertae sedis、*Phaeomoniellales_gen_Incertae_sedi*、*Atractium*和*Fusarium*为标志

物。而7年生云南金花茶根际土壤菌的标志物种较少，为Sympoventuriaceae、*Verruconis*和*Podila*，如图5-56所示。

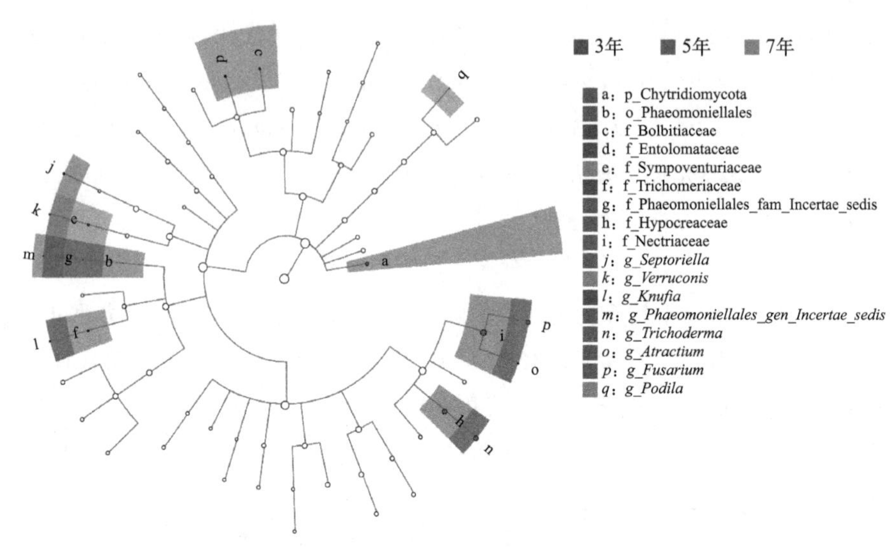

图5-56 云南金花茶根际土壤真菌的LEfSe分析

（6）云南金花茶根际土壤真菌的α-和β-多样性分析

在本文中，3年生云南金花茶根际土壤真菌的所有α指数呈现先上升后下降的趋势。但是不同种植年限间的云南金花茶根际土壤真菌的α-多样性间均没有显著差异（图5-57）。

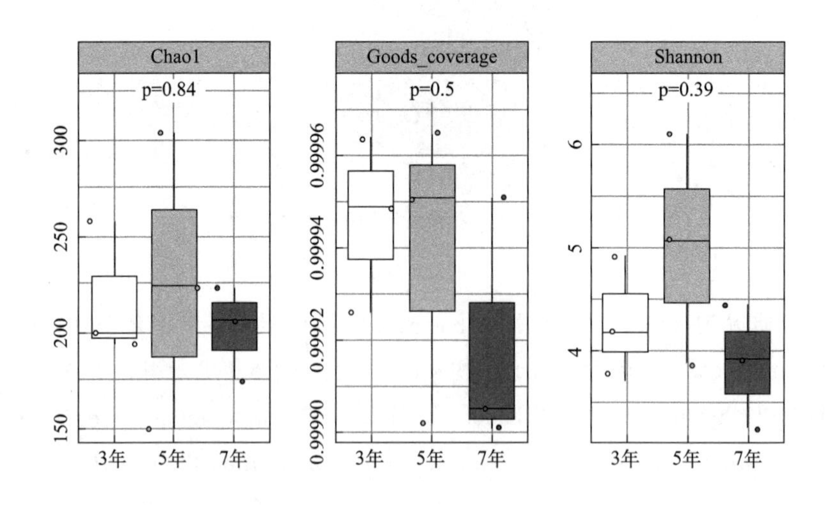

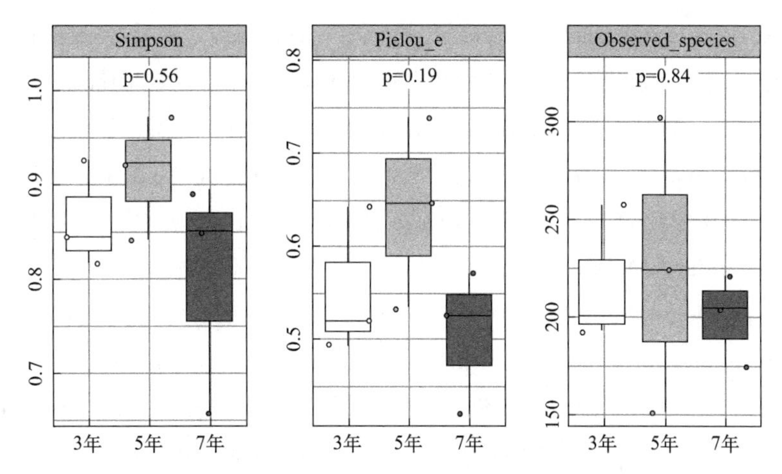

图 5-57 云南金花茶根际土壤真菌的 *α*- 多样性分析

在本文中，*β*-多样性的NMDS应力值为0.0613，小于0.2，说明可用NMDS分析不同种植年限的云南金花茶根际土壤真菌的群落结构。结果显示，不同种植年限的云南金花茶根际土壤真菌稍有差异，但差异不显著（图5-58）。

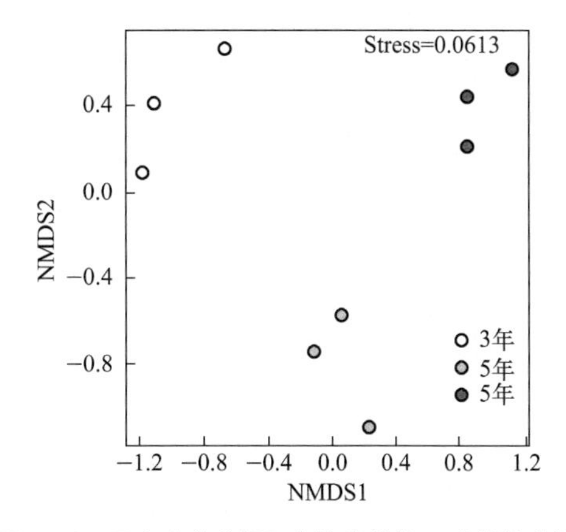

图 5-58 云南金花茶根际土壤真菌的 *β*- 多样性分析

（7）云南金花茶根际土壤真菌的功能分析

本文中，我们基于PICRUSt2进行了云南金花茶根际土壤真菌的功能分析，其中，前20的功能注释为核苷和核苷酸生物合成（Nucleoside and

Nucleotide Biosynthesis）、电子转移（Electron Transfer）、呼吸（Respiration）、辅因子、辅基、电子载体与维生素生物合成（Cofactor，Prosthetic Group，Electron Carrier，and Vitamin Biosynthesis）、脂肪酸和脂质生物合成（Fatty Acid and Lipid Biosynthesis）、氨基酸生物合成（Amino Acid Biosynthesis）、碳水化合物生物合成（Carbohydrate Biosynthesis）、次生代谢物生物合成（Secondary Metabolite Biosynthesis）、脂肪酸和脂质降解（Fatty Acid and Lipid Degradation）、戊糖磷酸途径（Pentose Phosphate Pathways）、发酵（Fermentation）、碳水化合物降解（Carbohydrate Degradation）、乙醛酸循环（glyoxylate cycle）、核苷和核苷酸降解（Nucleoside and Nucleotide Degradation）、无机养分代谢（Inorganic Nutrient Metabolism）、三羧酸循环（TCA cycle）、氨酰充电（Aminoacyl-tRNA Charging）、tRNA充电（tRNA charging）、新生物合成嘧啶脱氧核糖核苷酸（pyrimidine deoxyribonucleotides de novo biosynthesis I）、多糖生物合成（Glycan Biosynthesis）（图5-59）。

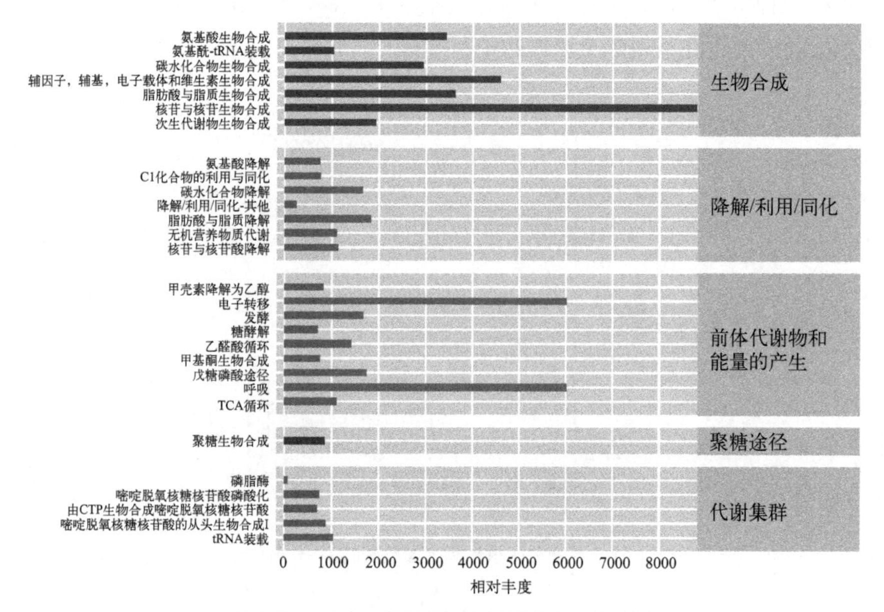

图5-59 云南金花茶根际土壤真菌的功能分析

（8）云南金花茶根际土壤病原真菌和生防真菌的丰度分析

文献中报道的常见植物病原真菌和茶树生防菌的丰度如图5-60。病原真菌*Fusarium*在3年生云南金花茶的根际显著高于7年生云南金花茶的根际。而5年生云南金花茶根际中的生防菌*Trichoderma*和*Penicillium*的丰度显著高于3年生的云南金花茶根际。但5年生的云南金花茶根际生防真菌丰度与7年生的云南金花茶根际生防真菌相比没有显著差异。*Aspergillus*在不同栽培年限的云南金花茶根际没有显著差异。

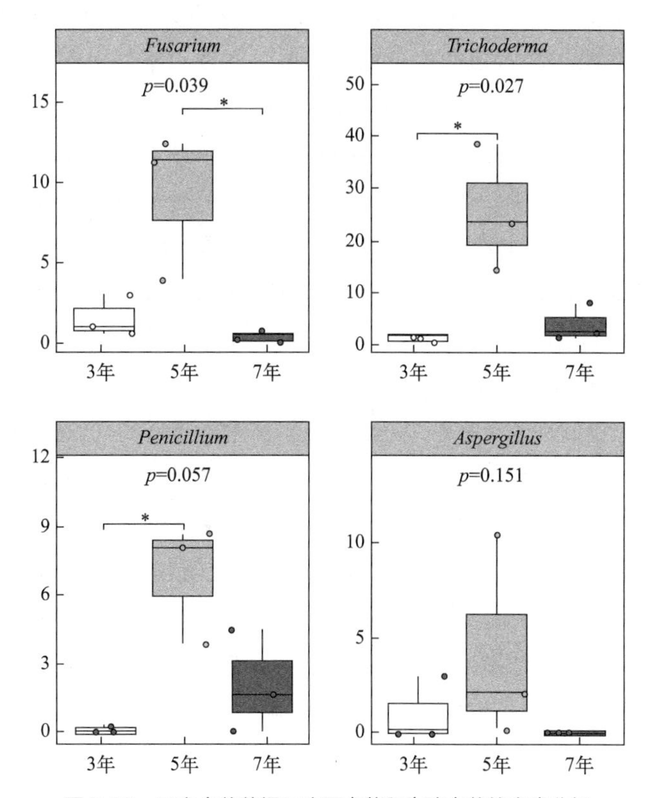

图5-60 云南金花茶根际病原真菌和生防真菌的丰度分析

5.3.3 讨论与结论

与根内的主要微生物类群相似，云南金花茶根际主要的细菌为Proteobacteria、Acidobacteria和Actinobacteria，而Ascomycetes和Basidiomycetes是主要的真菌类群，与文献的报道一致（Romila & Dutta，2012）。虽然没有根内生细菌的Actinobacteria丰富，但Actinobacteria仍然是根际土壤的主要类群，可能也与植物生长辅助和抗性有关（Reinhold-Hurek et al，2015）。就真菌而言，在根际土壤中有更多的木霉（常见的生防真菌），也可能与植物的抗病性有关（Du et al，2017）。同根内生真菌一样，Glomeromycota在根际土壤中丰度也很低，仅为0.287%。而丛枝菌根真菌（AMF）属于Glomeromycota，可以与陆地生态系统中80%以上的高等植物根系共生形成共生体，可以增加包括氮（N）、磷（P）和硅（Si）在内的营养物质的吸收，并增加宿主对各种胁迫的抗性，从而帮助宿主更好地适应酸性土壤，但是否能与云南金花茶形成共生体还需要进一步研究（Nisha et al，2021）。同样地，我们也在根际土壤中发现了较低丰度的镰刀菌属（*Fusarium*）和生防菌*Trichoderma*、*Penicillium*。这也表明了云南金花茶根际土壤中有益微生物和有害微生物之间的平衡。除了极少量的炭疽病病原菌（*Colletotrichum*）外，其他病原菌*Pestalotiopsis*、*Exobasidium*、*Botryodiplodia*、*Macrophoma*、*Ustulina*、*Sphaerotheca*均未在根系中发现，可能与引物设计或者累积的百分比等有关。总之，云南金花茶的其他病原体是否能够成功地感染植株，或者经过7年的人工栽培后，它们是否在根系中积累，还有待进一步证实（Liu et al，2021）。经过3年、5年和7年的人工培养后，云南金花茶根部微生物群落结构的α和β多样性没有显著差异。然而，根际土壤微生物的变化略大于根内生菌的变化。与内生真菌相比，5年生云南金花茶的根际土壤生防真菌木霉菌和青霉菌数量显著高于根际3年生云南金花茶的根际土壤。但栽培7年与栽培3年和5年之间无显著差异。这些结果也表明，根际土壤真菌在栽培过程中首先受到影响，而内生真菌则将在较长的时间才会受到影响。不同栽培年限根际和根际土壤中的真菌存在一定的差异，而细菌在土壤、根际和不同栽培年限中的差异不显著。这些结果反映了真菌更容易受到环境的影响。

总之，为了研究人工栽培后云南金花茶土壤和根际微生物群落结构的变化，采集了人工栽培3年、5年和7年后的云南金花茶根系，并对根际土壤和根系的微生物群落结构进行了研究。结果表明，栽培7年后，微生物群落结构以及有益微生物和有害微生物的种类和丰度变化不明显。这些结果有助于了解云南金花茶在人工培养后的适应性，有必要持续对其微生物进行跟踪研究。

第 6 章

云南金花茶资源开发利用

6.1 矿物质元素及功能成分分析

6.1.1 材料与方法

6.1.1.1 材料

云南金花茶的花、嫩叶、老叶，均采自云南省河口县，为不同单株的样品混合材料，对其烘干处理后，送交具有相应检测资质的机构进行检测。

6.1.1.2 测定方法

（1）矿物质元素的测定

矿物质元素由中国科学院西双版纳热带植物园生物地球化学实验室按照《LY/T 1270—1999》标准进行测定（国家林业局，1999），共测定12种矿物质元素，包括氮、磷、钾、钙、镁、钠、硫、铁、锰、铜、锌、硅。在所测指标中，其中氮、硫、磷、钠、钾、钙、镁元素为人体所需的常量元素，铁、锰、铜、锌、硅元素为人体所需的微量元素（刘士军，2007）。

（2）生理活性成分测定

生理活性成分测定交由云南省产品质量监督检验研究院测定，测定指标为茶多酚、总黄酮、粗多糖。其中测定使用标准为，茶多酚测定参照GB/T 8313—2008（周卫龙等，2008）；总黄酮测定参照NY/T 1295—2007（李为喜等，2007）；粗多糖测定参照GB/T 18672—2002（程淑华等，2002）。

6.1.2 结果与分析

6.1.2.1 云南金花茶不同部位常量元素含量分析

云南金花茶的花、嫩叶、老叶中的氮、硫、磷、钠、钾、钙、镁7种常量元素含量结果见表6-1。在7种常量元素中，花、嫩叶、老叶中均以氮、钾、钙含量居多，其次是磷、镁、硫等元素，最低的为钠元素，呈现出高钾低钠的特点。此外，同一元素在不同部位的含量存在一定差别，在N、P、K 3种元素中，花＞嫩叶＞老叶；而在Ca、S、Mg、Na 4种元素中，老叶＞嫩叶＞花。同一部位中的这7种常量元素含量高低也有所差别，云南金花茶的花中的7种常量元素含量从大到小依次为K＞N＞Ca＞S＞P＞Mg＞Na；嫩叶中这7种常量元素含量从大到小次序（仅磷和镁发生变化）为K＞N＞Ca＞S＞Mg＞P＞Na；而老叶中这7种常量元素含量由高到低依次为Ca＞K＞N＞S＞Mg＞P＞Na。可以看出，云南金花茶的花和嫩叶含有的7种常量元素中，均以钾元素含量最高，分别为25.41 g/kg和17.17g/kg，钠元素含量最低，分别为16.5mg/kg和33.4mg/kg。而老叶中含量最高的常量元素则为钙元素，含量为29.61g/kg，其次是钾元素，含量为13.50 g/kg，这可能与钙元素主要分布在植物体的老叶、储藏器官或其他衰老的组织中这一生理特点有关。

表6-1　不同部位的常量元素测定结果

部位	N/（g/kg）	P/（g/kg）	K/（g/kg）	Ca/（g/kg）	Mg/（g/kg）	S/（g/kg）	Na/（mg/kg）
花	15.69	2.41	25.41	5.26	2.28	2.61	16.5
嫩叶	15.65	1.83	17.17	9.20	2.69	2.96	33.4
叶	13.35	0.94	13.50	29.61	3.14	3.15	56.1

6.1.2.2　云南金花茶不同部位微量元素含量分析

云南金花茶中含有丰富的微量元素，但不同部位的含量具有一定差别。从表6-2可以看出，云南金花茶花、嫩叶、老叶中均含有铁、锰、铜、锌、硅5种微量元素，且这5种微量元素在花、嫩叶和老叶中含量高低依次均为Si＞Mn＞Fe＞Zn＞Cu。但同一元素在不同部位的含量有所差别，除铜和硅元素外，老叶中的Fe、Mn、Zn元素的含量均比花、嫩叶高。老叶中的Fe、Mn含量分别为0.159 g/kg、1.278 g/kg，比花分别高了1.6倍和12.5倍，比嫩叶分别高了1.8倍和8.7倍。老叶Zn为17.4mg/kg，比花高了19.18%，比嫩叶高

42.63%。硅元素在嫩叶中含量最高，为3.30g/kg，比花（1.91 g/kg）和老叶（1.07 g/kg）中分别高了1.7倍和3倍。

表6-2　不同部位的微量元素测定结果

部位	Si /（g/kg）	Fe /（g/kg）	Mn /（g/kg）	Cu /（mg/kg）	Zn /（mg/kg）
花	1.91	0.096	0.102	9.8	14.6
嫩叶	3.30	0.086	0.146	8.6	12.2
老叶	1.07	0.159	1.278	6.6	17.4

6.1.2.3　云南金花茶生理活性成分测定分析

云南金花茶不同部位的生理活性成分含量具有一定差别。从表6-3可以看出，除嫩叶未检测出总黄酮外，云南金花茶的花、老叶中都检测到了茶多酚、总黄酮和粗多糖3种生理活性成分。其中以茶多酚含量最高，其次是粗多糖，含量最低的是总黄酮含量。但同一种营养成分在不同部位的含量也存在一定的差别，嫩叶中的茶多酚含量最高，为6.24%，比花、老叶中分别高了197.14%和183.64%；粗多糖含量也是最高的，为1.79%，比花、老叶高了62.73%；但嫩叶的总黄酮低于检出限，未能被检测出；此外，云南金花茶花和老叶中茶多酚、总黄酮、粗多糖的含量均较接近。因此，除不含总黄酮外，云南金花茶的嫩叶中茶多酚、粗多糖含量均高于花和老叶。

表6-3　不同部位的生理活性成分测定结果

部位	茶多酚 /%	总黄酮含量 /%	粗多糖（以葡萄糖计，以干物质计）/%
花	2.10	0.1	1.10
嫩叶	6.24	未检出	1.79
老叶	2.20	0.1	1.10

注：检出限0.5mg。

6.1.3 讨论与结论

本文对云南金花茶的花、嫩叶和老叶中的12种矿物质元素测定发现，云南金花茶的花、嫩叶、老叶中均含有人体所需的7种常量元素和5种微量元素。其测定结果与已报道的金花茶组植物中的金花茶（林华娟等，2010）、显脉金花茶（韦记青等，2008）的结果相似。云南金花茶呈现出高钾低钠的特点，而高钾低钠食物有利于维持机体的酸碱平衡及正常血压，对防治高血压病症有益（何志廉，1988）。此外，云南金花茶花中的K元素含量达到了25.41 g/kg，是金花茶花中的2.4倍（林华娟等，2010），同时，云南金花茶嫩叶和老叶中的K、Ca、Mg含量也均高于金花茶（韦记青等，2008）。在微量元素中，云南金花茶的花、嫩叶、老叶中均富含Fe、Mn、Zn、Cu、Si等人体所需的微量元素，含量高低为Si＞Mn＞Fe＞Zn＞Cu，其中老叶中的Fe、Mn、Zn元素的含量均比花、嫩叶高，且高于金花茶的叶。微量元素日需量虽小，却是人体生命活动必不可少的矿质元素。如锰为多种酶的组成部分（赵小亮等，2007），铁元素参与血红细胞中血红蛋白和肌红蛋白的合成，并增加血红细胞中氧的传动及贮存能力（党娅 & 刘水英，2014）；锌是人体胰岛素的成分，是体内100多种酶的组成成分（李旭玫，2002）。

云南金花茶中含有茶多酚、总黄酮、粗多糖3种对人体有益的生理活性成分。其中以茶多酚含量最高，其次是粗多糖，含量最低的是总黄酮。从试验结果看，云南金花茶的嫩叶中未能检测到总黄酮，但茶多酚和粗多糖的含量均明显高于花和老叶；而云南金花茶的花和老叶中均含有茶多酚、总黄酮、粗多糖3种生理活性成分且二者含量比较接近。据报道，茶多酚、总黄酮、茶多糖这三种生理活性成分具有抗肿瘤（农彩丽等，2012）、降血糖（丁仁凤等，2005）、抗氧化（Guo et al，2016）、抗凝血（梁进等，2008）和护肝（文杰，2015）等生理功效。

本次研究表明，云南金花茶的花、嫩叶和老叶富含人体所需的多种矿质元素和生理活性成分，同时具有高钾低钠的特点，是一种很好的功能食品原料植物，开发过程中可根据色泽、口感等进行不同的加工利用。研究结果为云南金花茶全面合理的开发利用提供了重要依据，特别是为云南金花茶不同部位的产品开发提供了指导。

6.2 云南金花茶饮料研制

6.2.1 材料与方法

6.2.1.1 试验与设备

（1）材料与试剂

云南金花茶，由红河五里冲生态茶叶有限公司提供，采自地处云南省红河州海拔1600m的五里冲茶园基地。

纯净水，采用实验室的纯水机生产制得；柠檬酸、苹果酸，昆明市售，食品级；蜂蜜，昆明市售，优级；白砂糖，昆明市售，优级；羧甲基纤维素钠，昆明市售，食品级；磷酸二氢钾、氢氧化钠、氯化钠、浓盐酸等试剂均为分析纯。

（2）仪器与设备

PZ-6kw型微波真空低温干燥机，HH-2数显恒温水浴锅，BT22S电子天平，ZN-04A型小型实验室粉碎机，101-2AB型台式电热恒温鼓风干燥箱，RO-300-E型反渗透纯水系统，Supcre G6R型菌落计数器，DHP-9602电热恒温培养箱。

6.2.1.2 方法

（1）工艺流程（赵爱萍 & 樊颜丽，2015）

原料预处理→破碎→浸提→过滤→干燥→产品调配→装瓶→杀菌→冷却→检验→成品。

（2）操作要点

① 原料预处理。将新鲜的云南金花茶茶叶在微波功率为800W左右进行真空微波杀青100s，然后于60℃的条件下进行干燥，备用。

② 破碎。将干燥过后的云南金花茶叶片置于粉碎机中进行适度破碎。

③ 可溶性干物质的浸提、过滤与干燥。称取1g左右经真空微波杀青并干燥破碎后的云南金花茶茶叶于250mL烧杯中，加入一定比例的纯净水，将烧杯置于水浴锅中进行保温，同时不断搅拌，保温一定时间后取出，过滤，将滤液采用真空旋转蒸发仪进行浓缩，最后在60℃的条件下进行干燥，得到可

溶性干物质的提取物。

④ 产品调配、装瓶。云南金花茶茶叶浸提液为基准，将12.50%白砂糖、0.04%柠檬酸、0.12%苹果酸、1.82%蜂蜜、0.05%羧甲基纤维素钠与云南金花茶茶叶浸提液进行调配，搅拌均匀并装瓶。

⑤ 杀菌。在110～120℃进行高温杀菌10s左右。

⑥ 检验。对制得的云南金花茶饮料进行相关微生物和理化指标的检验。

（3）单因素试验设计

① 料液比对云南金花茶茶叶中可溶性干物质提取率的影响。在浸提温度80℃，浸提时间12min，料液比分别为1∶80、1∶90、1∶100、1∶110、1∶120、1∶130（g/mL）的条件下，以云南金花茶茶叶中可溶性干物质提取率为评价指标，考察料液比对可溶性干物质提取率的影响。

② 浸提温度对云南金花茶茶叶中可溶性干物质提取率的影响。在料液比1∶110（g/mL），浸提时间12min，浸提温度分别为65℃、70℃、75℃、80℃、85℃、90℃的条件下，以云南金花茶茶叶中可溶性干物质提取率为评价指标，考察浸提温度对可溶性干物质提取率的影响。

③ 浸提时间对云南金花茶茶叶中可溶性干物质提取率的影响。在料液比为1∶110（g/mL），浸提温度为85℃，浸提时间分别为6min、8min、10min、12min、14min、16min的条件下，以云南金花茶茶叶中可溶性干物质提取率为评价指标，考察浸提时间对可溶性干物质提取率的影响。

（4）响应面优化试验设计

在单因素试验的基础上，采用响应面法中的Box-Behnken设计原理，以料液比、浸提温度和浸提时间为自变量，以可溶性干物质提取率作为响应值，进行响应面优化试验。试验因素水平见表6-4。

表6-4　响应面试验因素水平编码表

水平	因素 Factor		
	X_1 料液比 /（g/mL）	X_2 浸提温度 /℃	X_3 浸提时间 /min
−1	1∶100	80	8
0	1∶110	85	10
1	1∶120	90	12

（5）验证试验

响应面法得到云南金花茶茶叶中可溶性干物质的最佳浸提工艺后，按照得出的最佳工艺条件进行验证试验，重复3次，再与回归方程所得的预测值进行比较，来验证响应面法得到的试验参数是否准确可靠。

（6）测定项目与方法

① 可溶性干物质提取率：可溶性干物质提取率（%）$=\frac{\text{提取物质量（g）}}{\text{原料质量（g）}}\times100\%$

② 可溶性固形物含量：使用数显糖度计测定。

③ 菌落总数：参照GB 4789.2—2010中的方法测定。

④ 大肠菌群：参照GB 4789.3—2010中的平板计数法测定。

⑤ 致病菌。

a.金黄色葡萄球菌：参照GB 4789.10—2010中的第二法进行测定。

b.沙门氏菌检验：参照GB 4789.4—2010中的方法进行测定。

（7）数据处理

采用Design Expert 8.06软件进行数据处理。

6.2.2 结果与分析

6.2.2.1 单因素试验结果

（1）料液比的确定

由图6-1可以看出，随着料液比的增加，可溶性干物质提取率开始大幅度上升，当料液比达到1∶110（g/mL）时，云南金花茶茶叶中可溶性固形物提取率的增加幅度开始趋于平缓。从操作成本及料液比增加不利于后续浸提溶液的浓缩等因素考虑，选择料液比1∶100、1∶110、1∶120（g/mL）为响应面分析试验3水平。

（2）浸提温度的确定

由图6-2可以看出，云南金花茶茶叶中可溶性干物质提取率随着浸提温度的升高而升高，当浸提温度为85℃时，云南金花茶茶叶中可溶性干物质提取率达到最大；继续升高浸提温度，可溶性干物质提取率开始下降，这可能是温度太高造成茶叶中的部分活性物质发生破坏，从而造成可溶性干物质提取率下降。因此，选择浸提温度80℃、85℃、90℃为响应面分析试验3水平。

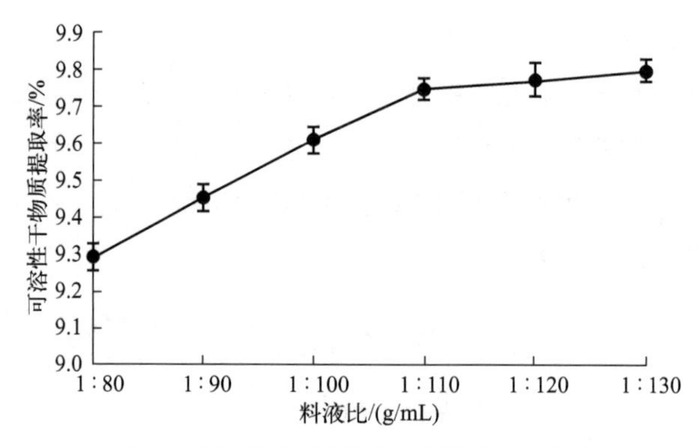

图 6-1　料液比对可溶性干物质提取率的影响

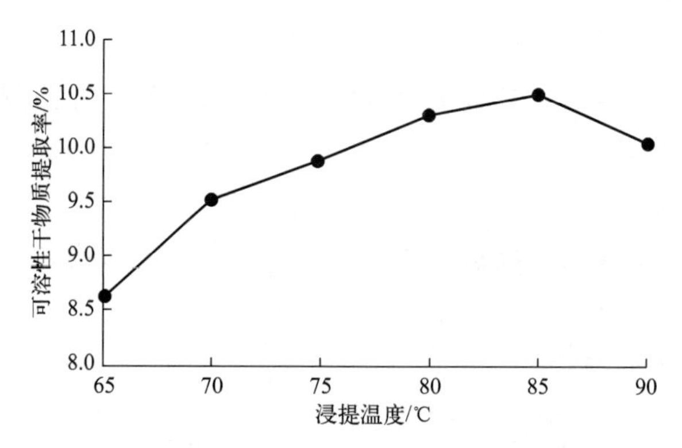

图 6-2　浸提温度对可溶性干物质提取率的影响

（3）浸提时间的确定

由图6-3可以看出，随着浸提时间的增加，云南金花茶茶叶中可溶性干物质提取率开始大幅度上升，当浸提时间超过10min后，可溶性固形物提取率的增加幅度开始趋于平缓，可见单纯地延长浸提时间，并不能明显提高可溶性固形物提取率。因此，从操作成本及效率等因素考虑，选择浸提时间8min、10min、12min为响应面分析试验3水平。

6.2.2.2　响应面分析法优化云南金花茶茶叶中可溶性干物质提取率的工艺条件

（1）响应面法试验设计及结果

根据响应面法中的Box-Behnken设计对云南金花茶茶叶中可溶性干物质

的提取工艺进行了优化，选取料液比、浸提温度和浸提时间为考察因素，分别以X_1、X_2和X_3代表，可溶性干物质的提取率为响应值（Y），试验方案及结果见表6-5。

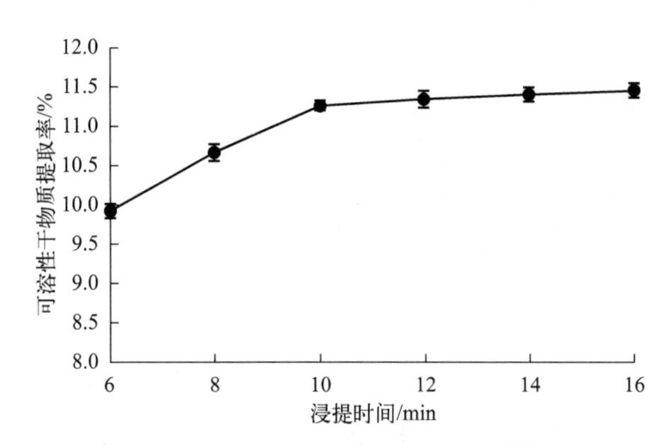

图6-3 浸提时间对可溶性干物质提取率的影响

表6-5 响应面试验设计及结果

试验号	因素			Y 提取率 /%
	X_1	X_2	X_3	
1	−1	−1	0	10.14
2	1	−1	0	10.35
3	−1	1	0	10.98
4	1	1	0	11.75
5	−1	0	−1	10.54
6	1	0	−1	10.48
7	−1	0	1	10.67
8	1	0	1	11.52
9	0	−1	−1	10.72
10	0	1	−1	11.88
11	0	−1	1	10.86
12	0	1	1	11.98

续表

试验号	因素			Y 提取率 /%
	X_1	X_2	X_3	
13	0	0	0	12.53
14	0	0	0	12.82
15	0	0	0	12.74
16	0	0	0	12.91
17	0	0	0	12.45

（2）模型的建立及显著性检验

基于参数评估，运用Design Expert 8.06软件可得出表6-5中响应值与自变量的关系。对这些数据进行二元多次回归拟合，得到响应值与自变量之间的回归方程为：

$$Y=-318.63875+2.35712X_1+4.32850X_2+2.25313X_3+0.00280X_1X_2+0.011375X_1X_3-0.00100X_2X_3-0.012212X_1^2-0.026550X_2^2-0.16656X_3^2$$

为检验建立模型的有效性，利用软件进行云南金花茶茶叶可溶性干物质提取率Y拟合多元二次回归方程模型的方差分析。回归模型的方差分析见表6-6。

表6-6　回归模型的方差分析

来源	总和	自由度	均方	F 值	P 值	显著性
模型	14.51	9	1.61	42.79	＜ 0.0001	**
X_1	0.39	1	0.39	10.39	0.0146	*
X_2	2.55	1	2.55	67.76	＜ 0.0001	**
X_3	0.25	1	0.25	6.59	0.0371	*
X_1X_2	0.078	1	0.078	2.08	0.1924	
X_1X_3	0.21	1	0.21	5.49	0.0516	
X_2X_3	0.0004	1	0.0004	0.011	0.9208	
X_1^2	6.28	1	6.28	166.62	＜ 0.0001	**

续表

来源	总和	自由度	均方	*F* 值	*P* 值	显著性
X_2^2	1.86	1	1.86	49.22	0.0002	**
X_3^2	1.87	1	1.87	49.59	0.0002	**
失拟项	0.11	3	0.038	1.00	0.4802	
纯误差	0.15	4	0.038			
总变异	14.78	16				

注：R^2=0.9821，R^2_{Adj}=0.9592，** 表示差异极显著（P＜0.01）；* 表示差异显著（P＜0.05）。

由表6-6方差分析结果可见，模型P＜0.0001，表明建立的提取率回归方程（模型）的回归效果极显著；失拟项P=0.4802＞0.05，即模型失拟项不显著；回归模型的R^2_{Adj}=0.9592，说明有95.92%的云南金花茶茶叶可溶性干物质提取率变化可以用该模型来解释，因此拟合度良好，试验误差较小，可以用该模型对云南金花茶茶叶可溶性干物质的提取率进行分析和预测。同时显著性分析结果表明，X_1、X_3对云南金花茶茶叶可溶性干物质提取率的影响显著（P＜0.05），X_2、X_1^2、X_2^2、X_3^2对云南金花茶茶叶可溶性干物质提取率的影响极显著（P＜0.01）。由F检验可知，各因素对提取率影响的大小顺序为：浸提温度＞料液比＞浸提时间。

（3）交互作用分析

响应曲面分析（RSM）的图形是特定的响应值Y对应自变量构成的一个三维空间图，图6-4～图6-6直观地反映了各因素交互作用对响应值的影响。响应曲面图显示了料液比与浸提温度、料液比与浸提时间、浸提温度与浸提时间的交互作用对云南金花茶茶叶可溶性干物质提取率的影响。结合回归方程及表6-6可知，料液比、浸提温度、浸提时间这3个因素间的两两交互作用均不显著。

（4）浸提工艺参数优化及验证性试验

根据回归分析结果及响应曲面分析，可以得到模型的最大值，即当料液比为1∶111.3（g/mL）、浸提温度87.2℃、浸提时间10.4min，云南金花茶茶叶中可溶性干物质的理论提取率为13.04%。

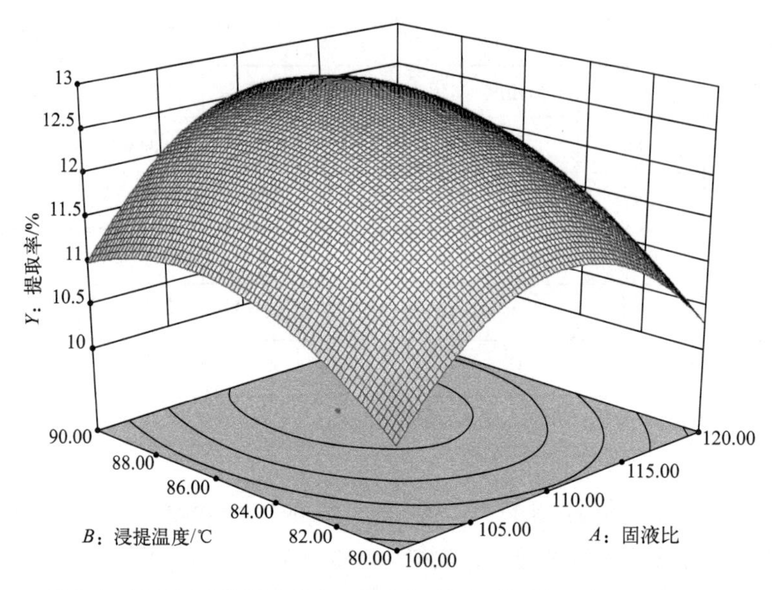

图 6-4　料液比与浸提温度的交互作用对可溶性干物质提取率影响的响应面

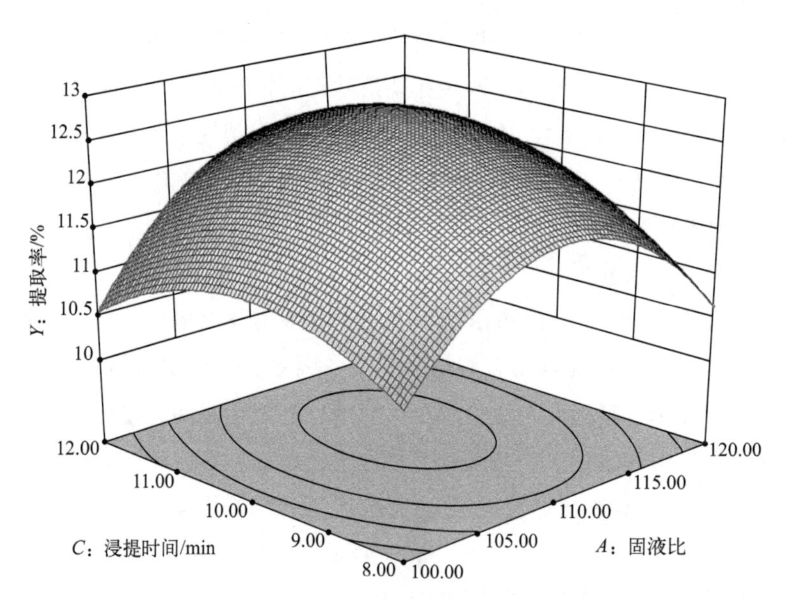

图 6-5　料液比与浸提时间的交互作用对可溶性干物质提取率影响的响应面

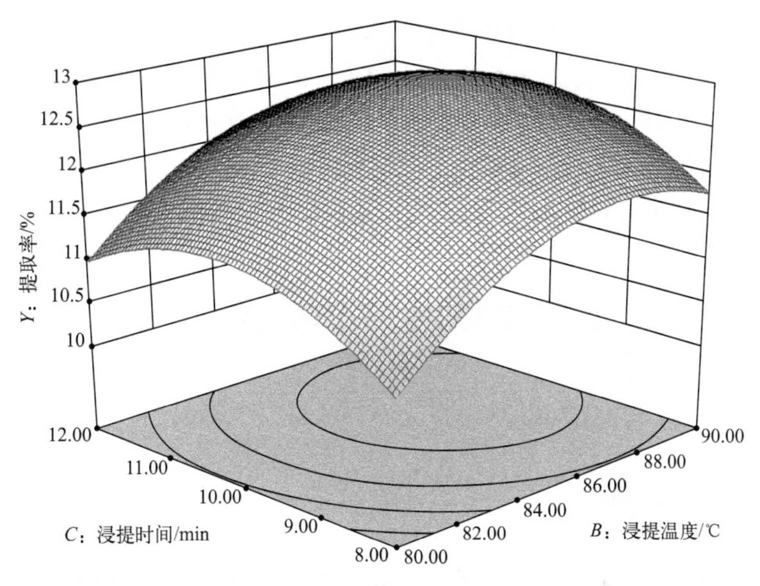

图 6-6 浸提温度与浸提时间的交互作用对可溶性干物质提取率影响的响应面

为了验证此方法的可靠性，按照最佳浸提条件进行云南金花茶茶叶中可溶性干物质提取效果的验证试验，重复3次，得到可溶性干物质的平均提取率为12.89%，与预测值13.04%非常接近，证明响应面法得到的云南金花茶茶叶可溶性干物质的提取条件参数准确可靠，具有实用价值。

6.2.2.3 产品质量评价

按照本试验方法所制得的饮料色泽呈黄绿色，无杂质，清亮透明，茶香浓郁，口感纯正，酸甜适口，无异味；其可溶性固形物含量≥15%；成品的细菌总数（CFU/mL）≤100，大肠菌群（CFU/mL）≤3，致病菌未检出，符合GB 7101—2015和GB 29921—2013中的规定。

6.2.3 结论

在单因素试验的基础上，通过Box-Behnken响应面试验设计优化的云南金花茶茶叶中可溶性干物质的浸提工艺为：新鲜的云南金花茶茶叶经预处理、破碎后，采用料液比1∶111.3（g/mL）、浸提温度87.2℃、浸提时间10.4min

的条件进行浸提，平均可溶性干物质提取率可达12.89%。将12.50%白砂糖、0.04%柠檬酸、0.12%苹果酸、1.82%蜂蜜、0.05%羧甲基纤维素钠与云南金花茶茶叶浸提液进行调配，得到云南金花茶饮料。该饮料不添加任何防腐剂、香精，并且采用真空微波杀青的方式对原料进行预处理，大大降低了饮料的苦涩味，所得的饮料色泽呈黄绿色、茶香浓郁、口感纯正、酸甜适口。

6.3 云南金花茶饮料的生产工艺优化

6.3.1 材料与方法

6.3.1.1 试验材料

云南金花茶：由红河五里冲生态茶叶有限公司提供，采自海拔1600m的五里冲茶园基地；白砂糖、柠檬酸、苹果酸、羧甲基纤维素钠（食品级），市售；蜂蜜（优级）：市售；纯净水：采用西南林业大学林学院食品实验室的纯水机生产制得。

6.3.1.2 仪器与设备

HH-2数显恒温水浴锅：国华电器有限公司；BT22S电子天平：北京赛多利斯仪器系统有限公司；ZN-04A小型实验室粉碎机：北京兴时利和科技发展有限公司；DHG-9140A电热恒温鼓风干燥箱：上海一恒科学仪器有限公司。

6.3.1.3 方法

（1）工艺流程

新鲜云南金花茶茶叶→真空微波预处理→干燥、破碎→浸提→过滤→产品调配→装瓶→杀菌→冷却→检验→成品。

（2）操作要点

① 原料预处理：将新鲜的云南金花茶茶叶10kg在微波功率为800W左右进行真空微波杀青100 s，以便于降低产品饮料中的苦涩味。

② 干燥、破碎：将预处理后的云南金花茶茶叶在60℃的条件下进行干燥，然后于粉碎机中进行适度破碎，制得茶粉备用。

③ 浸提：将固定量的纯净水加入到茶粉中，并在特定的温度和时间进行浸提，得到云南金花茶茶叶浸提液。

④ 过滤：将云南金花茶茶叶浸提液通过膜过滤装置进行过滤。

⑤ 产品调配、装瓶：将白砂糖、柠檬酸、苹果酸、蜂蜜、羧甲基纤维素钠加入到云南金花茶茶叶浸提液中进行调配，搅拌均匀并装瓶。

⑥ 杀菌：在110～120℃进行高温杀菌13 s左右。

（3）云南金花茶饮料加工工艺的优化

① 单因素试验。根据茶饮料制作的特点，以云南金花茶茶叶浸提液为基质，考察白砂糖添加量（8%、9%、10%、11%、12%、13%）、柠檬酸添加量（0%、0.03%、0.06%、0.09%、0.12%、0.15%、0.18%）、苹果酸添加量（0.06%、0.08%、0.10%、0.12%、0.14%、0.16%）、蜂蜜添加量（1.4%、1.6%、1.8%、2.0%、2.2%、2.4%）和羧甲基纤维素钠添加量（0.05%、0.06%、0.07%、0.08%、0.09%、0.10%）等因素对云南金花茶饮料感官综合评分的影响，以便于得到该饮料生产的基本配方。

② 响应面法优化云南金花茶的配方工艺。根据中心旋转组合设计原理及单因素试验，确定响应面的因素及水平，以综合感官评分作为考察指标，对云南金花茶饮料的最佳工艺配方进行优化。

（4）云南金花茶饮料的感官评定方法

根据云南金花茶饮料的色泽、香气、滋味和形态等感官指标进行评分，每个项目分为4个等级，满分为100分，以总分计，感官评分标准见表6-7。

表6-7 感官评定标准

分值	色泽	香气	滋味	形态
20～25	颜色黄绿色，明亮	香气浓郁	酸甜适度	均匀透明
16～20	浅黄绿色	香气较浓郁	口感略显粗糙	不均匀
10～16	颜色较淡，不透亮	香气适中	口感较粗糙	较混浊
0～10	呈其他颜色	香气淡	过酸过甜	有沉淀

（5）数据分析方法

每次试验平行3次，利用Design Expert8.06对所得数据进行处理分析。

6.3.2 结果与分析

6.3.2.1 云南金花茶饮料配方工艺的单因素确定

（1）白砂糖添加量

以云南金花茶茶叶浸提液为基质，在柠檬酸添加量0.09%、苹果酸添加量0.10%、蜂蜜添加量1.8%、羧甲基纤维素钠添加量0.08%的条件下进行单因素试验，结果如图6-7所示。

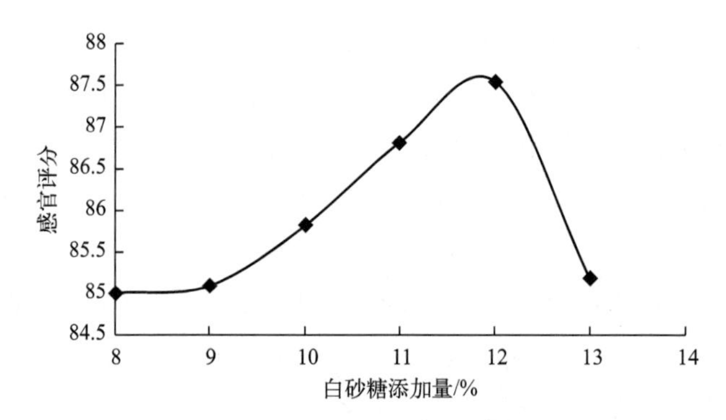

图 6-7 白砂糖添加量对感官评分的影响

由图6-7可知，感官评分随着白砂糖添加量的增加先增大后减小，当白砂糖添加量为12%时，感官评分达到最高值87.55分。白砂糖添加量过少，饮料的口感寡淡，且酸味较为明显，而当白砂糖添加量超过12%，饮料的口感又会过于甜腻，因此，选择白砂糖添加量11%、12%、13%设计响应面分析试验。

（2）柠檬酸添加量

以云南金花茶茶叶浸提液为基质，在白砂糖添加量12%、苹果酸添加量0.10%、蜂蜜添加量1.8%、羧甲基纤维素钠添加量0.08%的条件下进行单因素试验，结果如图6-8所示。

由图6-8可知，在0～0.06%的范围内，随着柠檬酸添加量的增加，感官评分呈现迅速上升的趋势，当柠檬酸添加量超过0.06%时，感官评分呈现缓慢减小的趋势。因此，选择柠檬酸添加量0.03%、0.06%、0.09%设计响应面分析试验。

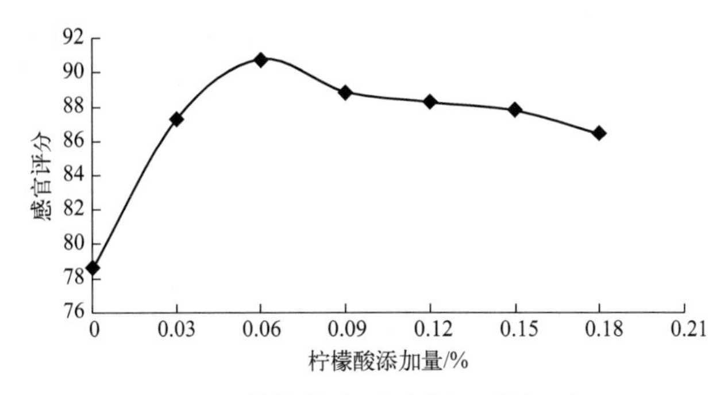

图6-8 柠檬酸添加量对感官评分的影响

（3）苹果酸添加量

以云南金花茶茶叶浸提液为基质，在白砂糖添加量12%、柠檬酸添加量0.06%、蜂蜜添加量1.8%、羧甲基纤维素钠添加量0.08%的条件下进行单因素试验，结果如图6-9所示。

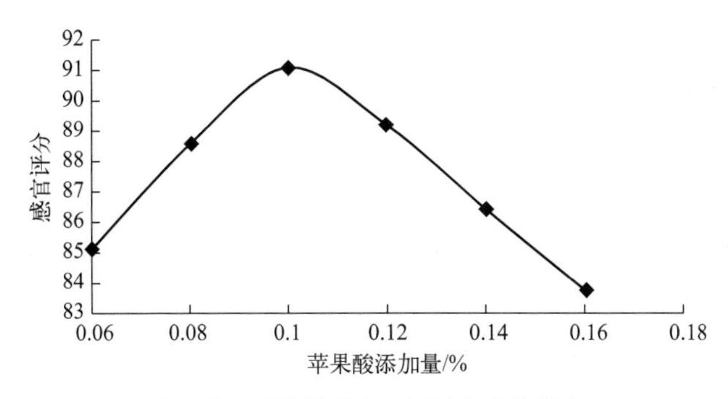

图6-9 苹果酸添加量对感官评分的影响

由图6-9可知，感官评分随着苹果酸的增加呈现先增大后减小的趋势，苹果酸的最佳添加量为0.10%，当苹果酸添加量高于0.10%后，会明显感觉饮料偏酸而影响口感，从而导致感官评分的降低。因此，选择苹果酸添加量0.08%、0.10%、0.12%设计响应面分析试验。

（4）蜂蜜添加量

以云南金花茶茶叶浸提液为基质，在白砂糖添加量12%、柠檬酸添加量

0.06%、苹果酸添加量0.10%、羧甲基纤维素钠添加量0.08%的条件下进行单因素试验，结果如图6-10所示。

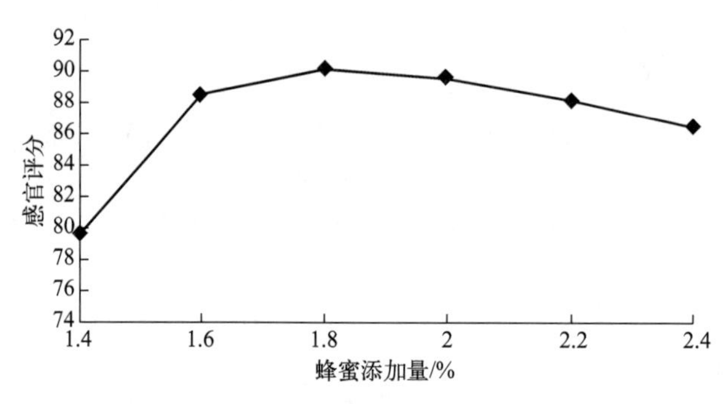

图6-10 蜂蜜添加量对感官评分的影响

由图6-10可知，感官评分随着蜂蜜添加量的增加，呈现出先增大后减小的趋势，当蜂蜜添加量为1.8%时，感官评分达到最高值90.18分。蜂蜜添加量过少，饮料寡淡，而蜂蜜添加量超过1.8%后，饮料也会出现甜腻的口感，因此，选择蜂蜜添加量1.6%、1.8%、2.0%设计响应面分析试验。

（5）羧甲基纤维素钠添加量

以云南金花茶茶叶浸提液为基质，在白砂糖添加量12%、柠檬酸添加量0.06%、苹果酸添加量0.10%、蜂蜜添加量1.8%的条件下进行单因素试验，结果如图6-11所示。

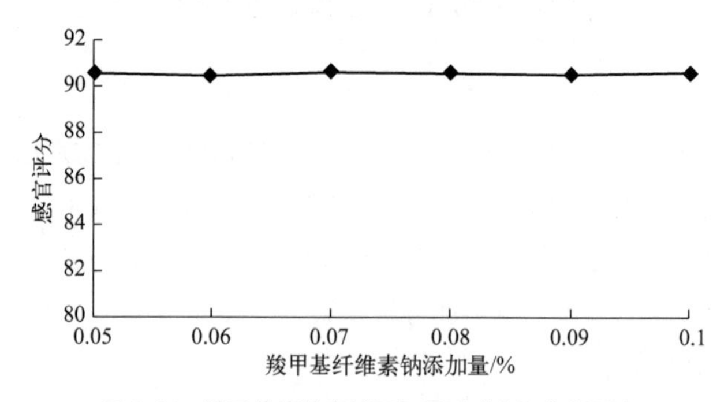

图6-11 羧甲基纤维素钠添加量对感官评分的影响

由图6-11可知，感官评分随着羧甲基纤维素钠添加量的增加变化不大，因此，从成本等方面考虑，羧甲基纤维素钠添加量固定为0.05%来进行云南金花茶饮料的配制。

6.3.2.2 响应面法优化云南金花茶饮料的配方

（1）响应面法试验设计及结果

从单因素试验可以看出，羧甲基纤维素钠对饮料的感官评分影响最小，它在饮料中主要起到保持饮料稳定性的作用，故不再作为配方优化试验的考虑因素，其添加量固定为0.05%。在以上单因素试验结果的基础上采用响应面法中的中心旋转组合设计原理对云南金花茶饮料的配方进行优化，选取白砂糖添加量、柠檬酸添加量、苹果酸添加量和蜂蜜添加量为考察因素，分别以X_1、X_2、X_3和X_4为代表，感官评分为响应值(Y)，试验因素水平编码见表6-8，试验方案及结果见表6-9。

表6-8 条件优化响应面试验因素水平编码表

因素编码表	因素			
	X_1 白砂糖添加量 /%	X_2 柠檬酸添加量 /%	X_3 苹果酸添加量 /%	X_4 蜂蜜添加量 /%
α=2	14	0.12	0.14	2.2
1	13	0.09	0.12	2.0
0	12	0.06	0.10	1.8
−1	11	0.03	0.08	1.6
$-\alpha$=−2	10	0	0.06	1.4

表6-9 条件优化响应面试验方案及结果

试验号	X_1 白砂糖添加量 /%	X_2 柠檬酸添加量 /%	X_3 苹果酸添加量 /%	X_4 蜂蜜添加量 /%	Y 感官评分（满分100分）
1	11	0.03	0.08	1.6	83.67
2	13	0.03	0.08	1.6	78.06
3	11	0.09	0.08	1.6	68.96

续表

试验号	X_1 白砂糖添加量 /%	X_2 柠檬酸添加量 /%	X_3 苹果酸添加量 /%	X_4 蜂蜜添加量 /%	Y 感官评分（满分 100 分）
4	13	0.09	0.08	1.6	85.48
5	11	0.03	0.12	1.6	74.09
6	13	0.03	0.12	1.6	86.47
7	11	0.09	0.12	1.6	60.01
8	13	0.09	0.12	1.6	79.08
9	11	0.03	0.08	2	77.56
10	13	0.03	0.08	2	72.11
11	11	0.09	0.08	2	63.47
12	13	0.09	0.08	2	80.06
13	11	0.03	0.12	2	82.02
14	13	0.03	0.12	2	87.93
15	11	0.09	0.12	2	62.11
16	13	0.09	0.12	2	81.04
17	10	0.06	0.1	1.8	65.49
18	14	0.06	0.1	1.8	82.99
19	12	0	0.1	1.8	86.47
20	12	0.12	0.1	1.8	66.98
21	12	0.06	0.06	1.8	91.13
22	12	0.06	0.14	1.8	87.53
23	12	0.06	0.1	1.4	78.57
24	12	0.06	0.1	2.2	69.44
25	12	0.06	0.1	1.8	90.67
26	12	0.06	0.1	1.8	88.91
27	12	0.06	0.1	1.8	93.5
28	12	0.06	0.1	1.8	91.33
29	12	0.06	0.1	1.8	92.17
30	12	0.06	0.1	1.8	92.06

（2）回归模型的建立及显著性检验

通过对试验结果进行回归分析，建立响应面回归模型，得到感官评分的回归方程：感官评分 $Y=-781.49500+101.59625X_1-756.31944X_2-1652.06250X_3+389.01875X_4+133.08333X_1X_2+107.00000X_1X_3-1.99375X_1X_4-3629.16667X_2X_3-43.54167X_2X_4+569.06250X_3X_4-4.66542X_1^2-4493.51852X_2^2-2232.29167X_3^2-118.10417X_4^2$

感官分析回归模型的方差分析见表6-10。

表6-10　感官分析回归模型的方差分析

来源	总和	自由度	均方	F 值	P 值	显著性
模型	2783.84	14	198.85	26.05	＜0.0001	**
X_1	535.25	1	535.25	70.13	＜0.0001	**
X_2	422.35	1	422.35	55.34	＜0.0001	**
X_3	0.61	1	0.61	0.080	0.7816	
X_4	32.16	1	32.16	4.21	0.0580	
X_1X_2	255.04	1	255.04	33.42	＜0.0001	**
X_1X_3	73.27	1	73.27	9.60	0.0073	**
X_1X_4	2.54	1	2.54	0.33	0.5723	
X_2X_3	75.86	1	76.86	9.94	0.0066	**
X_2X_4	1.09	1	1.09	0.14	0.7105	
X_3X_4	82.90	1	82.90	10.86	0.0049	**
X_1^2	597.01	1	597.01	78.22	＜0.0001	**
X_2^2	448.60	1	448.60	58.78	＜0.0001	**
X_3^2	21.87	1	21.87	2.87	0.1112	
X_4^2	612.14	1	612.14	80.20	＜0.0001	**
失拟项	102.32	10	10.23	4.20	0.0632	
纯误差	12.17	5	2.43			
总变异	2898.32	29				

注：R^2=0.9605，R^2_{Adj}=0.9236；**表示差异极显著，P＜0.01；*表示差异显著，P＜0.05。

由表6-10方差分析结果可知，感官评分回归方程（模型）的回归效果极显著，$P<0.0001$。回归模型的 $R^2_{\text{Adj}}=0.9236$，说明有92.36%的云南金花茶饮料的感官评分可以用该模型来解释，可见拟合度良好，试验误差较小。因此可以采用该模型对云南金花茶饮料的感官评分进行分析和预测，同时得到对响应值 Y 作用显著的是 X_1、X_2、X_1X_2、X_1X_3、X_2X_3、X_3X_4、X_1^2、X_2^2、X_4^2。

（3）响应曲面分析

图6-12直观地反映了各因素对响应值 Y 的影响。

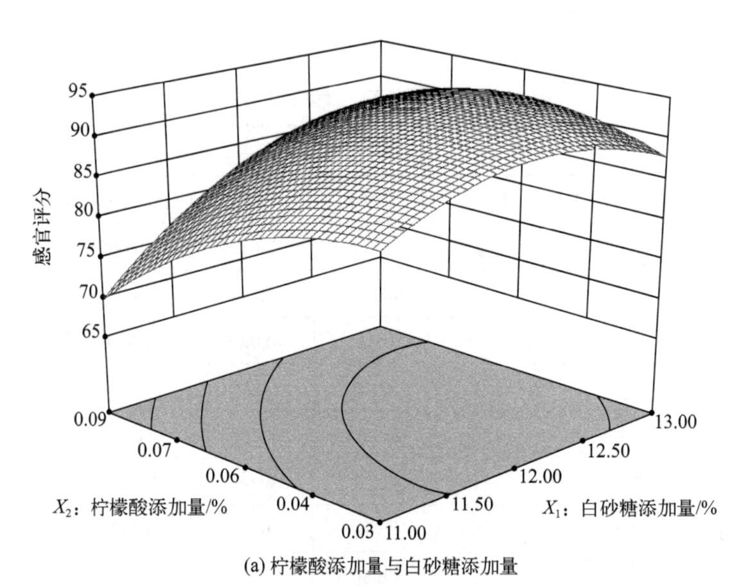

(a) 柠檬酸添加量与白砂糖添加量

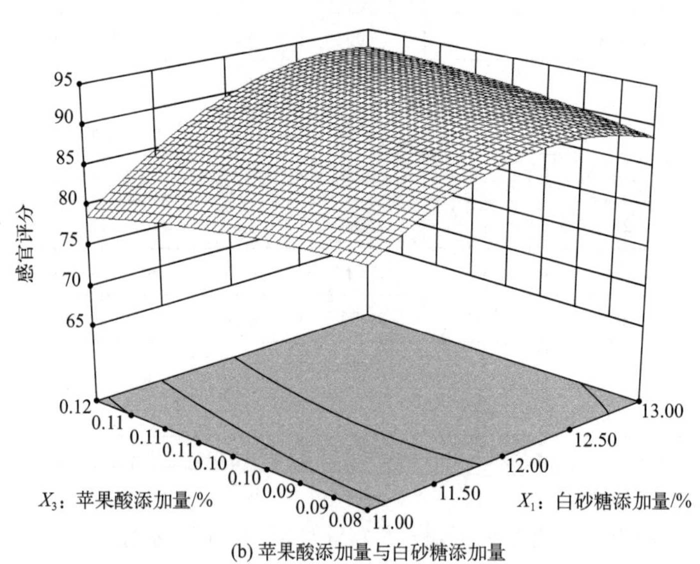

(b) 苹果酸添加量与白砂糖添加量

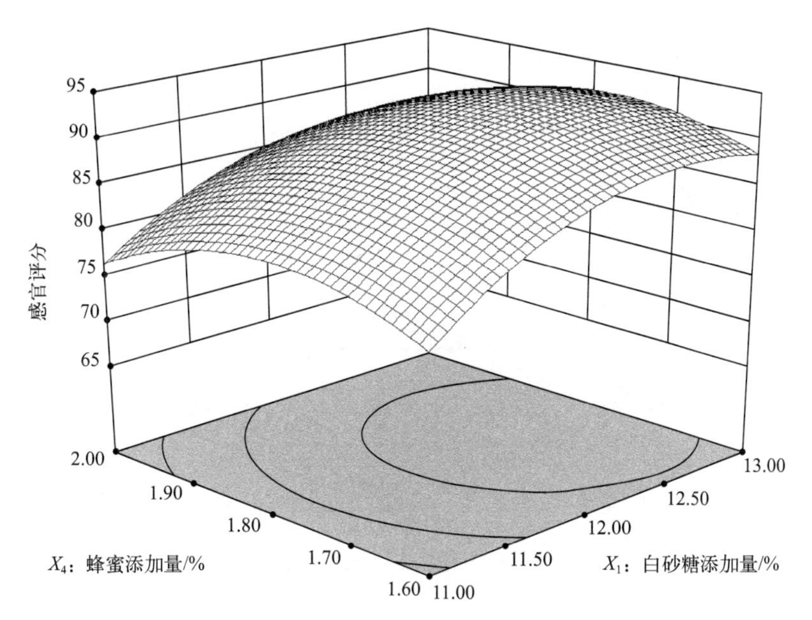

(c) 蜂蜜添加量与白砂糖添加量

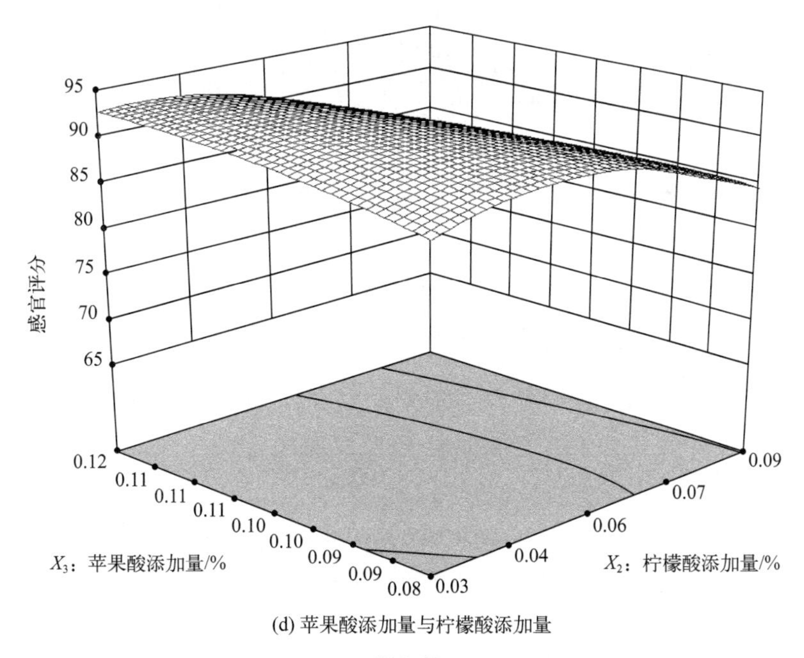

(d) 苹果酸添加量与柠檬酸添加量

图 6-12

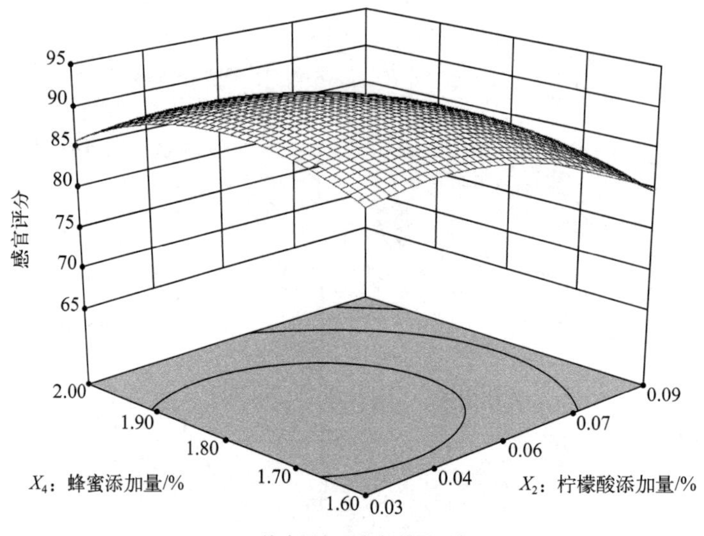

(e) 蜂蜜添加量与柠檬酸添加量

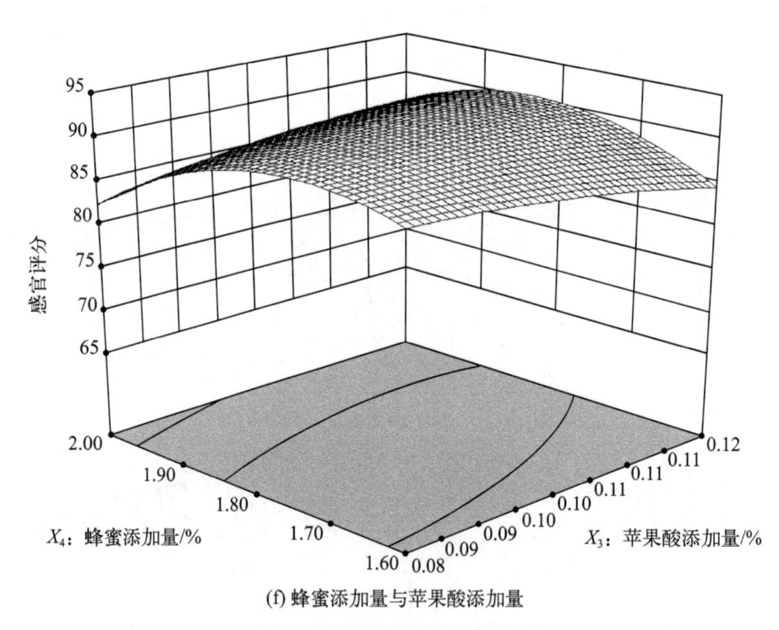

(f) 蜂蜜添加量与苹果酸添加量

图 6-12　提取率与四个因素的响应面

响应曲面图显示了白砂糖添加量、柠檬酸添加量、苹果酸添加量以及蜂蜜添加量4个因素之间的交互作用对饮料感官评分的影响。结合回归方程及

表6-10可知，各因素对饮料感官评分影响的大小顺序为：白砂糖添加量＞柠檬酸添加量＞蜂蜜添加量＞苹果酸添加量。由表6-10的交互项P值及图6-12可以看出，交互项X_1X_2、X_1X_3、X_2X_3、X_3X_4极显著，其余的交互项不显著。

图6-12（a）为白砂糖添加量与柠檬酸添加量之间的交互作用。苹果酸添加量0.10%和蜂蜜添加量1.8%不变的情况下，当柠檬酸添加量较低时，随着白砂糖添加量的增加，饮料的感官评分缓慢上升后趋于平缓；当柠檬酸添加量较高时，随着白砂糖添加量的增加，饮料的感官评分先上升后缓慢下降，均处于较高水平。而当白砂糖添加量较低时，随着柠檬酸添加量的增加，饮料的感官评分迅速下降；当白砂糖添加量较高时，随着柠檬酸添加量的增加，饮料的感官评分缓慢上升后下降。白砂糖添加量与柠檬酸添加量之间的交互作用极显著。

图6-12（b）为白砂糖添加量与苹果酸添加量之间的交互作用。柠檬酸添加量0.06%和蜂蜜添加量1.8%不变的情况下，当苹果酸添加量较低时，随着白砂糖添加量的增加，饮料的感官评分迅速上升后又趋于平缓，升高幅度明显；当苹果酸添加量较高时，随着白砂糖添加量的增加，饮料的感官评分也是迅速上升后又趋于平缓，升高幅度明显。而当白砂糖添加量较低时，随着苹果酸添加量的增加，饮料的感官评分变化不大；当白砂糖添加量处于中等和较高水平时，随着苹果酸添加量的增加，饮料的感官评分仍旧变化不大，不过均处于较高水平。白砂糖添加量与苹果酸添加量之间的交互作用极显著。

图6-12（d）柠檬酸添加量与苹果酸添加量之间的交互作用。白砂糖添加量12%和蜂蜜添加量1.8%不变的情况下，当苹果酸添加量较低时，随着柠檬酸添加量的增加，饮料的感官评分先缓慢上升后迅速下降；当苹果酸添加量较高时，随着柠檬酸添加量的增加，饮料的感官评分迅速下降，下降幅度明显。而当柠檬酸添加量较低时，随着苹果酸添加量的增加，饮料的感官评分缓慢上升；当柠檬酸添加量较高时，随着苹果酸添加量的增加，饮料的感官评分呈现下降的趋势，并且处于较低水平。柠檬酸添加量与苹果酸添加量之间的交互作用极显著。

图6-12（f）为苹果酸添加量与蜂蜜添加量之间的交互作用。白砂糖添加量12%和柠檬酸添加量0.06%不变的情况下，当蜂蜜添加量较低时，随着苹果酸添加量的增加，饮料的感官评分逐渐下降；当蜂蜜添加量较高时，随着苹果酸添加量的增加，饮料的感官评分变化不大。当苹果酸添加量较高时，

随着蜂蜜添加量的增加，饮料的感官评分先上升后下降；苹果酸添加量与蜂蜜添加量之间的交互作用极显著。

（4）配方的优化及验证试验

综合考虑，在试验所设定的参数范围内，获得优化的饮料配方为白砂糖添加量12.50%、柠檬酸添加量0.04%、苹果酸添加量0.12%、蜂蜜添加量1.82%。由此获得的云南金花茶饮料的理论感官评分为96.46分。

为了验证此配方的可靠性，采用所得到的最佳比例进行云南金花茶饮料感官效果的验证试验，重复3次试验，所得结果见表6-11。

表6-11　验证试验结果

试验号	感官评分
1	96.26
2	96.41
3	96.29
平均值	96.32

由表6-11可知，回归方程所得的云南金花茶饮料感官评分的预测值96.46分与验证试验的平均值96.32分的误差为0.15%，说明响应面法得到的云南金花茶饮料配方的方程与实际情况拟合很好。

6.3.2.3　产品质量评价

云南金花茶饮料色泽呈黄绿色，无杂质，清亮透明；茶香浓郁；口感纯正；酸甜适口，无异味；其可溶性固形物含量≥15%；细菌总数≤100cfu/mL；大肠菌群≤3cfu/mL；致病菌未检出。

6.3.3　结论

新鲜的云南金花茶茶叶经预处理、破碎，采用纯净水进行浸提后，通过响应面优化了云南金花茶饮料的加工工艺，建立了多元回归模型，模型拟合度良好。在固定羧甲基纤维素钠添加量0.05%的情况下，优化试验得到的最佳饮料配方为：白砂糖添加量12.50%、柠檬酸添加量0.04%、苹果酸添加量0.12%、蜂蜜添加量1.82%。该云南金花茶饮料不添加任何防腐剂、香精，并且采用真空微波杀青的方式对原料进行预处理，大大降低了饮料的苦涩味，所得的饮料色泽呈黄绿色、茶香浓郁、口感纯正、酸甜适口。

6.4 云南金花茶产业化的思考

6.4.1 保护现有野生资源

野生植物资源是生态系统的重要组成部分，在生态、经济和社会方面的研究价值不可低估，特别是在野生植物资源得到合理开发与利用后，可一定程度上满足当地的经济发展，改善人民生活水平。云南金花茶是当地的特色植物资源，应该科学地利用好这一资源，使其从资源优势变为当地的经济优势。

在对云南金花茶的开发利用过程中，务必保护好野生的种质资源。它作为一个基因库，蕴藏着丰富的遗传信息。加强云南金花茶野生资源的保护，可以为今后云南金花茶的种质创新提供很好的基础材料，有利于育种工作的开展。在2013—2014年，云南大围山国家级自然保护区管护局河口管护分局和河口瑶族自治县林业和草原局开展了云南金花茶野生种质资源的调查，明确了云南金花茶种群分布及数量情况，并针对云南金花茶的资源现状，采取了一系列的积极措施，如就地保护、人工繁育研究等。同时，开展相关的宣传教育工作，通过不同形式的宣传手段对云南金花茶分布点附近的居民进行宣传，提高他们的保护意识，使他们能够积极主动地关注和保护云南金花茶野生资源，取得了不错的效果。2022年在河口县南溪镇建立了“极小种群云南金花茶回归示范基地”，使云南金花茶种质资源的保存和扩繁工作得到进一步推进。

在今后的云南金花茶保护工作中，一方面要开展云南金花茶濒危机制研究，了解其濒危原因，并通过人工辅助手段实现云南金花茶的野生群体自然更新，扩大野生种群数量。另一方面，减少人为干扰，保护生存环境，严禁破坏云南金花茶植株，使现有的云南金花茶野生资源得到就地保护。另外，要建立云南金花茶种苗繁育基地，积极鼓励人工栽培，只有云南金花茶资源数量发展起来了，研究材料充足了，相应的研究工作才能更好地推进，进而才能促进云南金花茶的产业化发展。总而言之，在保护的基础上，科学地制定云南金花茶产业发展规划，以产业促开发，形成良性循环，才能更好地服务与应用。

6.4.2 加大基础研究

加强云南金花茶的基础研究，有利于促进其潜在应用价值的挖掘。当前，云南金花茶的人工繁育技术已经攻克，下一步的基础研究重点则应重点围绕种质创新、丰产栽培技术，以及功能活性成分评价等方面进行开展，从而为云南金花茶的产业化发展提供理论支持和技术储备。

林以种为本，种以质为先，云南金花茶产业可持续发展离不开良种。当前关于云南金花茶的种质资源评价和创新等方面的研究较少，相关的育种研究工作相对滞后，因此，云南金花茶育种工作需要大力开展。在云南金花茶育种工作方面，要重点围绕花大、花香、花期整齐、抗逆性强等目标开展研究，培育适合当地产业发展的特色品种。在种质资源利用方面，首先，要收集云南金花茶的不同居群材料，构建云南金花茶的核心种质库，并对现有的遗传材料特性进行评价，通过调查、实验测定等了解这些材料的遗传特点，不断挖掘野生资源的优良性状。其次，一方面结合金花茶组植物中的现有优良品种开展杂交育种，引用结合，有针对性地开展定向育种。最后，在云南金花茶育种过程中，要充分利用好现有的科学技术手段，如今，随着基因组学等前沿学科的发展，多组学整合分析已经成为林木种质资源遗传评价的重要手段，相关技术在林木遗传育种中得到了广泛应用，助得了林木育种工作的发展。

在开展云南金花茶良种选育工作时，相应的丰产栽培试验也需要同步开展。近几年，虽然云南金花茶开始有人工栽培，但是相应的丰产栽培技术仍然十分欠缺。首先，需要对云南金花茶在当地的适种区域进行规划，确定适宜栽培区，明确林地类型、土壤类型、海拔等因素对云南金花茶生长的影响。其次，需要开展云南金花茶的病虫害情况的调查，结合其他金花茶的病虫害报道情况，掌握云南金花茶现有病虫害的种类、数量及发病规律，预测产业化后可能发生的病虫害，以及掌握相应的防治方法。最后，云南金花茶尚处于野生或半野生状态，需要通过遗传改良、人工栽培等手段来实现云南金花茶的人工集约化栽培，掌握云南金花茶不同发育阶段对光、热、水肥的需求特点，以及相应的整形修剪等技术。

开展云南金花茶的功能活性成分挖掘研究。金花茶组植物中含有丰富的次生代谢物质，如皂苷、多酚、黄酮、多糖等，以及挥发性物质等。目前在金花茶组植物提取物的功能作用研究已有较多报道，而对单一组分的评价则相对较少，如何从金花茶组植物中提取物中分离、提取、纯化出单一活性成分，及其活性成分的代谢和生物合成过程将是今后的一个研究方向。云南金花茶作为金花茶组植物的一员，其活性物质的种类与功能活性的开发研究仍处于起步阶段，随着云南金花茶生物活性成分及其功能研究的不断深入，其功效物质将会得到不断挖掘，其保健价值和药用价值也将不断提升。总之，通过采取科学手段进行云南金花茶的功能活性成分的评价与挖掘，综合开发云南金花茶的花、叶、果，不断提高云南金花茶的经济价值和生态价值，拓展其整体应用前景，全方位打造云南金花茶产业链。

6.4.3 加大产品开发

云南金花茶是云南特色乡土植物，研究起步相对较晚，目前尚未规模化生产及开发利用。但是随着前几年的保护等相关研究工作的开展，云南金花茶已经由野生进入人工栽培阶段，逐渐种植户开始人工栽培。因此，需要提前布局，开展云南金花茶相关产品的研发。首先，加大云南金花茶产品的开发，不断研发新产品，拓展新领域，使应用趋势多样化。例如，可参考茶叶的发展模式，如茶饮料、功能食品；其次，调研现有金花茶组植物的产品现状，当前，金花茶的主要产品有茶花、砖茶、袋泡茶、口服液、饮料和浓缩液等，在此基础上进一步开发产品（刘青等，2021）。再次，通过加大云南金花茶根、茎、叶、花、果等部位的功能性活性成分挖掘，开发出自己的特色产品。例如，开发云南金花茶的护肝功能食品茶膏、饮料，以及花茶产品等。最后，可以尝试云南金花茶的盆景开发，通过盆景创作，赋予作品文化内涵，提高云南金花茶的观赏价值。

总之，通过相关部门的科研项目立项实施，多渠道吸引资金，鼓励企业参与，在云南金花茶精深加工、产品种类和产品质量提升等方面下功夫，不断提升云南金花茶产品的附加值，共同推动云南金花茶产业向前发展。

参考文献

Abdelrazig S，Safo L，Rance G A，et al. 2020. Metabolic characterisation of Magnetospirillum gryphiswaldense MSR-1 using LC-MS-based metabolite profiling［J］. RSC Advances，10（54）：32548-3260.

Aguilar-Martínez J A，Sinha N. 2013. Analysis of the role of *Arabidopsis* class I TCP genes *AtTCP7*，*AtTCP8*，*AtTCP22*，and *AtTCP23* in leaf development［J］. Frontiers in Plant Science，4：406.

Bag S，Mondal A. Banik，A. 2022. Exploring tea（*Camellia sinensis*）microbiome：Insights into the functional characteristics and their impact on tea growth promotion［J］. Microbiological Research，254：126890.

Bertheloot J，Barbier F，Boudon F，et al. 2020. Sugar availability suppresses the auxin-induced strigolactone pathway to promote bud outgrowth［J］. New Phytologist，225（2）：866-879.

Brazier-Hicks M，Gershater M，Dixon D，et al. 2018. Substrate specificity and safener inducibility of the plant UDP-glucose-dependent family 1 glycosyltransferase super-family［J］. Plant Biotechnology Journal，16（1）：337-348.

Chen L，Sumida A. 2018. Effects of light on branch growth and death vary at different organization levels of branching units in Sakhalin spruce［J］. Trees，32（4）：1123-1134.

Cui L，Yao S，Dai X，et al. 2016. Identification of UDP-glycosyltransferases involved in the biosynthesis of astringent taste compounds in tea（*Camellia Sinensis*）［J］. Journal of Experimental Botany，67（8）：2285-2297.

Du Z，Fan XL，Yang Q，et al. 2017. Host and geographic range extensions of *Melanconiella*，with a new species *M. cornuta* in China［J］. Phytotaxa，327，252-260.

Eppinga MB，Rietkerk M，Dekker SC，et al. 2006. Accumulation of local pathogens：A new hypothesis to explain exotic plant invasions［J］. Oikos，114，168-176.

Gagnebin Y，Tonoli D，Lescuyer P，et al. 2017.Metabolomic analysis of urine samples by UHPLC-QTOF-MS：Impact of normalization strategies［J］. Analytica Chimica Acta，955：27-35.

Gao M Z，Peng X W，Tang J R，et al. 2022. Anti-inflammatory effects of *Camellia fascicularis* polyphenols via attenuation of NF-κB and MAPK pathways in LPS-induced THP-1 macrophages［J］. Journal of Inflammation Research，2022（15）：851-864.

Grabherr M G，Haas B J，Yassour M，et al. 2011. Full-length transcriptome assembly from RNA-Seq data without a reference genome［J］. Nature Biotechnology，29（7）：644-652.

Grant V. 1991. The Evolutionary process：A critical study of evolutionary theory［M］. Columbia University Press.

Guo D，Zhang J，Wang X，et al. 2015. The WRKY transcription factor WRKY71/EXB1 controls shoot branching by transcriptionally regulating RAX Genes in *Arabidopsis*［J］. The Plant Cell，27（11）：3112-3127.

Guo L，Guo J，Zhu W，et al. 2016. Optimized synchronous extraction process of tea polyphenols and polysaccharides from Huaguoshan Yunwu tea and their antioxidant activities［J］. Food &

Bioproducts Processing，100：303-310.

He H，Qin J，Cheng X，et al. 2018. Effects of exogenous 6-BA and NAA on growth and contents of medicinal ingredient of *Phellodendron chinense* seedlings［J］. Saudi Journal of Biological Sciences，25（6）：1189-1195.

Horai H，Arita M，Kanaya S，et al. 2010. MassBank：A public repository for sharing mass spectral data for life sciences［J］. Journal of Mass Spectrometry，45（7）：703-714.

Hou B，Lim E，Higgins G S，et al. 2004. N-glucosylation of cytokinins by glycosyltransferases of *Arabidopsis thaliana*［J］. Journal of Biological Chemistry，279（46）：47822-47832.

Humphreys J M，Chapple C. 2002. Rewriting the Lignin roadmap［J］. Current Opinion In Plant Biology，5（3）：224-229.

Jackson R G，Eng-Kiat L，Li Y，et al. 2001. Identification and biochemical characterization of an *Arabidopsis* indole-3-acetic acid glucosyltransferase［J］. The Journal of Biomedical Chemistry，276（6）：4350-4356.

Jackson R G，Kowalczyk M，Li Y，et al. 2002. Over-expression of an *Arabidopsis* gene encoding a glucosyltransferase of indole-3-acetic acid：Phenotypic characterisation of transgenic lines［J］. The Plant journal，32（4）：573-583.

Jin S，Ma X，Kojima M，et al. 2013. Overexpression of glucosyltransferase *UGT85A1* influences trans-zeatin homeostasis and trans-zeatin responses likely through O-glucosylation［J］. Planta，237（4）：991-999.

Kudo T，Makita N，Kojima M，et al. 2012. Cytokinin Activity of cis-zeatin and phenotypic alterations induced by overexpression of putative cis-zeatin-O-glucosyltransferase in rice［J］. Plant Physiology，160（1）：319-331.

Leyser O. 2009. The control of shoot branching：An example of plant information processing［J］. Plant，Cell & Environment，32（6）：694-703.

Li Y，Baldauf S，Lim E，et al. 2001. Phylogenetic analysis of the UDP-glycosyltransferase multigene family of *Arabidopsis thaliana*［J］. Journal of Biological Chemistry，276（6）：4338-4343.

Li Y，Li P，Wang Y，et al. 2014. Genome-wide identification and phylogenetic analysis of family-1 UDP glycosyltransferases in maize（*Zea mays*）［J］. Planta，239（6）：1265-1279.

Liu RC，Xiao ZY，Hashem A，et al. 2021. Unraveling the interaction between arbuscular mycorrhizal fungi and *Camellia* plants［J］. Horticulturae，7（9）：322.

Liu Y，Luo XL，Lan ZQ，et al. 2018. Ultrasonic-assisted extraction and antioxidant capacities of flavonoids from *Camellia fascicularis* leaves［J］. Cyta-Journal of Food，16（1）：105-112.

Ma H，Liu C，Li Z，et al. 2018. ZmbZIP4 contributes to stress resistance in maize by regulating ABA synthesis and root development［J］. Plant Physiology，178（2）：753-770.

Manish S，Eoin F，Dawn C，et al. 2007. LMSD：LIPID MAPS structure database［J］. Nucleic Acids Research，35（Database issue）：527-532.

Mason M G，Ross J J，Babst B A，et al. 2014. Sugar Demand，Not Auxin，is the initial regulator of apical dominance［J］. PNAS，111（16）：6092-6097.

Metzger R J，Krasnow M A. 1999. Genetic control of branching morphogenesis［J］. Science，

284（5420）：1635-1639.

Munthali C，Kinoshita R，Onishi K，et al. 2022. A model nutrition control system in potato tissue culture and its influence on plant elemental composition［J］. Plants，11（20）：2718.

Navarro-Reig M，Jaumot J，García-Reiriz A，et al. 2015. Evaluation of changes induced in rice metabolome by Cd and Cu exposure using LC-MS with XCMS and MCR-ALS data analysis strategies［J］. Analytical and Bioanalytical Chemistry，407（29）：8835-8847.

Nisha SN，Prabu G，Mandal AKA. 2018. Biochemical and molecular studies on the resistance mechanisms in tea［*Camellia sinensis*（L.）O. Kuntze］against blister blight disease［J］. Physiology and Molecular Biology of Plants，24（5）：867-880.

Nordstrom A，Tarkowski P，Tarkowska D，et al. 2004. Auxin regulation of cytokinin biosynthesis in *Arabidopsis thaliana*：A Factor of potential importance for auxin-cytokinin-regulated development［J］. PNAS，101（21）：8039-8044.

Nybom H. 2004. Comparison of different nuclear DNA markers for estimating intraspecific genetic diversity in plants［J］. Molecular Ecologgy，13（5）：1143-1155.

Ogata H，Goto S，Sato K，et al. 1999. KEGG：Kyoto Encyclopedia of Genes and Genomes［J］. Nucleic Acids Research，27（1）：29-34.

Peng XW，He XH，Tang JR，et al. 2022. Evaluation of the in vitro antioxidant and antitumor activity of extracts from *Camellia fascicularis* leaves［J］. Frontiers in Chemistry，10：1035949.

Qiu D Y，Pan X P，Wilson I W，et al. 2009. High throughput sequencing technology reveals that the taxoid elicitor methyl jasmonate regulates microRNA expression in Chinese yew（*Taxus chinensis*）［J］. Gene，436（1-2）：37-44.

Qiu Y，Guan S C，Wen C，et al. 2019. Auxin and cytokinin coordinate the dormancy and outgrowth of axillary bud in Strawberry runner［J］. BMC Plant Biology，19（1）：528.

Quambusch M，Gruß S，Pscherer T，et al. 2017. Improved *in vitro* rooting of *Prunus Avium* microshoots using a dark treatment and an auxin pulse［J］. Scientia Horticulturae，220：52-56.

Reinhold-Hurek B，Bünger W，Burbano CS，et al. 2015. Roots shaping their microbiome：Global hotspots for microbial activity［J］. Annual Review of Phytopathology，53：403-424.

Ren B，Hu Y，Chen B，et al. 2018. Soil pH and plant diversity shape soil bacterial community structure in the active layer across the latitudinal gradients in continuous permafrost region of Northeastern China［J］. Scientific Reports，8（1）：5619.

Romila T，Dutta BK. 2012. Control of black rot disease of tea *Camellia sinensis*（L.）O. Kuntze with mycoflora isolated from tea environment and phyllosphere［J］. Journal of Biological Control，26（4）：341-346.

Ross J，Li Y，Lim E，et al. 2001. Higher plant glocosyltransferase［J］. Genome Biology，2（2）：REVIEWS3004.

Scheible W. R. L M S E. 1997. Accumulation of nitrate in the shoot acts as a signal to regulate shoot root allocation in tobacco［J］. The Plant Journal，11（4）：671-691.

Smith C A，Want E，O' Maille G，et al. 2006. XCMS：Processing mass spectrometry data for metabolite profiling using nonlinear peak alignment，matching，and identification［J］. Analytical Chemistry，78（3）：779-787.

Sun D K，Wang M T，Zhao P，et al. 2023. Evaluation of the role of different types of cytokinins as zeatin replacement in *in vitro* proliferation of *Vaccinium dunalianum* [J]. Pakistan Journal of Botany，55（1）：135-140.

Tarit K B，Mohammad M H，Mohammad M，et al. 2011. Vegetative propagation of *Litsea Monopetala*，a wild tropical medicinal plant：Effects of indole-3-butyric acid（IBA）on stem cuttings [J]. Journal of Forestry Research，22（3）：409-416.

Teichmann T，Muhr M. 2015. Shaping plant architecture [J]. Frontiers in Plant Science，6：233.

Temnykh S，DeClerck G，Lukashova A，et al. 2001. Computational and experimental analysis of microsatellites in rice（*Oryza sativa* L）：Frequency，length variation，transposon associations，amd genetic marker potential [J]. Genome Research，11（8）：1441-1452.

Thévenot E A，Roux A，Xu Y，et al. 2015. Analysis of the human adult urinary metabolome variations with age，body mass index，and gender by implementing a comprehensive workflow for univariate and OPLS statistical analyses [J]. Journal of Proteome Research，14（8）：3322-3335.

Tognetti V B，Van Aken O，Morreel K，et al. 2010. Perturbation of indole-3-butyric acid homeostasis by the UDP-glucosyltransferase UGT74E2 modulates *Arabidopsis* architecture and water stress tolerance [J]. The Plant Cell，22（8）：2660-2679.

Vanstraelen M，Benková E. 2012. Hormonal interactions in the regulation of plant development [J]. Annual Review of Cell and Developmental Biology，28（1）：463-487.

Waldie T，Leyser O. 2018. Cytokinin targets auxin transport to promote shoot branching [J]. Plant Physiology，177（2）：803-818.

Wang J，Ma X，Kojima M，et al. 2013. Glucosyltransferase *UGT76C1* finely modulates cytokinin responses via cytokinin N-glucosylation in *Arabidopsis thaliana* [J]. Plant Physiology and Biochemistry，65：9-16.

Wilson A E，Tian L. 2019b. Phylogenomic Analysis of UDP-dependent glycosyltransferases provides insights into the evolutionary landscape of glycosylation in plant metabolism [J]. The Plant Journal，100（6）：1273-1288.

Wilson A E，Wu S，Tian L. 2019a. *PgUGT95B2* Preferentially Metabolizes Flavones/Flavonols and Has Evolved Independently From Flavone/Flavonol UGTs Identified in *Arabidopsis thaliana* [J]. Phytochemistry，157：184-193.

Wishart D S，Dan T，Knox C，et al. 2007. HMDB：The human metabolome database [J]. Nucleic Acids Research，35（Database issue）：D521-D526.

Wu H，Ren Z，Zheng L，et al. 2021. The bHLH transcription factor *GhPAS1* mediates BR signaling to regulate plant development and architecture in cotton [J]. The Crop Journal，9（5）：1049-1059.

Xia J，Wishart D S. 2011. Web-based inference of biological patterns，functions and pathways from metabolomic data using MetaboAnalyst [J]. Nature Protocols，6（6）：743-760.

Xu X，Peng M，Fang ZA，et al. 2000. The direction of microsatellite mutations is dependent upon allele length [J]. Nature Genetics，24（4）：396-399.

Yamada A，Ishiuchi K，Makino T，et al. 2019. A glucosyltransferase specific for 4-hydroxy-2,5-

dimethyl-3（2H）-furanone in strawberry［J］. Bioscience，Biotechnology，and Biochemistry，83（1）：106-113.

Yang B，He S，Liu Y，et al. 2020. Transcriptomics integrated with metabolomics reveals the effect of regulated deficit irrigation on anthocyanin biosynthesis in Cabernet Sauvignon grape berries［J］. Food Chemistry，314：126170.

Zhang J，Wang X，Yu O，et al. 2011. Metabolic profiling of strawberry（*Fragaria*×*Ananassa* Duch.）during fruit development and maturation［J］. Journal of Experimental Botany，62（3）：1103-1118.

Zhu L，Shan H，Chen S，et al. 2013. The heterologous expression of the chrysanthemum R2R3-MYB transcription factor *CmMYB1* alters lignin composition and represses flavonoid synthesis in *Arabidopsis thaliana*［J］. PLoS One，8（6）：e65680.

蔡年辉，邓丽丽，许玉兰，等. 2016. 基于高通量测序的云南松转录组分析［J］. 植物研究，36（1）：75-83.

曹昆，李霞. 2008. 木本植物组织培养不定芽诱导研究进展［J］. 江苏林业科技，35（5）：43-48.

柴胜丰，庄雪影，邹蓉，等. 2014. 濒危植物毛瓣金花茶遗传多样性的ISSR分析［J］. 西北植物学报，34（1）：93-98.

陈林波，夏丽飞，周萌，等. 2015. 基于RNA-Seq技术的“紫娟”茶树转录组分析［J］. 分子植物育种，13（10）：2250-2255.

陈璐. 2018. 丹霞梧桐EST-SSR标记位点开发及其群体遗传结构分析［D］. 长沙：中南林业科技大学.

陈志辉. 2010. 茶树不同外植体组织培养与试管苗保存研究初探［J］. 福建农业学报，25（06）：726-730.

程淑华，张艳，伊倩如，等. 2002. GB/T 18672-2002枸杞（枸杞子）［S］. 北京：中国标准出版社.

代娇，时小东，顾雨熹，等. 2017. 厚朴转录组SSR标记的开发及功能分析［J］. 中药材，48（13）：2726-2732.

戴月，薛跃规. 2008. 濒危植物顶生金花茶的种群结构［J］. 生态学杂志，（01）：1-7.

党娅，刘水英. 2014. 汉中绿茶中六种矿质元素含量及其溶出特性研究［J］. 食品科学，35（16）：170-174.

邓沛怡. 2007. 拟南芥Mg^{2+}转运基因家族中*AtMGT3*基因的功能研究［D］. 长沙：湖南师范大学.

丁仁凤，何普明，揭国良. 2005. 茶多糖和茶多酚的降血糖作用研究［J］. 茶叶科学，25（3）：219-224.

杜强. 2013. 钙对马铃薯植株生长及块茎品质的影响［D］. 兰州：甘肃农业大学.

高洁，张萍，薛璟祺，等. 2019：酚类物质及其对木本植物组织培养褐变影响的研究进展［J］. 园艺学报，46（09）：1645-1654.

国家林业局. 1999. 中华人民共和国林业行业标准LY/T 1210~1275-1999森林土壤分析方法［S］. 北京：中国标准出版社.

何志廉. 1988. 人类营养学［M］. 北京：人民卫生出版社.

洪永辉，樊仲书，陈天增，等. 2016. 防城金花茶优良个体组培快繁体系研究［J］. 林业勘察设计，36（1）：8-10,15.

侯艳霞，杨婧，郝瑞芳,等. 2016. 硝酸铵对红掌“粉冠军”愈伤组织诱导和芽分化的影响［J］. 农业技术与装备，(01)：12-13.

胡建斌，李建吾. 2009. 甜瓜EST-SSR位点信息及标记开发［J］. 园艺学报，36（4）：513-520.

黄昌艳，周主贵，王晓国，等. 2016. 金花茶种子萌发与快速繁殖技术研究［J］. 南方农业学报，47（5）：611-616.

黄海燕，杜红岩，乌云塔娜，等. 2013. 基于杜仲转录组序列的SSR分子标记的开发［J］. 林业科学，49（5）：176-181.

黄烈健，王鸿. 2016. 林木植物组织培养及存在问题的研究进展［J]. 林业科学研究，29（03）：464-471.

黄小荣. 2005. 金花茶种质资源离体培养保存的研究［D］. 南宁：广西大学.

姬惜珠，王红，张爱军. 2005. 木本植物离体快繁中常见问题及解决方法［J］. 河北果树，17（02)：13-14.

江玲，周燮. 1999. 植物体中的吲哚丁酸（IBA）［J］. 生命科学，(03)：135-136.

蒋超，袁媛，刘贵明，等. 2012. 基于EST-SSR的金银花分子鉴别方法研究［J］. 药学学报，47（6）：803-810.

蒋会兵，夏丽飞，田易萍，等. 2018. 基于转录组测序的紫芽茶树花青素合成相关基因分析［J］. 植物遗传资源学报，19（5）：967-978.

康华靖，陈子林，刘鹏，等. 2007. 大盘山自然保护区香果树种群结构与分布格局［J］. 生态学报，(01)：389-396.

黎瑞源，邢辉，申铁. 2017. 四球茶转录组SSR位点信息分析［J］. 安徽农业大学学报，44（04)：558-562.

李桂娥，李志辉，罗燕英，等. 2017. 金花茶组培快繁体系的建立［J］. 农业科学研究，38（3)：17-20,24.

李明玺，王敏，甘玉迪，等. 2018. 靖安白茶芽和叶的转录组数据组装及基因功能注释［J］. 现代食品科技，34（5）：93-100,235.

李为喜，刘方，王述民，等. 2007. NY/T 1295-2007荞麦及其制品中总黄酮含量的测定［S］. 北京：中国标准出版社.

李先琨，苏宗明，向悟生，等. 2002. 濒危植物元宝山冷杉种群结构与分布格局［J］. 生态学报，(12)：2246-2253.

李旭玫. 2002. 茶叶中的矿质元素对人体健康的作用［J］. 中国茶叶，24（2）：30-31.

梁进，张剑韵，崔莹莹，等. 2008. 茶多糖的化学修饰及体外抗凝血作用研究［J]. 茶叶科学，28（3）：166-171.

梁一池，杨华. 2002. 植物组织培养技术的研究进展［J］. 福建林学院学报，22（1）：1-3.

廖汉刃，周传明，董学军，等. 1987. 金花茶组织培养及其试管苗嫁接繁殖试验初报［J］. 广西农学院学报，6（2）：66-71.

林华娟，秦小明，曾秋文，等. 2010. 金花茶茶花的化学成分及生理活性成分分析［J］. 食品科技，35（10）：88-91.

林江波，王伟英，邹晖，等. 2019. 基于转录组测序的铁皮石斛黄酮代谢途径及相关基因解析［J］. 福建农业学报，34（9）：1019-1025.

林莉. 2005. 金花茶离体培养研究［D］. 福州：福建农林大学.

林茂，杨舒婷，唐庆，等. 2017. 金花茶离体培养体系的建立［J］. 南方农业学报，48（03）：475-480.

刘青，李月，杨润梅，等. 2021. 金花茶组植物资源现状与现代研究进展［J］. 中国现代中药，23（04）：727-733.

刘士军. 2007. 人体所需的蛋白质维生素矿物质全典［M］. 哈尔滨：哈尔滨出版社.

刘影，张相锋，赵玉，等. 2013. 新疆濒危野生樱桃李的种群结构与动态［J］. 生态学杂志，32（7）：1762-1769.

刘正娥，朱颜，楼崇. 2012. 大量元素组成对孝顺竹苗组培快繁的影响［J］. 竹子研究汇刊，31（1）：46-51.

罗勇，陈富强，薛春泉，等. 2014. 广东省森林群落灌木层物种多样性研究［J］. 广东林业科技，30（2）：8-14.

农彩丽，陈永欣，何显科，等. 2012. 金花茶总黄酮体外抗肿瘤活性的实验研究［J］. 中国癌症防治杂志，4（4）：324-327.

上官新晨，蒋艳，米丽雪，等. 2011. 5种大量元素对青钱柳愈伤组织生长及黄酮类化合物积累的影响［J］. 江西农业大学学报，33（3）：502-507.

邵阳，范文，黄连冬,等. 2015. 基于RNA-seq的崇左金花茶EST-SSR标记开发［J］. 复旦学报（自然科学版），54（06）：761-767.

苏宗明. 1994. 金花茶组植物种群生态的初步研究［J］.广西科学，（01）：31-36.

唐健民. 2011. 基于SSR标记的东兴金花茶交配系统分析及其抗旱性研究［D］. 桂林：广西师范大学.

王东，曹玲亚，高建平. 2014. 党参转录组中SSR位点信息分析［J］. 中草药，45（16）：2390.

王冬梅，黄学林，黄上志. 1996. 细胞分裂素类物质在组织培养中的作用机理［J］. 植物生理学报，32（5）：373-377.

王晓峰，何卫龙，蔡卫佳，等. 2013. 马尾松转录组测序和分析［J］. 分子植物育种，11（3）：385-392.

王学勇，周晓丽，高伟，等. 2011. 丹参新的EST-SSR分布规律及分子标记的建立［J］. 中国中药杂志，36（3）：289-293.

王友生. 2013. 显脉金花茶无菌体系建立及增殖培养研究［J］. 福建林业科技，40（2）：73-77.

韦记青，漆小雪，蒋运生，等. 2008. 同群落金花茶与显脉金花茶叶片营养成分分析［J］. 营养学报，30（4）：420-421.

韦美玲,赵瑞峰，黄启斌，等. 1994. 六种金花茶生物学特性的观察［J］. 广西植物，（02）：157-159.

文杰. 2015. 茶多糖护肝降糖作用研究及茶多糖重复结构寡糖的合成［D］. 湘潭：湘潭大学.

翁浩. 2013. 金花茶离体再生体系的优化及分子机制研究［D］.福州：福建农林大学.

吴丽君，陈达，陈文荣，等. 2018. 几种金花茶组植物的远缘杂交育种［J］. 福建农林大学学报（自然科学版），47（01）：32-37.

鄢秀芹，鲁敏，安华明. 2015. 刺梨转录组SSR信息分析及其分子标记开发［J］. 园艺学报，42（02）：341-349.

颜慕勤，陈平. 1983. 茶树子叶离体培养形成胚状体的研究［J］. 林业科学，19（1）：25-29.

杨舒婷，林茂，王华新，等. 2013. 崇左金花茶的组培诱导愈伤研究［J］. 安徽农业科学，41（1）：17-18.

杨雪. 2016. 金花茶内源激素变化规律及顶生金花茶遗传多样性的SSR分析［D］. 南宁：广西大学.

杨雨璋，周贝贝，李民吉，等. 2020. 苹果矮化砧木'Sh6'组培快繁培养基大量元素配方的优化［J］. 果树学报，37（1）：40-49.

张法勇，刘向东，高秀丽. 2005. 木本植物组织培养器官发生植株再生研究进展［J］.河北林果研究，20（03）：234-238.

张红晓，经剑颖. 2003. 木本植物组织培养技术研究进展［J］. 河南科技大学学报，23（3）：66-69.

张继方，贺漫媚，刘文，等. 2013. 广州木棉种质资源调查及其评价［J］. 广东林业科技，29（6）：47-53.

张文秀，张丽，寇一翾,等. 2019. 中国濒危植物金钱松转录组测序及生物信息学分析［J］. 江西农业大学学报，41（4）：761-772.

张玥，蓝增全，吴田. 2018. 云南大围山金花茶种质资源的ISSR分析［J］. 分子植物育种，16（2）：649-655.

张震，许彦明，陈永忠，等. 2018. 油茶转录组测序与SSR特征分析［J］. 西南林业大学学报（自然科学），38（6）：63-68.

赵爱萍，樊颜丽. 2015. 黄瓜茉莉花茶保健饮料的研制［J］.保鲜与加工，15（4）：55-58.

赵密珍，王壮伟，吴伟民，等. 2007. 培养基大量元素、蔗糖、琼脂对草莓试管苗生长的影响［J］. 江苏农业学报，（06）：626-629.

赵小亮，邓芳，王金磊，等. 2007. 杜梨叶片中氨基酸及矿质元素含量的测定［J］. 塔里木大学学报，19（2）：57-59.

赵阳阳，郭雨潇，张凌云. 2019. 文冠果果实转录组测序及分析［J］. 生物技术通报，35（6）：24-31.

中国科学院昆明植物研究所. 1997. 云南植物志（第八卷）［M］. 昆明：云南科技出版社.

周卫龙，徐建峰，许凌. 2008. GB/T 8313—2008茶叶中茶多酚和儿茶素类含量的检测方法［S］.北京：中国标准出版社.